Otto Strobel

Lichtwellenleiter-Übertragungs- und Sensortechnik

Zum Autor

Prof. Dr.-Ing. Dr. h. c. **Otto Strobel**, Jahrgang 1950. Von 1966 bis 1969 Lehre als Starkstromelektriker. 1980 Diplom in Physik an der Technischen Universität Berlin. Von 1981 bis 1988 Durchführung und Leitung von Forschungs- und Entwicklungsprojekten auf den Fachgebieten Lichtwellenleiter-Übertragungs- und Sensortechnik im Forschungszentrum der Standard Elektrik Lorenz AG, Stuttgart. 1986 Promotion am Fachbereich Elektrotechnik der Technischen Universität Berlin. Seit 1988 Professor für Physik und Optoelektronik an der Fachhochschule für Technik Esslingen. 2001 Ehrendoktorwürde der Moskauer Universität für Luftfahrt (MAI); Berufung zum Gründungsmitglied des „Construction Consultative Committee of Wuhan Optics Valley of China“.

Ahmad
ahmad.majid@gmail.com

Prof. Dr.-Ing. Dr. h.c. Otto Strobel

Lichtwellenleiter-Übertragungs- und Sensortechnik

2., verbesserte und aktualisierte Auflage

Technische Akademie Wuppertal

VDE VERLAG GMBH • Berlin • Offenbach

Titelbild oben: 43-Gbit/s-Augendiagramm, Fa. Alcatel, Stuttgart
Titelbild unten: Faseroptisches Spektrometer, Fa. Mikropack, Ostfildern

Die Deutsche Bibliothek – CIP-Einheitsaufnahme

Ein Titeldatensatz für diese Publikation ist bei
Der Deutschen Bibliothek erhältlich

ISBN 3-8007-2634-3

Druck: GAM Media GmbH, Berlin

2002-06

Vorwort zur 1. Auflage

Wenn es gelingt, entsprechend den Planungen der Deutschen Telekom, die Glasfaser bis zu jedem Teilnehmer zu verlegen, um die Breitbandkommunikation einer großen Anzahl von Kunden nahe zu bringen, wird die optische Nachrichten- und Datenübertragung über ein kabelgebundenes Massenkommunikationsnetz der Optoelektronik-Industrie drastische Umsatzsteigerungen erbringen (Stichwort: „Fiber-to-the-home“).

Im Fernverkehr sind Glasfasersysteme bereits heute schon vergleichbaren Systemen mit Kupferkabeln wirtschaftlich überlegen, so dass kabelgebundene Weitverkehrsstrecken weltweit ausschließlich in Glasfasertechnik realisiert werden.

Einmal entwickelt, ermöglicht die neue Technik darüber hinaus auch Problemlösungen für nicht postalische Bereiche, sowohl was den Industrieeinsatz für die Übertragungstechnik anbetrifft als auch für das Gebiet der Sensorik. Obwohl die Vorteile der Lichtwellenleitertechnik für den Industrieeinsatz seit einigen Jahren erkannt sind, hat sich im nicht postalischen Bereich gerade die mittelständische Industrie bisher erst zögernd auf diese neue Technik eingestellt. Dabei sind es nicht vorrangig Kostengründe, die den Ausschlag geben, sondern es herrscht eine gewisse Schwellenangst, weil die konventionelle, rein elektrische Technik bekannt ist, die neue optoelektronische Technik dagegen für viele eher eine ungewisse Zukunft darstellt. Ein wesentliches Anliegen dieses Buchs ist es daher, diese neue Technik sowohl im Hinblick auf Nachrichten- und Datenübertragung als auch im Hinblick auf faseroptische Sensorsysteme transparent zu machen.

Zum besseren Verständnis der Vorgänge in einem Lichtwellenleiter und bei den Sende- und Empfangsdioden wird den Grundlagen der Wellenausbreitung ein relativ breiter Raum gegeben. Die mathematischen Darstellungen in diesem grundlegenden Teil sind daher so ausführlich, dass sie vom Leser mit wenigen Grundkenntnissen in der Vektor-Analysis unmittelbar nachvollziehbar sind. Im Allgemeinen wird dagegen auf theoretische Ableitungen weitgehend verzichtet und versucht, die Ergebnisse möglichst anschaulich anhand einer Vielzahl von Bildern und Diagrammen zu erläutern. Für eine weitere Vertiefung finden sich jedoch zahlreiche Literaturhinweise.

Im weiteren werden die einzelnen Komponenten behandelt, die in der Lichtwellenleiter-Übertragungs- und Sensortechnik eingesetzt werden. Dazu gehören nicht nur die Glasfaser und die Sende- und Empfangsdioden, sondern auch Kopplungselemente und integriert-optische Bauelemente sowie die zu den Sende- und Empfangsdioden zugehörigen elektronischen Schaltungen. Darüber hinaus wird auf die Technologie der Lichtwellenleiterherstellung und -verkabelung eingegangen. Die gewonnenen Erkenntnisse münden dann durch das Zusammenwirken der Komponenten einerseits in Fasersensorsysteme mit neuartigen Anwendungen optischer Sensoren, die konventionelle elektrische oder mechanische ersetzen, sowie andererseits in optische Übertragungssysteme mit faszinierenden Anwendungsmöglichkeiten in der kohärenten Übertragung, der optischen Verstärkung und der Solitonenausbreitung.

Erfreulicherweise wächst sowohl die Zahl der Entwickler optoelektronischer Bauelemente und Systeme als auch die der Anwender ständig an, so dass das Arbeitsgebiet nicht mehr als exotische Forschungsrichtung angesehen wird, sondern bereits seit einigen Jahren marktfähige Produkte hervorbringt. Dies hat auch dazu geführt, dass an vielen Hochschulen Vorlesungen und Praktika eingeführt wurden, die man in erster Näherung unter den Oberbegriff „Optoelektronik“ einordnen kann.

Eine konsequente innovative Nutzung verfügbarer Technik im Telekommunikationsbereich, in der Industrie und in anderen industrienahen Bereichen kommt daher heute an Einsatzmöglichkeiten der Lichtwellenleiter-Übertragungs- und Sensortechnik nicht mehr vorbei.

Dieses Buch wendet sich sowohl an Studierende als auch an in der Praxis tätige Absolventen der Physik und der Ingenieurwissenschaften, in der Hoffnung eine Hilfe zu geben bei der Einarbeitung in die beiden interessanten Arbeitsgebiete und zu deren praktischem Gebrauch.

Für konstruktive Kritik und zahlreiche Diskussionen bedanke ich mich bei meinem Kollegen Prof. Dr. R. Martin und bei Prof. Dr. W. Bludau (FH Lübeck) sowie bei meinen ehemaligen SEL-Alcatel-Kollegen Dr. W. Kieseweter, Dipl.-Phys. H. Schmuck, Dipl.-Phys. R. Roßberg, Dipl.-Ing. H. Krimmel und Dr. G. Veith. Mein Dank gilt außerdem den Herren Dr. W. Auch, Dr. O. Hildebrand (SEL-Alcatel), Dipl.-Ing. E. Braun (Siemens), Dipl.-Ing. J. Rodlberger (ANT Bosch Telecom), Dr. W. Ludolf (Hirschmann) und Dr. H. Grübel (Euchner) für die Bereitstellung von Fotografien und Messkurven. Besonderer Dank gebührt meinem Mitarbeiter Herrn Dipl.-Phys. H. Bletzer für seine tatkräftige Mithilfe und zahlreiche Diskussionen sowie Herrn Dipl.-Ing. R. Werner vom VDE VERLAG für die Übernahme des Lektorats.

Bei meiner Frau Dorothee sowie bei meinen Kindern Sven, Jana und Jasmin bedanke ich mich für das entgegengebrachte Verständnis und das Erdulden vieler Entbehrungen durch einen häufig abwesenden Ehemann und Vater.

Esslingen im Herbst 1991 Otto Strobel

Vorwort zur 2. Auflage

Seit über zehn Jahren spricht man von Fiber-to-the-home (FTTH), also von den Anstrengungen, die optische Nachrichtenübertragung auch ins Einfamilienhaus zu bringen. Dies ist bisher aus Kostengründen nicht geschehen. Böse Zungen behaupten, FTTH war, ist und wird für alle Zeiten die Technik der Zukunft sein. Im Zuge der schönen neuen Internetwelt steigt jedoch der Bedarf an höheren Datenraten auch im Einfamilienhaus zunehmend. Dennoch ist es, um einen entsprechenden Durchbruch zu ermöglichen, dringend erforderlich, die Kosten für den Teilnehmer drastisch zu senken:

Das Schlagwort heißt: Erschließung der letzten Meile; dazu können neuere Entwicklungen beitragen.

Vorgestellt werden in dieser Auflage verbesserte Plastikfasern, die im Gegensatz zu den bisherigen eine wesentlich niedrigere Dämpfung aufweisen. Ein viel versprechendes Material scheint ein Kunststoff zu sein, der unter dem Handelsnamen Cytop von Ashai Glass entwickelt wird. Bei den kurzen Faserstrecken bekommt man darüber hinaus auch die Signalverzerrungen in den Griff, denn es ist heute möglich, Kunststoff-Fasern mit einem Gradientenprofil herzustellen.

Ein weiterer wichtiger Schritt ist die Entwicklung von schnell modulierbaren LEDs als kostengünstigen Ersatz zu Halbleiterlasern.

Als mögliche Alternative zu rein kabelgebundenen Systemen werden für den Ortsnetzbereich Kombinationen von faseroptischen mit Millimeterwellen- oder Koaxialkabelsystemen entwickelt.

Außerdem wird bei Entfernungen im 100-m-Bereich auch die totgesagte Freiraumübertragung wieder zum Leben erweckt.

Was die Übertragungslängen hochbitratiger Weitverkehrssysteme betrifft, sind auch keine neuen Weltrekorde in der Glasfaserforschung mehr zu verzeichnen. Wozu sollen auch die 10 Gbit/s über eine Million Kilometer von NTT bereits aus dem Jahr 1991 noch übertroffen werden? Jedoch steigt die Datenrate; man arbeitet heute schon in Bereichen von 40 Gbit/s und mehr. Dadurch gewinnen dann auch Probleme wie die Polarisationsmodendispersion und deren Lösung an Bedeutung. Ein ebenfalls zehn Jahre langer Zeitraum erstreckt sich von der Solitonen-Idee bis zur jetzt bevorstehenden Umsetzung in produktfähige Systeme zur Lösung eines der beiden Fundamentalprobleme, den Signalverzerrungen bei der Glasfaserübertragung. Dagegen wurde das zweite Problem, die Dämpfungsproblematik, durch die Einführung des faseroptischen Erbiumverstärkers schon wenige Jahre nach seiner Erfindung gelöst; bereits seit einem Jahrzehnt unterstützt uns dieser in der täglichen

Praxis beim Telefonieren. Aktuelle Entwicklungen nutzen parallel zum Erbiumverstärker die Übertragungsfaser selbst als Verstärkungsmedium; dazu wird der faseroptische Raman-Effekt ausgenutzt.

In den Forschungslaboratorien wird heute eher am Detail gearbeitet. Dazu gehören vor allem die Ortsnetz- und Metrobereiche mit den Begriffen LAN (Local Area Network) und MAN (Metropolitan Area Network). Es werden neuartige Konzepte zur Steigerung der Kanalzahl auf einer Glasfaser vorgestellt, wie z. B. die CDM-Technik (Code Division Multiplex). Dadurch ergeben sich auch Aufgaben zur Realisierung optischer Knoten, also das Ein- und Auskoppeln optischer Kanäle in Busstrukturen oder Maschennetzwerken (OADM: Optical Add/Drop Multiplexer).

Neben faseroptischen Systemen denkt man auch im Netzwerk über Freiraumübertragung nach; das Schlagwort heißt WOMAN (Wireless Optical MAN).

Faseroptische Sensoren werden heute durch ihre Miniaturisierung zunehmend als Alternative zu Großgeräten eingesetzt. Wo man früher Messgeräte mit Dimensionen von etwa einem halben Meter und mehr benötigte, passt nun der faseroptische Sensor in eine Handfläche. Man findet derartige Sensoren in einem breiten Anwendungsfeld von der Landwirtschaft, der Medizintechnik, der Automobilindustrie, der Nukleartechnik, in Biologie und Chemie, in der Umwelttechnik und in der Halbleiterindustrie bis hin zu Farbmessungen in der Milchindustrie.

Esslingen im Frühjahr 2002 Otto Strobel

Inhalt

1 Einleitung

Mit der Entwicklung des Lasers stand eine Lichtquelle zur Verfügung, die gegenüber den bisherigen Strahlern völlig neue faszinierende Einsatzmöglichkeiten schuf. Das aus dem englischen Sprachraum stammende Kunstwort Laser ist die Abkürzung für **L**ight **A**mplification by **S**timulated **E**mission of **R**adiation, also Lichtverstärkung durch stimulierte Emission von Strahlung. Obwohl die theoretischen Grundlagen bereits schon 1917 in einer Arbeit von A. Einstein [1.1] gelegt wurden, in der er eine stimulierte Emission postuliert, dauerte es bis zum Jahr 1960, bis der erste funktionierende Laser von Th. Maiman [1.2] gebaut werden konnte. Es handelte sich dabei um einen Festkörperlaser, den Rubin-Laser. Zwei Jahre danach standen bereits die ersten Halbleiterlichtquellen aus Gallium-Arsenid (GaAs) zur Verfügung, einem Halbleitermaterial, das z. T. auch heute noch für Laserdioden eingesetzt wird. Es war jedoch ein beträchtlicher Aufwand vonnöten, um die Halbleiterlichtquellen betreiben zu können, insbesondere eine Kühlung mit flüssigem Stickstoff auf etwa –196 °C [1.3]. Erst 1970 gelang es, Halbleiterlaser zu realisieren, die bei Raumtemperatur im Dauerbetrieb eingesetzt werden können [1.4].

Parallel zur Entwicklung der Lichtquellen wurden Überlegungen angestellt, mit Hilfe einer Glasfaser elektromagnetische Wellen im nahen Infrarot zu übertragen und einem Detektor zuzuführen. Als Erfinder einer derartigen optischen Übertragung gelten C. Kao, der im Jahr 1963 begann, sich mit dem Thema dielektrischer Wellenleiter zu beschäftigen [1.5], sowie M. Börner, der bereits 1964 Arbeiten auf dem heute immer noch aktuellen Gebiet des optischen Überlagerungsempfangs aufgenommen hatte [1.6]. Der Dämpfungskoeffizient von Glas lag damals allerdings noch bei über 1000 dB/km, so dass an einen praktischen Einsatz von Glasfasern noch nicht zu denken war. Der Durchbruch kam 1970, als es der Fa. Corning Glass Works gelang, Glasfasern mit einer Dämpfung von 20 dB/km herzustellen [1.7].

Die Entwicklung der optischen Detektoren setzte im Vergleich zum Laser und zur Glasfaser schon wesentlich früher ein. Bereits 1876 fanden W. Adams und R. Day in Selen die Trennung von Ladungsträgern in einem inneren elektrischen Feld durch Lichteinstrahlung [1.8], den Sperrschichtfotoeffekt, der auch heute noch die Grundlage für moderne Fotodetektoren darstellt. Erste Silizium-Solarzellen wurden Anfang der 50er-Jahre entwickelt, wesentliche Neuentwicklungen traten aber erst etwa ab 1970 ein [1.9].

Die Entwicklung von Lasern und Detektoren als Dioden ermöglichten eine kompakte Bauweise der elektro-optischen Schnittstellen. Damit war der praktische Einsatz von Systemen möglich, die mit einer Glasfaser als Übertragungsmedium und mit elektro-optischen Wandlern für optische Sender bzw. Empfänger arbeiteten.

Hauptanwendungsgebiete der optischen Systeme sind die optische Nachrichtentechnik und der Bereich der Fasersensorsysteme. In beiden Fällen war dabei zunächst nur die Intensität des Lichts von Bedeutung. Bei der optischen Nachrichtentechnik geschieht die Datenübertragung – sowohl digital als auch analog – im Allgemeinen dadurch, dass die Laserausgangsleistung moduliert wird. Empfängerseitig erfolgt mit Hilfe eines rein intensitätssensitiven Detektors eine Erkennung des Datenstroms. Bei Sensorsystemen wird die Messung der zu detektierenden Größe oft unter Ausnutzung der Dämpfungsänderung der Faser oder anderer Systemkomponenten durchgeführt. Neuere Systementwicklungen der modernen Lichtwellenleiter-Übertragungs- und Sensortechnik nutzen im Gegensatz dazu die Tatsache, dass neben der Amplitude auch Frequenz und Phase einer elektromagnetischen Welle eine Information enthalten.

Das Medium, in dem die Ausbreitung der elektromagnetischen Wellen erfolgt, wird Lichtwellenleiter genannt. Die bekannteste Form eines Lichtwellenleiters ist die Glasfaser. Der Wellenleiter muss jedoch nicht unbedingt wie bei der Faser eine runde Querschnittsform aufweisen. Er kann in ein ebenes Substrat eingebracht werden; man erhält einen planaren Wellenleiter. Dies wurde im Jahr 1969 von S. Miller vorgeschlagen [1.10], es war die Geburtsstunde der integrierten Optik. Das Ziel der integrierten Optik ist wie beim elektrischen Analogon, dem integrierten Schaltkreis, eine möglichst hohe Anzahl von Bauelementen mit verschiedener Funktion auf kleinstmöglichem Raum unterzubringen, um damit makro-optische Strahlteiler, Spiegel und Linsen zu umgehen. Mit einigen integriert-optischen Bauelementen können wesentliche Eigenschaften einer Lichtwelle, Amplitude, Frequenz, Phase und Polarisation beeinflusst werden.

Erste optische Übertragungen wurden bereits in grauer Vorzeit mit Rauch- oder Feuerzeichen durchgeführt (siehe **Bild 1.1**). Da hierbei die Information in der Anwesenheit bzw. Abwesenheit von Rauch (Feuer) bestand, handelte es sich bereits um ein sehr modernes Übertragungssystem, ein digitales System. Digitale Systeme sind auch heute noch die Grundlage für viele Anwendungen in der Informationsverarbeitung, -vermittlung und -übertragung.

Technisch realisiert und zur Informationsübertragung eingesetzt wurde 1792 der Balkentelegraf von C. Chappe. Die Zuverlässigkeit dieses Telegrafs war allerdings stark eingeschränkt wie bei den Ende der 60er-Jahre aufkommenden Laser-Freiraumübertragungsexperimenten trotz hoher Leistungen und minimaler Strahldivergenz durch atmosphärische Störungen [1.11].

Der Durchbruch der optischen Nachrichtenübertragung kam somit erst, als es gelang, elektromagnetische Wellen im nahen Infrarot mit ausreichend niedriger Dämpfung zu übertragen. Heutige Glasfasern erreichen Bestwerte von etwa 0,18 dB/km bei einer Wellenlänge von 1,55 μm; Fasern mit Werten unter 0,2 dB/km sind kommerziell verfügbar. Zur Veranschaulichung: dies bedeutet, dass nach einer Faserlänge von 10 km noch etwa 63 % des eingekoppelten Lichts vorhanden ist, und selbst nach 100 km ist die 1%-Marke noch nicht unterschritten.

Bild 1.1 Digitale optische Nachrichtenübertragung mit Rauchzeichen [1.13]

Außer Punkt-zu-Punkt-Verbindungen besteht heute die Möglichkeit, Netze mit Lichtwellenleiter-Systemen zu realisieren [1.12], um damit eine Vielzahl von Teilnehmern miteinander zu verbinden. Dies gilt sowohl für die Schaffung öffentlicher Kommunikationsnetze als auch für den Einsatz von Datenverarbeitungssystemen, z. B. in der Bürokommunikation oder für technisch-wissenschaftliche Bereiche in Forschung, Entwicklung, Konstruktion und Produktion.

Neben der analogen und digitalen Nachrichtenübertragung lassen sich Glasfasern auch zur Energieübertragung verwenden, z. B. für Netzhautoperationen oder zur Akupunktur in der Medizin oder zur optischen Fernzündung von Thyristoren oder Sprengsätzen.

Der zweite Hauptanwendungsbereich liegt jedoch bei den erwähnten faseroptischen Sensoren. Gemessen werden können mechanische Parameter wie Kräfte, Wege, Geschwindigkeiten, Beschleunigungen, Drehraten, Vibrationen, Durchflussmengen, Füllstände, Biegungen und Dehnungen bis hin zu Brüchen. Es können Sensoren gebaut werden für die Messung elektrischer und magnetischer Felder, für die

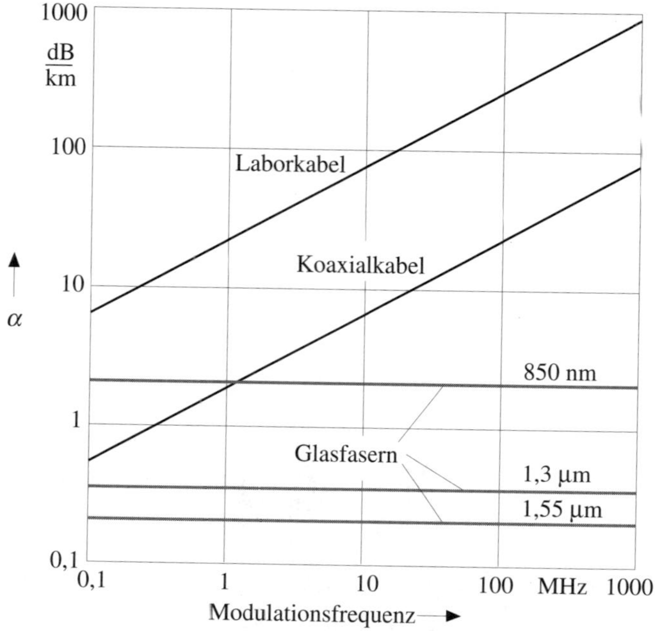

Bild 1.2 Dämpfungskoeffizient α von elektrischen Kabeln und Glasfasern bei drei verschiedenen Wellenlängen als Funktion der Modulationsfrequenz

Messung von Fluoreszenz, Konzentrationen, pH-Werten und radioaktiver Strahlung sowie für Temperatur-, Brechzahl-, Druck- und Schallmessungen.

Die Vorteile faseroptischer Systeme gegenüber elektrischen Systemen liegen vor allem in der niedrigen Dämpfung und hohen Bandbreite. **Bild 1.2** zeigt einen Vergleich der Dämpfung von Koaxialkabeln mit Glasfasern. Bei elektrischen Leitungen ist im Gegensatz zur Glasfaser die Dämpfung auf Grund des Skin-Effekts abhängig von der Modulationsfrequenz.

Weitere Vorteile stellen die Nebensprechfreiheit und ein hohes Maß an Abhörsicherheit dar (mit großem Aufwand lassen sich auch Signale in Glasfasern abhören). Die chemische und thermische Unempfindlichkeit von Glas erlaubt den Einsatz in entsprechend belasteter Umgebung. Dies gilt auch im Bereich von elektromagnetischen Störungen sowie in explosionsgefährdeten Räumen. Bei Datenübertragung oder Mess-Signalerfassung in Hochspannungsanlagen lassen sich Hochspannungspotential und Erdpotential durch den Einsatz einer Glasfaser elektrisch völlig voneinander trennen. Damit werden die sonst in der Hochspannungstechnik für diese Aufgaben auftretenden Isolationsprobleme vermieden.

2 Grundlagen der Wellenausbreitung in optischen Übertragungsmedien

Sowohl in der optischen Übertragungs- als auch in der faseroptischen Sensortechnik ist die Ausbreitung elektromagnetischer Wellen in einem Übertragungsmedium von großer Bedeutung. Das Spektrum der elektromagnetischen Wellen reicht von den langen Radiowellen bis zur kurzwelligen kosmischen Strahlung. Der für die Lichtwellenleiter-Übertragungs- und Sensortechnik interessante Bereich liegt im Sichtbaren bis nahen Infrarot (siehe **Bild 2.1**). Den *infraroten (IR)* und *sichtbaren (VIS) Bereich* einschließlich des *ultravioletten (UV)* nennt man den Bereich der *optischen Strahlung,* das zugehörige physikalische Gebiet heißt *Optik.* Im engeren Sinn bezeichnet man nur die elektromagnetischen Wellen im Sichtbaren kurz als *Licht*, häufig schließt man jedoch den IR- und den UV-Bereich in den Begriff Licht ein.

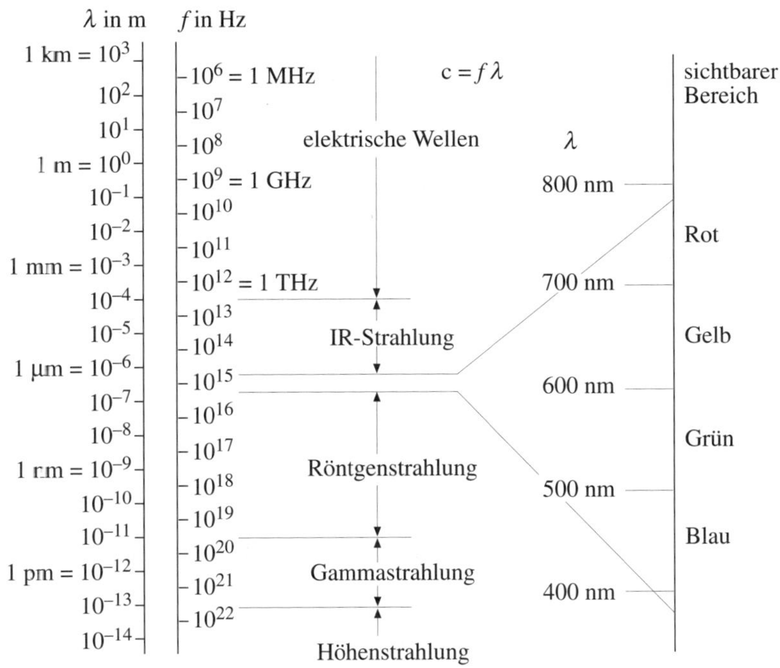

Bild 2.1 Spektrum elektromagnetischer Strahlung
λ Wellenlänge
f Frequenz

Das Medium, in dem die Ausbreitung der elektromagnetischen Wellen erfolgt, wird *Lichtwellenleiter* genannt. Die bekannteste Form eines Lichtwellenleiters ist die *Glasfaser.* Anstelle von Glas kann jedoch auch ein transparenter Kunststoff verwendet werden. Auch muss der Wellenleiter nicht unbedingt wie bei der Faser eine runde Querschnittsform aufweisen. Er kann beispielsweise in ein ebenes Substrat eingebracht werden. Man erhält somit einen planaren Wellenleiter, der in der *integrierten Optik* eingesetzt wird.

2.1 Wellenausbreitung

Unter den elektromagnetischen Wellen versteht man eine periodische raum-zeitliche Erregung von Feldgrößen eines physikalischen Felds, bei der Energie transportiert wird. Dabei schwingt der Vektor der *elektrischen Feldstärke* (***E***) senkrecht zur *magnetischen Feldstärke* (***H***), und darüber hinaus stehen beide Feldgrößen noch senkrecht zur Ausbreitungsrichtung der Welle (siehe **Bild 2.2**); man spricht von

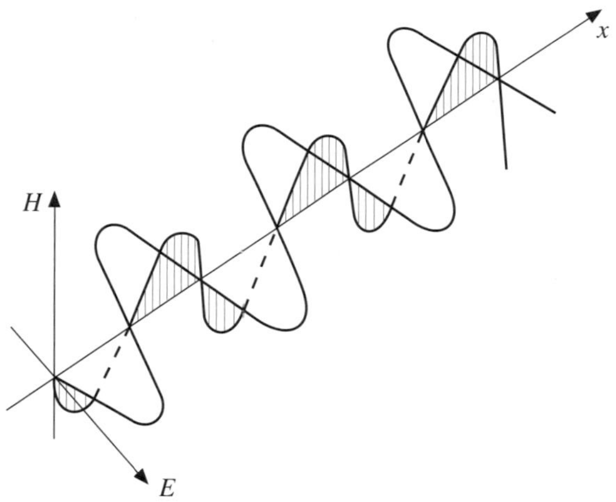

Bild 2.2 Elektrische (***E***) und magnetische Feldstärke (***H***) einer optischen Welle zu einem bestimmten Zeitpunkt
x Ausbreitungsrichtung

einer *Transversalwelle*. Die mathematische Behandlung der Ausbreitung der elektromagnetischen Wellen geht von der Maxwell'schen Theorie des elektromagnetischen Felds aus [2.1]. Die *Maxwell'schen Gleichungen* lauten wie folgt:

$$\text{rot } \boldsymbol{E} = -\frac{\partial \boldsymbol{B}}{\partial t} \tag{2.1}$$

$$\text{rot } \boldsymbol{H} = \frac{\partial \boldsymbol{D}}{\partial t} + j \tag{2.2}$$

$$\text{div } \boldsymbol{D} = \rho \tag{2.3}$$

$$\text{div } \boldsymbol{B} = 0 \tag{2.4}$$

wobei:

$\boldsymbol{B}$ magnetische Induktion,

$\boldsymbol{D}$ dielektrische Verschiebung,

j Stromdichte und

ρ elektrische Ladungsdichte.

Hinzu kommen noch die Materialgleichungen, die die Eigenschaften des Mediums, in dem sich die Wellen ausbreiten, mit berücksichtigen:

$$\boldsymbol{D} = \varepsilon \boldsymbol{E}, \quad \varepsilon = \varepsilon_0 \, \varepsilon_r \tag{2.5}$$

$$\boldsymbol{B} = \mu \boldsymbol{H}, \quad \mu = \mu_0 \, \mu_r \tag{2.6}$$

$$j = \kappa \boldsymbol{E} \tag{2.7}$$

wobei:

κ spezifische Leitfähigkeit,

ε Dielektrizitätskonstante (Permittivität),

ε_0 Influenzkonstante,

ε_r relative Dielektrizitätszahl,

μ Permeabilität,

μ_0 Induktionskonstante,

μ_r relative Permeabilität.

In der Optik und damit auch für die Ausbreitung von Wellen in Lichtwellenleitern ergeben sich einige hilfreiche Vereinfachungen. Für die verwendeten Wellenlängenbereiche ist die Dämpfung insbesondere bei der Glasfaser sehr klein (vergleiche Abschnitt 3.3), so dass sie für die weiteren Betrachtungen zunächst vernachlässigt werden kann. Der Wellenleiter ist näherungsweise als absorptionsfrei anzusehen. Es handelt sich außerdem um elektrisch nicht leitende Materialien, und es sind auch keine Ladungen vorhanden. Darüber hinaus ist die magnetische Induktion im Wellenleiter näherungsweise gleich der im Vakuum; somit gilt:

$\kappa = 0,\ j = 0,\ \rho = 0$ und $\mu_r = 1$.

Man erhält eine Vereinfachung der Maxwell'schen Gleichungen (2.1) bis (2.4).

Durch Anwenden der Gesetze der Vektor-Analysis und entsprechendes Ineinandereinsetzen der Gln. (2.1) bis (2.4) [2.2] folgt:

$$\Delta \boldsymbol{E} - \mu\varepsilon \frac{\partial^2 \boldsymbol{E}}{\partial t^2} = 0 \tag{2.8}$$

$$\Delta \boldsymbol{H} - \mu\varepsilon \frac{\partial^2 \boldsymbol{H}}{\partial t^2} = 0 \tag{2.9}$$

mit dem Laplace-Operator Δ:

$$\Delta = \frac{\partial^2}{\partial x^2} + \frac{\partial^2}{\partial y^2} + \frac{\partial^2}{\partial z^2}$$

angewandt auf jede kartesische Komponente von $\boldsymbol{E}$ bzw. $\boldsymbol{H}$.

Für die Ausbreitungsgeschwindigkeit v (Phasengeschwindigkeit) einer elektromagnetischen Welle im Medium gilt:

$$v = \frac{1}{\sqrt{\mu\varepsilon}} = \frac{1}{\sqrt{\mu_0\,\varepsilon_0\,\varepsilon_r}} = c/n = \omega/(k_0 n) \tag{2.10}$$

wobei:

- c Lichtgeschwindigkeit im Vakuum,
- n Brechzahl des Mediums ($n^2 = \varepsilon_r$),
- ω Kreisfrequenz ($\omega = 2\pi f$),
- f Frequenz,
- k_0 Betrag des Wellenvektors $\boldsymbol{k}$ im Vakuum ($k_0 = 2\pi/\lambda$) und
- λ Wellenlänge der elektromagnetischen Welle.

Damit lassen sich die Gln. (2.8) und (2.9) umformen, und man erhält für die elektrische und magnetische Feldstärke folgende Differentialgleichungen, die *Wellengleichungen*:

$$\Delta \boldsymbol{E} - \frac{n^2 k_0^2}{\omega^2} \frac{\partial^2 \boldsymbol{E}}{\partial t^2} = 0 \tag{2.11}$$

$$\Delta \boldsymbol{H} - \frac{n^2 k_0^2}{\omega^2} \frac{\partial^2 \boldsymbol{H}}{\partial t^2} = 0 \tag{2.12}$$

Gesucht sind nun Lösungen der Differentialgleichungen für $\boldsymbol{E}$ bzw. $\boldsymbol{H}$. Für die allgemeinste Lösung gilt (am Beispiel der elektrischen Feldstärke):

$\boldsymbol{E} = \boldsymbol{E}(\boldsymbol{r},t) = \boldsymbol{E}(\boldsymbol{kr} - \omega t)$,

wobei:

$\boldsymbol{kr} - \omega t$ die Phase der gesuchten Welle darstellt, t die Zeit und $\boldsymbol{r} = (x/y/z)$ den Ortsvektor.

Für die Zeitabhängigkeit gilt:

$\boldsymbol{E}(t) \sim \exp(\mathrm{j}\omega t)$ bzw. $\sim \sin(\omega t)$ bzw. $\sim \cos(\omega t)$.

Eine solche Lösung bezeichnet man als *harmonische Welle*. Die räumliche Gestalt der Welle kann verschiedene Formen einnehmen, z. B. eine Zylinderwelle oder eine Kugelwelle. Wichtig für die Praxis, weil häufig entsprechende Näherungen erlaubt sind, ist die *ebene Welle*. Schwingt der Vektor der elektrischen Feldstärke darüber hinaus, für alle Zeiten nur in Richtung einer Ortskoordinate (linear polarisierte Welle, s. u.), so erhält man eine *skalare Welle*. Für eine ebene, harmonische, skalare Welle, die sich in x-Richtung ausbreitet, gilt (siehe **Bild 2.3**, das $\boldsymbol{H}$-Feld ist nicht gezeichnet):

$$E(x,t) = A\,\mathrm{e}^{\mathrm{j}(kx - \omega t)} \tag{2.13}$$

wobei:

A Amplitude der Welle.

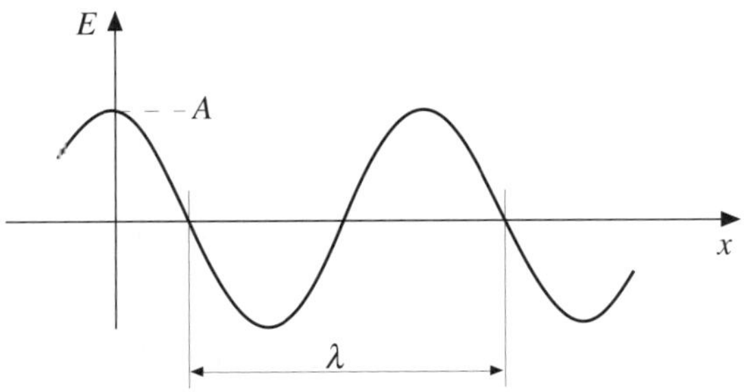

Bild 2.3 Elektrische Feldstärke $\boldsymbol{E}$ einer optischen Welle in Abhängigkeit vom Ort x

λ Wellenlänge

A maximale Amplitude der Welle

2.2 Interferenz

Wellen, zwischen denen eine feste Phasenbeziehung besteht, bezeichnet man als kohärent. Treffen zwei oder mehrere kohärente Wellen gleicher Polarisation räumlich und zeitlich zusammen, so kommt es zu charakteristischen Überlagerungserscheinungen, die man Interferenzen nennt [2.3, 2.4]. Betrachtet wird im Folgenden die Überlagerung zweier Wellen (E_1 und E_2) an einem festen Ort. Für jede der beiden Wellen gilt somit:

$$E_i = A_i \, e^{j(\omega_i t + \Phi_i)} \tag{2.14}$$

wobei:

A_i Amplitude der Welle *i*,

ω_i Kreisfrequenz der Welle *i* und

Φ_i Phase der Welle *i*.

In einem Punkt des Überlagerungsbereichs ergibt sich die Gesamtfeldstärke *E* aus der Addition der Einzelfeldstärken. Die Beobachtung geschieht mit einem Detektor; z. B. mit dem Auge, mit einem fotografischen Film oder mit einer Siliziumdiode. Die Wahrnehmung erfolgt beim Auge durch das Erkennen einer bestimmten Helligkeit. Bei einem fotografischen Film stellt sich eine bestimmte Schwärzung ein, und bei der Siliziumdiode fließt ein entsprechender Fotostrom. Bei allen genannten Detektoren handelt es sich um *betragsquadrierende Empfänger.* Beobachtet wird also nicht die Feldstärke selbst, sondern deren Betragsquadrat, häufig Intensität genannt:

$$I = |E|^2 = (E_1 + E_2) \cdot (E_1 + E_2)^* \tag{2.15}$$

(wobei: E^* konjugiert komplexe Größe zu *E*).

Nach einigen einfachen Umformungen ergibt sich:

$$I = A_1^2 + A_2^2 + 2A_1A_2 \cos\left[(\omega_1 - \omega_2)\,t + \Phi_1 - \Phi_2\right] \tag{2.16}$$

Man erkennt, dass die ersten beiden Terme in Gl. (2.16) nur Information über die Amplitude beinhalten. Während der dritte Term, der *Interferenzterm,* Information sowohl über die *Amplitude* als auch die *Frequenz* und die *Phase* liefert. Letzter Term lässt sich somit für besondere Übertragungs- bzw. Sensorzwecke ausnützen (vergleiche Abschnitte 9.3 und 10.2). Man beachte, dass beim Fehlen einer zweiten Welle ($A_2 = 0$) mit den oben genannten betragsquadrierenden Detektoren nur Information über die Amplitude hätte gewonnen werden können. Bei einigen Anwendungen gehen die zu überlagernden Teilwellen von ein und derselben Lichtquelle aus, so dass ihre Frequenzen gleich sind. Damit vereinfacht sich Gl. (2.16) zu:

$$I = A_1^2 + A_2^2 + 2A_1 A_2 \cos(\Phi_1 - \Phi_2) \tag{2.17}$$

Bild 2.4 zeigt die Intensität als Funktion der Phasendifferenz $\Delta\Phi = \Phi_1 - \Phi_2$ zweier Wellen mit gleicher Amplitude ($A_1 = A_2 = A$). Für $\Delta\Phi = 0, 2\pi, 4\pi, \ldots$ ergibt sich eine maximale Intensität. Man spricht von *konstruktiver Interferenz.*

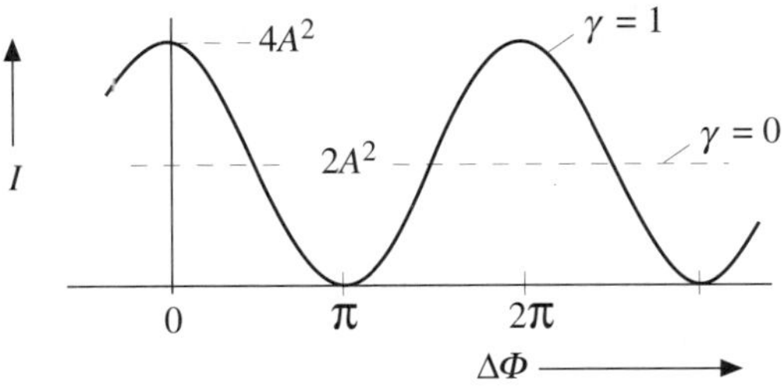

Bild 2.4 Intensität I der Interferenzerscheinung als Funktion der Phasendifferenz $\Delta\Phi$ der beiden sich überlagernden Lichtwellen
A maximale Amplitude einer Einzelwelle

Für $\Delta\Phi = \pi, 3\pi, 5\pi, \ldots$ löschen sich die beiden Wellen gerade aus. Man bezeichnet dies auch als *destruktive Interferenz.*

2.3 Kohärenz

Bei der Ableitung von Gl. (2.16) war vorausgesetzt worden, dass die zu überlagernden Wellen vollständig kohärent sind. Dies ist im Allgemeinen jedoch nicht der Fall. Die Interferenzfähigkeit [2.5] von Wellen, die von Lichtquellen endlicher Ausdehnung und endlicher spektraler Breite ausgehen, lässt sich beschreiben durch den Begriff der *partiellen Kohärenz.* Das quantitative Maß für die partielle Kohärenz, die Kohärenzfunktion γ, gibt die Zustände zwischen völlig willkürlicher Phasenzuordnung und starrer Phasenkopplung zweier Wellen an. Es gilt: $0 \le \gamma \le 1$. Damit werden inkohärente und kohärente Überlagerung als Grenzfälle der Kohärenzfunktion beschrieben:

$\gamma = 0$ inkohärente Überlagerung,

$0 < \gamma < 1$ partiell kohärente Überlagerung,

$\gamma = 1$ kohärente Überlagerung.

Unter Berücksichtigung der Kohärenzfunktion erhält man somit aus Gl. (2.17):

$$I = A_1^2 + A_2^2 + 2A_1 A_2 \cos\left(\Phi_1 - \Phi_2\right) \cdot \gamma\left(\Delta\Phi, \Delta f\right) \tag{2.18}$$

wobei:

Δf spektrale Breite der Lichtquelle.

Für $\gamma = 1$ und $A_1 = A_2 = A$ folgt für die maximale Intensität $I_{max} = 4\,A^2$ und für die minimale Intensität $I_{min} = 0$.

Für $\gamma = 0$ und $A_1 = A_2 = A$ ergibt sich $I_{max} = I_{min} = 2\,A^2$ (siehe Bild 2.4). Damit lässt sich γ auch als Kontrast K der Interferenzerscheinung interpretieren:

$$\gamma = \frac{I_{max} - I_{min}}{I_{max} + I_{min}} = K \tag{2.19}$$

Will man also bei der Interferenz einen hohen Kontrast erzielen, so muss die Forderung $\gamma \rightarrow 1$ erhoben werden. Der Betrag der Kohärenzfunktion γ wird umso größer, je kleiner die spektrale Breite der verwendeten Lichtquelle ist. Dies bedeutet, dass die spektrale Breite der Lichtquelle möglichst klein sein sollte; ideal wäre $\gamma = 1$. Daraus folgt, dass die Lichtquelle nur bei einer einzigen Frequenz oszillieren darf. Man bezeichnet dies als *strenge Monochromasie.*

Die spektrale Leistungsdichteverteilung $p(f)$ lässt sich in diesem Fall durch eine Delta-Funktion beschreiben (siehe **Bild 2.5**, gestrichelte Linie):

$$\int_{-\infty}^{+\infty} p(f)\,\delta(f - f_0)\,\mathrm{d}f = p(f_0) \tag{2.20}$$

mit $p(f) = \mathrm{d}P/\mathrm{d}f$,

wobei:

P optische Leistung der Lichtquelle.

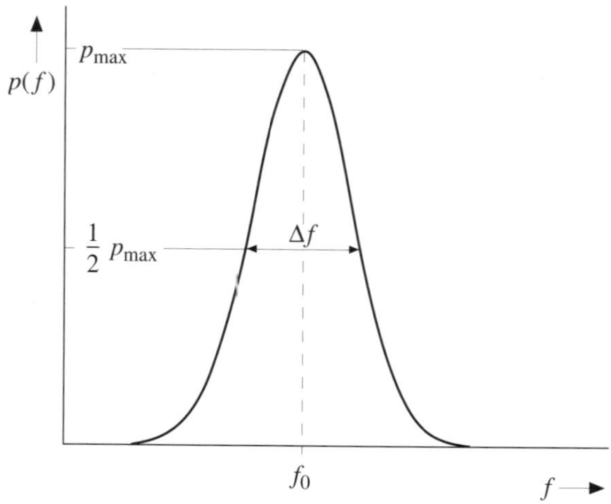

Bild 2.5 Leistungsdichtespektrum $p(f)$ einer Lichtquelle, f_0 Mittenfrequenz;
Δf spektrale Halbwertsbreite (FWHM: full width at half maximum)
max Maximalwert

Reale Lichtquellen, auch hochkohärente Laser, sind im günstigsten Fall *quasimonochromatisch*. Die entsprechende Forderung an die Monochromasie einer Lichtquelle, damit diese als zeitlich kohärent angesehen werden kann, ergibt sich aus der *Mittenfrequenz* f_0 und der *spektralen Breite* Δf (siehe Bild 2.5, durchgezogene Linie). Die Strahlung einer solchen Lichtquelle kann nur über eine so große Zeitspanne als kohärent angesehen werden, wie die Phasenabweichung der Grenzfrequenz $f_0 + \Delta f/2$ (siehe Bild 2.5) gegenüber der Mittenfrequenz nicht größer als π wird:

$$(\Delta\omega/2)\,t_{\mathrm{coh}} \leq \pi \qquad (2.21)$$

wobei:

t_{coh} Kohärenzzeit.

Für die Kohärenzlänge L_{coh} ergibt sich:

$$L_{\mathrm{coh}} = c/\Delta f \qquad (2.22)$$

Der Kontrast einer Interferenzerscheinung verschwindet gerade dann, wenn die optische Wegdifferenz zweier Teilwellen gleich ihrer Kohärenzlänge ist (in der Literatur sind auch geringe Abweichungen von dieser Definition bekannt). Die optische Wegdifferenz Δg hängt mit der Phasendifferenz $\Delta\Phi$ über folgende Beziehung zusammen:

$$\Delta\Phi = \Delta g 2\pi/\lambda \qquad (2.23)$$

Die *optische Weglänge* g ergibt sich aus dem Produkt der geometrischen Länge L mit der Brechzahl n des Mediums, in dem sich die Wellen ausbreiten:

$$g = nL \qquad (2.24)$$

Aus Gl. (2.22) erkennt man, dass die Kohärenzlänge einer Lichtquelle umso größer wird, je schmaler ihre spektrale Breite ist. Der Abfall der Kohärenzfunktion $\gamma\,(\Delta\Phi)$ erfolgt bei Lichtquellen, die ein kontinuierliches Spektrum aufweisen, nach einer 1/e-Funktion.

Besteht das Spektrum nicht aus einem Kontinuum, wie bei einer Glühlampe oder bei einer LED, sondern weist es eine Modenstruktur auf wie bei einem Vielmodenlaser oder bei einer Superlumineszenzdiode, so ergibt sich in der Kohärenzfunktion $\gamma\,(\Delta\Phi)$ ebenfalls eine Modenstruktur [2.6] (Kohärenzfunktion und Spektrum sind über die Fouriertransformation miteinander verknüpft), d. h., der Betrag der Kohärenzfunktion schwankt mit zunehmender Phasendifferenz $\Delta\Phi$ zwischen hohen und niedrigen Werten und verschwindet erst bei großen Phasendifferenzen vollständig.

Bild 2.6 zeigt das Modenspektrum einer Superlumineszenzdiode, **Bild 2.7** die zugehörige Kohärenzfunktion. Beispiele für spektrale Breite und Kohärenzlänge zeigt **Tabelle 2.1**. Für große spektrale Breiten wählt man die Einheiten von Wellenlängen, da sonst zu große Zahlenwerte entstehen würden:

$$\Delta\lambda = (\lambda^2/c)\Delta f \qquad (2.25)$$

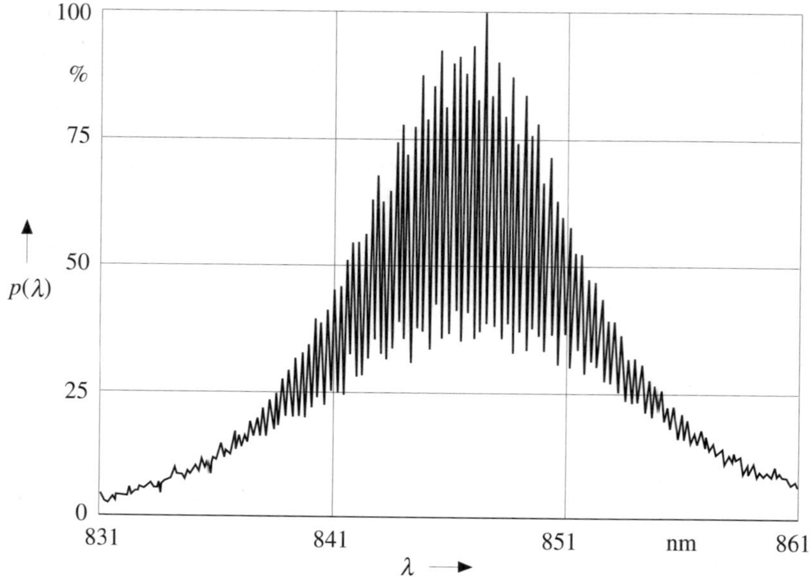

Bild 2.6 Modenspektrum einer Superlumineszenzdiode
$p(\lambda)$ Leistungsdichtespektrum [2.7]

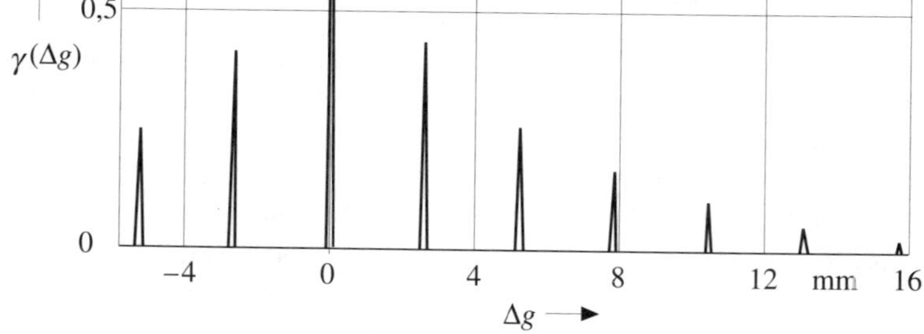

Bild 2.7 Zu Bild 2.6 zugehörige Kohärenzfunktion γ der Superlumineszenzdiode
Δg optische Wegdifferenz [2.7]

Tabelle 2.1:

	$\Delta\lambda$ bzw. Δf	L_{coh}
Glühlampe	einige 100 nm	einige µm
LED	einige 10 nm	einige 10 µm
Laser	einige MHz bis GHz	einige m bis km

2.4 Polarisation

Bisher wurde angenommen, dass der Vektor der elektromagnetischen Feldstärke für alle Zeiten nur in Richtung einer Ortskoordinate schwingt (siehe **Bild 2.8**). Diese Einschränkung ist jedoch im Allgemeinen nicht zulässig.

Die Spitze des $\boldsymbol{E}$-Vektors kann zu einem späteren Zeitpunkt in eine andere Richtung weisen. Licht als elektromagnetische Welle muss daher vektoriell behandelt werden [2.8]:

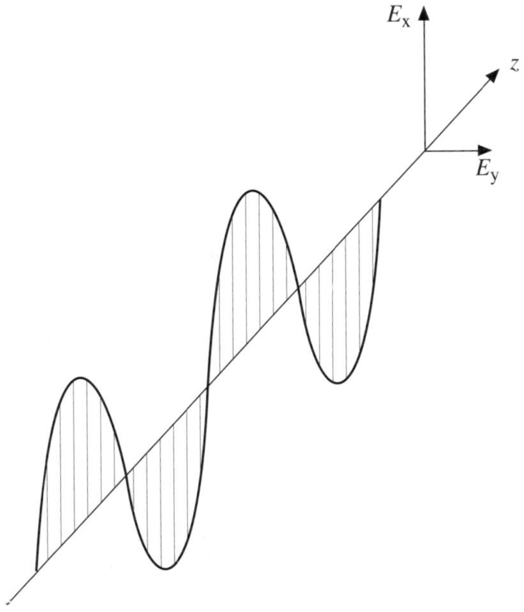

Bild 2.8 Elektromagnetische Welle mit Ausbreitung in z-Richtung, der E-Vektor zeigt konstant in x-Richtung

$$E_i \rightarrow \boldsymbol{E}_i = \boldsymbol{A}_i \exp\left(\mathrm{j}\Delta\Psi_i\right)\exp\left(\mathrm{j}\omega_i t\right) \tag{2.26}$$

mit $\boldsymbol{A}_i = (A_{\mathrm{x}i}, A_{\mathrm{y}i})$,

wobei:

$A_{\mathrm{x}i}, A_{\mathrm{y}i}$ Amplituden der Welle i in x- bzw. y-Richtung,

ω_i Kreisfrequenz der Welle i und

$\Delta\Psi_i$ Phasendifferenz zwischen $E_{\mathrm{x}i}$ und $E_{\mathrm{y}i}$.

Die Wellen breiten sich in z-Richtung aus. Die rein skalare Behandlung in Gl. (2.15) geht damit über in die Vektordarstellung:

$$I = |\boldsymbol{E}|^2 = \left(\boldsymbol{E}_1 + \boldsymbol{E}_2\right) \cdot \left(\boldsymbol{E}_1 + \boldsymbol{E}_2\right)^+ \tag{2.27}$$

wobei:

$\boldsymbol{E}^+$ hermetisch konjugierter Vektor zu $\boldsymbol{E}$.

Es ergibt sich:

$$I = \left|\boldsymbol{E}_1\right|^2 + \left|\boldsymbol{E}_2\right|^2 + 2\,\mathrm{Re}\left(\boldsymbol{E}_1\boldsymbol{E}_2{}^+\right) \tag{2.28}$$

Im Interferenzterm steht das Skalarprodukt zweier Vektoren, $\boldsymbol{E}_1\boldsymbol{E}_2{}^+$.

Dieses wird zu null, falls die beiden Vektoren senkrecht aufeinander stehen. Um eine konstruktive Interferenz zu realisieren, muss eine Anpassung der Polarisation der zu überlagernden Wellen erfolgen. Die Polarisation spielt daher bei allen faseroptischen Übertragungs- und Sensoraufgaben, die mit kohärenten Techniken arbeiten, eine große Rolle.

Die Polarisation beschreibt das räumliche Verhalten des $\boldsymbol{E}$-Vektors. Projiziert man die Spitze des $\boldsymbol{E}$-Vektors zu jedem Zeitpunkt auf eine Ebene senkrecht zur Ausbreitungsrichtung z, so erhält man im Allgemeinen eine Ellipse (siehe **Bild 2.9**). Die Form und Lage der Ellipse in dieser Ebene ist gegeben durch die allgemeine Ellipsengleichung [2.9]:

$$\frac{E_{\mathrm{x}}^2}{A_{\mathrm{x}}^2} + \frac{E_{\mathrm{y}}^2}{A_{\mathrm{y}}^2} - \frac{2E_{\mathrm{x}}E_{\mathrm{y}}}{A_{\mathrm{x}}A_{\mathrm{y}}} \cdot \cos\Delta\Psi - \sin^2\Delta\Psi = 0 \tag{2.29}$$

Die Neigung (Neigungswinkel ρ) der Halbachsen der Ellipse und das Achsenverhältnis b/a wird bestimmt durch die Amplituden der beiden Wellen A_{x} und A_{y} sowie durch ihre Phasendifferenz $\Delta\Psi$:

$$-\pi/2 \leq \rho \leq \pi/2 \tag{2.30}$$

mit a, b als große bzw. kleine Halbachse der Ellipse.

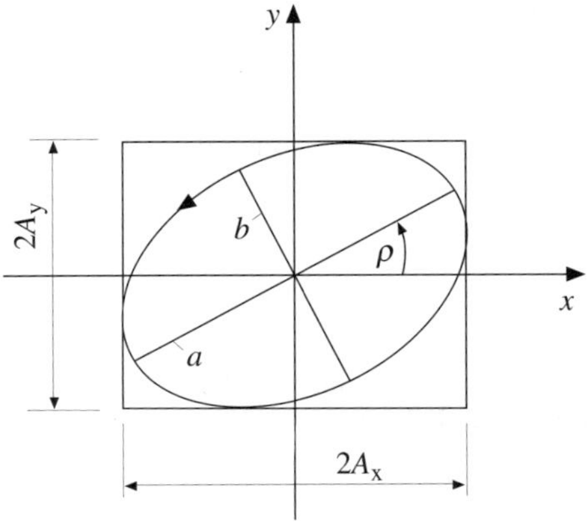

Bild 2.9 Polarisationsellipse

A_x, A_y Amplituden in x- bzw. y-Richtung

a, b große bzw. kleine Hauptachse der Ellipse

ρ Neigungswinkel der großen Halbachse gegenüber der x-Achse

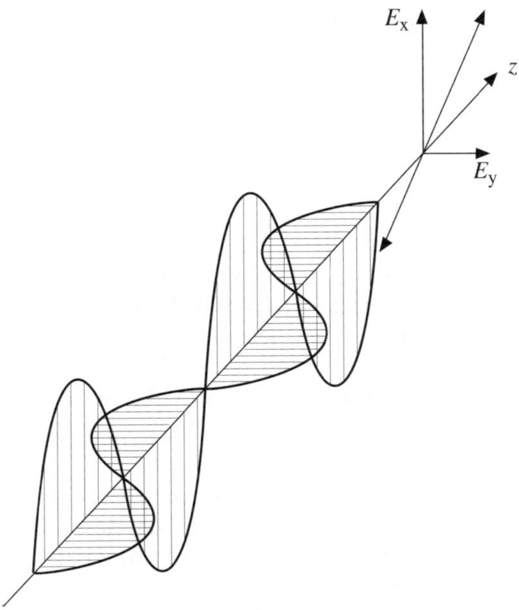

Bild 2.10 Elektromagnetische Welle mit Ausbreitung in z-Richtung; der ***E***-Vektor zeigt konstant in die durch die Amplituden in x- bzw. y-Richtung resultierende Ebene

Für

$$0 < \Delta\Psi_i < \pi \tag{2.31}$$

erhält man *rechtsdrehende Polarisationszustände,* d. h., die Spitze des Vektors der elektrischen Feldstärke läuft im Uhrzeigersinn auf der Ellipse um.

Für

$$\pi < \Delta\Psi < 2\pi \tag{2.32}$$

ergeben sich *linksdrehende Polarisationszustände.* Als Sonderfall der Polarisationsellipse erhält man *linear polarisiertes Licht* (siehe **Bild 2.10**):

$\Delta\Psi = n\,\pi$, mit $n = 0, 1, 2, 3, \ldots$

Daraus folgt aus Gl. (2.29):

$$E_{\mathrm{y}} = (-1)^n \left(A_{\mathrm{y}} / A_{\mathrm{x}}\right) \cdot E_{\mathrm{x}} \tag{2.33}$$

also eine Gerade mit positiver bzw. negativer Steigung entsprechend $b/a = 0$ oder $b/a \to \infty$.

Als weiterer Sonderfall ergibt sich *zirkular polarisiertes Licht* (siehe **Bild 2.11**):

$\Delta\Psi = (2n + 1)\,\pi / 2$ und $A_{\mathrm{x}} = A_{\mathrm{y}} = A$.

Daraus folgt aus Gl. (2.29):

$$E_{\mathrm{x}}^2 + E_{\mathrm{y}}^2 = A^2 \tag{2.34}$$

also ein Kreis entsprechend $b/a = 1$.

Zusätzlich ist noch *unpolarisiertes Licht* zu erwähnen, d. h., der $\boldsymbol{E}$-Vektor schwingt statistisch in x- bzw. y-Richtung während der Fortpflanzung der Welle in z-Richtung. Alle weiteren Polarisationszustände lassen sich auf Kombinationen der oben genannten Zustände zurückführen. Es ist also auch möglich, dass Licht teilpolarisiert ist. Dies wird beschrieben durch den Polarisationsgrad. Der Polarisationsgrad gibt das Verhältnis von polarisierter Lichtintensität zur Summe aus polarisierter und unpolarisierter Intensität an.

Bringt man einen (linearen) *Polarisator* in einen optischen Strahlengang, so wird nur die vom Polarisator vorgegebene Schwingungsrichtung der Transversalwelle transmittiert (siehe **Bild 2.12**). Um die Richtung der Schwingungsebene zu bestimmen, verwendet man einen zweiten Polarisator, den man in diesem Fall *Analysator* nennt. Ist die Durchlassrichtung des Analysators um den Winkel β gegenüber der des Polarisators gedreht, so wird nur die Projektion E_{t} des $\boldsymbol{E}$-Vektors vom Analysator transmittiert:

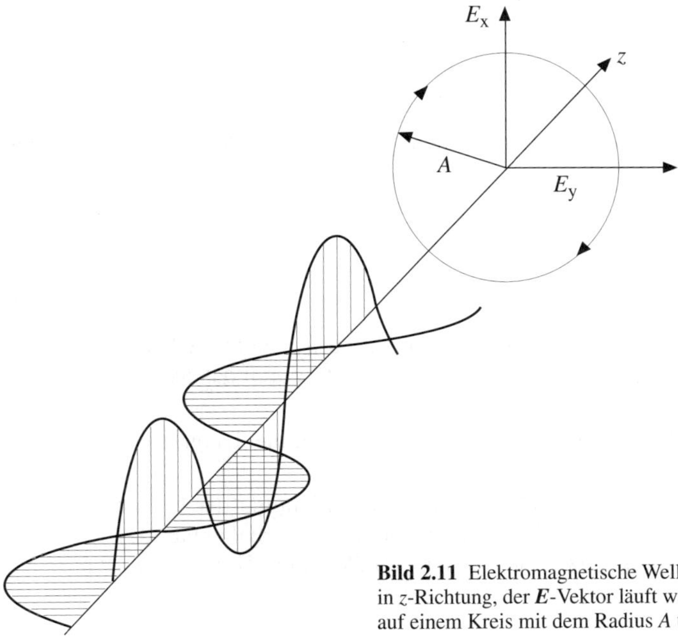

Bild 2.11 Elektromagnetische Welle mit Ausbreitung in z-Richtung, der $\boldsymbol{E}$-Vektor läuft während der Ausbreitung auf einem Kreis mit dem Radius A um die z-Achse um

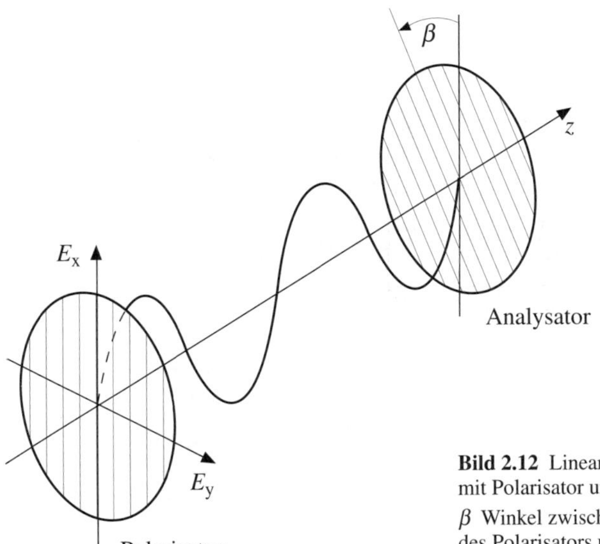

Bild 2.12 Linear polarisierte Lichtwelle mit Polarisator und Analysator [2.10]

β Winkel zwischen der Durchlassrichtung des Polarisators und des Analysators

$$E_t = E_0 \cos \beta \tag{2.35}$$

wobei:

E_0 Betrag des $\boldsymbol{E}$-Vektors vor dem Analysator.

Für die transmittierte Intensität I_t folgt nach Gl. (2.15) das *Gesetz von Malus* (vergleiche Bild 10.21, gestrichelte Kurve, $I_t = I_{D1}$):

$$I_t = I_0 \cos^2 \beta \tag{2.36}$$

wobei

I_0 Intensität vor dem Analysator.

Bringt man eine transparente Substanz, die nicht optisch aktiv [2.11] ist, zwischen zwei gekreuzte Polarisatoren, so kann nach Gl. (2.36) durch das System kein Licht hindurchtreten.

Ein wichtiger Effekt, der eng mit der Polarisation zusammenhängt, ist der *Faraday-Effekt* [2.12].

Legt man ein Magnetfeld parallel zur Ausbreitungsrichtung der Lichtwelle an, so wird bei einigen Substanzen die Polarisationsrichtung durch den Faraday-Effekt um einen bestimmten Winkel α gedreht, man erhält einen *Faraday-Rotator* (siehe **Bild 2.13**), es gilt:

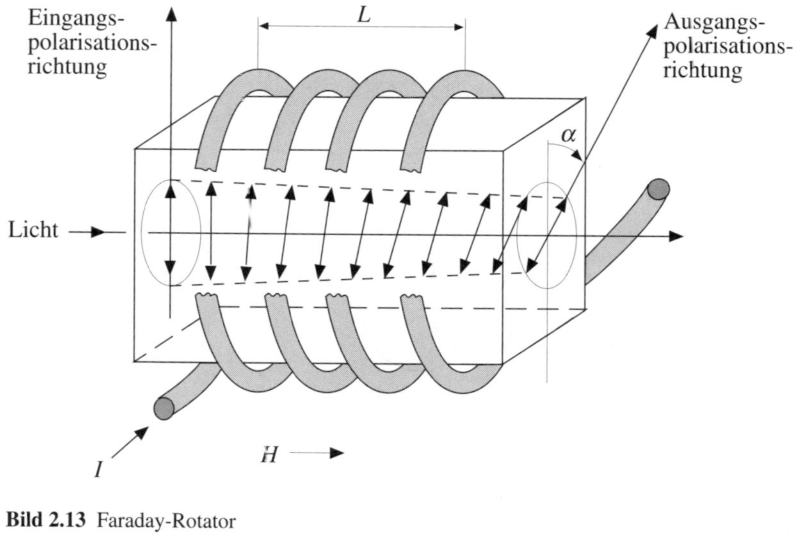

Bild 2.13 Faraday-Rotator

L Länge

I elektrischer Strom

H elektrisches Magnetfeld

α Winkel zwischen Eingangs- und Ausgangspolarisationsrichtung

$$\alpha = VLH \qquad (2.37)$$

wobei:

H Betrag der magnetischen Feldstärke,

L Länge, über die das Magnetfeld wirkt, und

V *Verdet-Konstante*.

Die Verdet-Konstante ist die Materialkonstante des Faraday-Effekts; sie gibt an, wie stark die Schwingungsrichtung bei vorgegebenem Magnetfeld gedreht wird. Das Magnetfeld kann sowohl von einer elektrischen Spule als auch von einem Dauermagneten erzeugt werden. Für die magnetische Feldstärke, die von einer elektrischen Spule erzeugt wird, gilt:

$$H = NI/L \qquad (2.38)$$

wobei:

N Anzahl der Spulenwindungen und

I Strom durch die Spule (Betrag).

Wird nun ein Faraday-Rotator noch zusätzlich in den Strahlengang einer Anordnung nach Bild 2.12 eingebracht, so dreht sich die Polarisationsrichtung der Lichtwelle um denWinkel α (siehe Bild 2.13). Die durch den Analysator transmittierte Intensität ändert sich entsprechend dem Malus-Gesetz (vergleiche Gl. (2.36)).

Da der Faraday-Effekt ein *nicht reziproker Effekt* ist, lässt er sich für einige Anwendungen in der optischen Übertragungs- und Sensortechnik günstig ausnützen: Stellt man die Durchlassrichtungen der beiden Polarisatoren unter einem Winkel von 45° zueinander entsprechend der Eingangspolarisation bzw. Ausgangspolarisation von Bild 2.13 ein, so wird die gesamte Intensität transmittiert, falls der Faraday-Rotator die Schwingungsebene gerade um 45° in die Durchlassrichtung des Analysators dreht. Erfolgt eine Rückreflexion der Lichtwelle an nachfolgenden Bauelementen, so kann nur Licht den Analysator passieren, dessen Schwingungsrichtung mit der Durchlassrichtung übereinstimmt. Der Faraday-Rotator dreht nun auf Grund der Nichtreziprozität die Schwingungsebene nicht zurück, sondern gerade um 45° weiter. Die Schwingungsebene des rückreflektierten Lichts bildet dann mit der Durchlassrichtung des Eingangspolarisators einen Winkel von 90°; die Lichtwelle kann den Polarisator nicht passieren; man erhält einen *optischen Isolator.* Anstelle einer elektrischen Spule kann auch ein Dauermagnet zum Einsatz kommen. Es sind optische Isolatoren mit einer Unterdrückung von etwa 60 dB verfügbar.

2.5 Brechung und Reflexion

Brechung und Reflexion treten auf beim Übergang einer Welle von einem Medium mit der Brechzahl n_1 in ein Medium mit der Brechzahl $n_2 \neq n_1$.

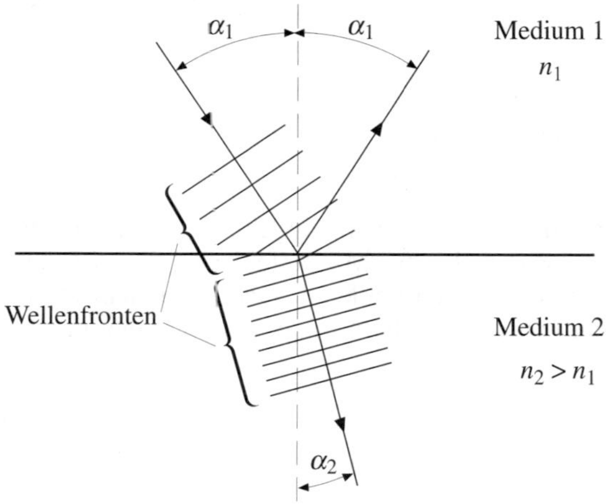

Bild 2.14 Brechung und Reflexion einer Lichtwelle an einer Grenzfläche

n_1, n_2 Brechzahlen der Medien vor bzw. nach dem Grenzübergang

α_1 Einfalls- bzw. Ausfallswinkel

α_2 Brechungswinkel

Bild 2.14 veranschaulicht den Einfall einer ebenen Welle auf eine solche Grenzfläche. Die Wellenfront im Medium 1 ist dabei gegenüber der Grenzfläche um den Winkel α_1 geneigt. Die Wellennormale, strahlenoptisch mit dem Lichtstrahl identifiziert, steht senkrecht auf der Wellenfront und bildet mit dem Lot ebenfalls den Winkel α_1 (siehe Bild 2.14). Man erkennt, dass beim Annähern der Welle an die Grenzfläche die linke Seite der Wellenfront von der Grenzfläche aus betrachtet eher in das Medium 2 eindringt als die rechte Seite. Die Geschwindigkeit der Welle im Medium 1 beträgt nach Gl. (2.10): $v_1 = c/n_1$. In der gezeichneten Figur ist angenommen, dass die Brechzahl des Mediums 2 größer sei als die des Mediums 1: $n_2 > n_1$. Somit folgt: $v_2 = c/n_2 < v_1$. Der Anteil der Wellenfront, der bereits in das Medium 2 eingedrungen ist, bewegt sich mit geringerer Geschwindigkeit als der Teil der Wellenfront, der sich noch im Medium 1 befindet. Die Wellenfront neigt sich und ändert ihre Ausbreitungsrichtung. Der Abstand der nachfolgenden Phasenfronten ist kleiner geworden. Die Wellennormale und das Lot schließen jetzt den Winkel α_2 ein.

Beim Übergang vom optisch dünneren zum optisch dichteren Medium ($n_1 < n_2$) wird der Lichtstrahl zum Lot hin gebrochen.

Im umgekehrten Fall ($n_1 > n_2$) wird er vom Lot weg gebrochen. Den Zusammenhang zwischen Winkeln und Brechzahlen beschreibt das *Snellius'sche Brechungsgesetz* [2.13]:

$$n_1 \sin \alpha_1 = n_2 \sin \alpha_2 \tag{2.39}$$

im Allgemeinen dringt eine Lichtwelle jedoch nicht vollständig in das Medium 2 ein, sondern ein Teil wird an der Grenzfläche reflektiert. Der reflektierte Lichtstrahl umschließt mit dem Lot ebenfalls den Winkel α_1. Diese Reflexion wird *Fresnel-Reflexion* genannt [2.14]. Der Anteil des reflektierten Lichts ist abhängig vom Einfallswinkel α_1 und von der Polarisation des einfallenden Lichts (dies gilt auch für den transmittierten Anteil). Für parallel zur Einfallsebene polarisiertes Licht (aufgespannt durch einfallenden und reflektierten Lichtstrahl und Lot) gilt folgender Reflexionskoeffizient für Amplituden:

$$r_p = \frac{n_2 \cos \alpha_1 - n_1 \cos \alpha_2}{n_1 \cos \alpha_2 + n_2 \cos \alpha_1} \tag{2.40}$$

senkrecht dazu ergibt sich:

$$r_s = \frac{n_1 \cos \alpha_1 - n_2 \cos \alpha_2}{n_1 \cos \alpha_1 + n_2 \cos \alpha_2} \tag{2.41}$$

Die Abhängigkeit der Reflexionskoeffizienten r_p und r_s vom Einfallswinkel α_1 zeigt **Bild 2.15** für einen Luft-Glas-Übergang ($n_1 \approx 1$, $n_2 \approx 1{,}5$).

Die Wahrnehmung erfolgt jedoch zum Quadrat der Reflexionskoeffizienten für Amplituden (vergleiche Abschnitt 2.2); für Intensitäten I bzw. optische Leistungen P ($P \sim I$) gilt: $R \sim r^2$.

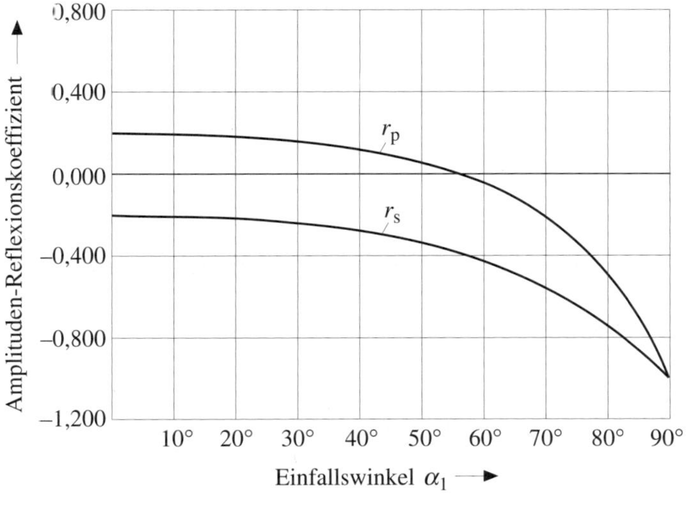

Bild 2.15 Amplituden-Reflexionskoeffizienten r_p, r_s als Funktion des Einfallswinkels α_1 für einen Luft-Glas-Übergang ($n_1 \approx 1$, $n_2 \approx 1{,}5$)

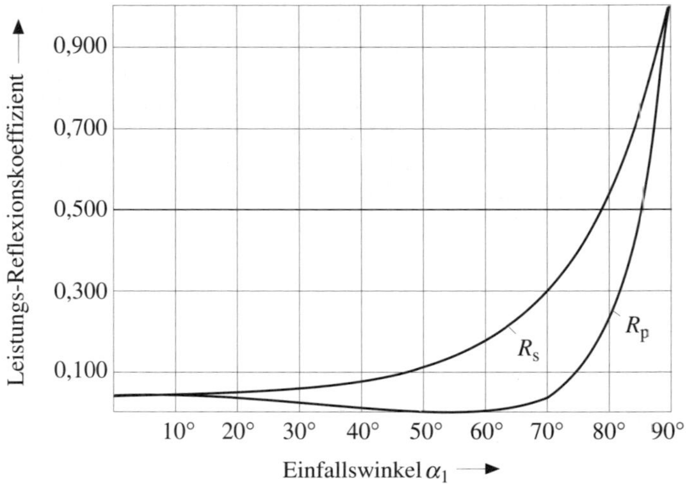

Bild 2.16 Leistungs-Reflexionskoeffizienten R_p, R_s als Funktion des Einfallswinkels α_1 für einen Luft-Glas-Übergang ($n_1 \approx 1$, $n_2 \approx 1{,}5$)

Die Abhängigkeit der Reflexionskoeffizienten R_p bzw. R_s vom Einfallswinkel zeigt **Bild 2.16**. Ein häufig vorkommender Sonderfall ist senkrecht zur Grenzfläche einfallendes Licht. Es gilt:

$$\alpha_1 = 0 \rightarrow \alpha_2 = 0$$

und

$$R_p = R_S = \left(\frac{n_2 - n_1}{n_2 + n_1} \right)^2 \tag{2.42}$$

Für einen Luft-Glas-Übergang ergibt sich somit ein reflektierter Leistungsanteil von etwa 4 %. Für parallel zur Einfallsebene polarisiertes Licht verschwindet der reflektierte Anteil für einen bestimmten Winkel, den *Brewster-Winkel* (siehe Bild 2.15 bzw. Bild 2.16): $\alpha_1 = \alpha_B$.

In diesem Fall umschließen der reflektierte und der gebrochene Strahl einen Winkel von 90° (siehe **Bild 2.17**). Aus dem Snellius'schen Brechungsgesetz folgt für diesen Sonderfall:

$$\tan \alpha_B = n_2 / n_1 \tag{2.43}$$

Für den Luft-Glas-Übergang gilt: $\alpha_B = 56°$.

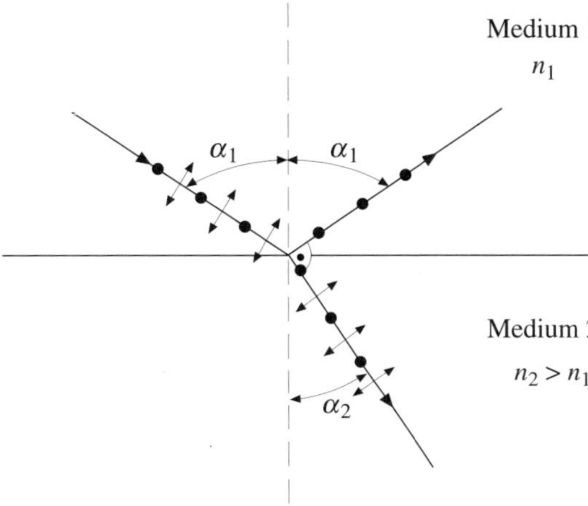

Bild 2.17 Reflexion und Brechung parallel (Pfeile) und senkrecht (Punkte) zur Einfallsebene polarisierter Lichtwellen beim Lichteinfall unter dem Brewster-Winkel $\alpha_1 = \alpha_B$

Geht man den umgekehrten Weg vom optisch dichteren zum optisch dünneren Medium ($n_2 < n_1$), so wird bei kleinen Einfallswinkeln an der Grenzfläche ebenfalls ein bestimmter Anteil reflektiert bzw. transmittiert (siehe **Bild 2.18**, Strahlen 1 und 2). Lässt man den Einfallswinkel α_1 immer größer werden, so verläuft der

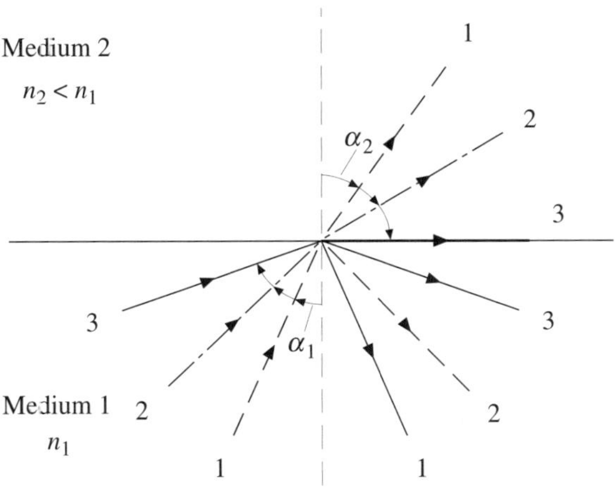

Bild 2.18 Brechung und Reflexion beim Übergang vom optisch dichteren zum optisch dünneren Medium, Wellen 1 und 2 erleiden Teilbrechung und Teilreflexion, bei Welle 3 erfolgt Totalreflexion

gebrochene Strahl (α_2) zunehmend flacher und verschwindet schließlich ganz in der beide Medien trennenden Grenzlinie (siehe Bild 2.18, Strahl 3). Für den Fall, dass kein Licht mehr das Medium 1 verlässt (es existiert nur noch die reflektierte Welle), spricht man von *Totalreflexion*. Aus dem Snellius'schen Brechungsgesetz folgt:

$$\sin \alpha_1 = \sin \alpha_G = n_2/n_1 < 1 \qquad (2.44)$$

wobei:

α_G Grenzwinkel der Totalreflexion.

3 Lichtwellenleiter

Die Ausbreitung von Wellen in einem Lichtwellenleiter erfolgt nicht mehr in einem in allen Ortskoordinaten unendlich ausgedehnten homogenen Medium. Es existieren Grenzflächen, an denen sich die Brechzahl ändert. Es kommt zu einem Führungsmechanismus, man spricht von geführten Wellen.

3.1 Schichtwellenleiter

Der aus drei Schichten bestehende Schichtwellenleiter [3.1] sei in Ausbreitungsrichtung z sowie in einer Koordinate senkrecht dazu unendlich ausgedehnt (siehe **Bild 3.1**). Die mittlere Schicht ist beidseitig von Medien mit niedrigerer Brechzahl umgeben. Die Brechzahlen von oberer und unterer Schicht können verschieden sein ($n_2, n_3 < n_1$ und $n_2 \neq n_3$). Koppelt man in einen derartigen Wellenleiter seitlich Licht in die mittlere Schicht ein, so wird das Wiederaustreten des Lichtstrahls verhindert. Dies gilt unter der Voraussetzung, dass der Lichtstrahl im Medium 1 nicht zu steil verläuft, dass er also bereits ausreichend flach eingekoppelt wurde. Für den Neigungswinkel α folgt aus dem Snellius'schen Brechungsgesetz:

$$\alpha > \arcsin\left(n_2 / n_1\right) \text{ und } \alpha > \arcsin\left(n_3 / n_1\right) \tag{3.1}$$

Bei jeder weiteren Reflexion an der Grenzfläche zum Medium 2 oder 3 tritt erneut Totalreflexion auf (vergleiche Abschnitt 2.5). Der Lichtstrahl kann das Medium 1 nicht mehr verlassen. Es kommt zur Wellenleitung. Geht man von den bisherigen Überlegungen aus, so könnte man annehmen, dass sich im Lichtwellenleiter Wellen

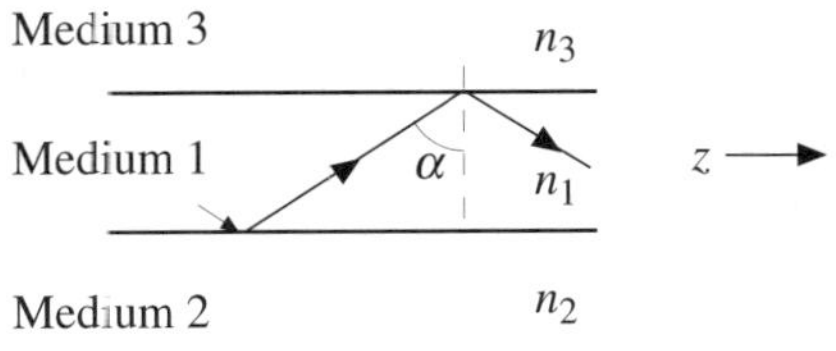

Bild 3.1 Schichtwellenleiter

n_1 Brechzahl der wellenleitenden Schicht

n_2 Brechzahl der darunter liegenden Schicht

n_3 Brechzahl der darüber liegenden Schicht

α Einfallswinkel in der wellenleitenden Schicht

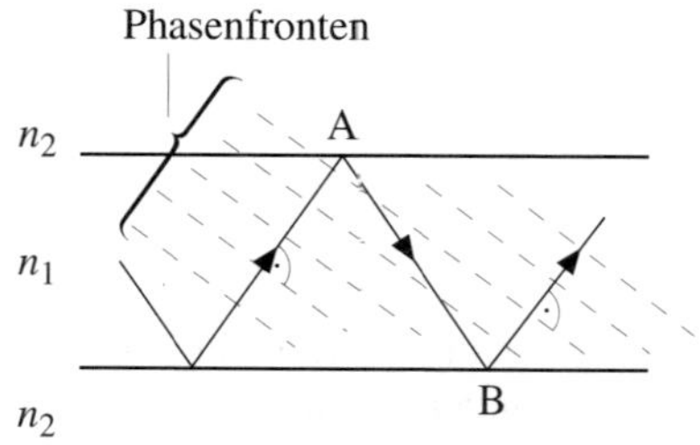

Bild 3.2 Bildung transversaler Moden; ursprüngliche und in A bzw. B reflektierte Welle interferieren phasengleich

n_1 Brechzahl der wellenleitenden Schicht

n_2 Brechzahl der darunter und darüber liegenden Schicht

ausbreiten könnten, deren Lichtstrahlen jeden beliebigen Winkel annehmen dürften vom Grenzwinkel der Totalreflexion bis zum Lichtstrahl entlang der optischen Achse: $\alpha_G \leq \alpha \leq 90°$.

Es zeigt sich jedoch, dass zwischen diesen Grenzwerten die Winkel nicht kontinuierlich vertreten sind, sondern dass nur ganz bestimmte diskrete Winkel erlaubt und damit nur deren zugehörige Wellen ausbreitungsfähig sind. Dieses Phänomen lässt sich veranschaulichen, wenn man die Überlagerung mehrfach reflektierter Wellen zuhilfe nimmt. Betrachtet man die Welle in **Bild 3.2** im Punkt A und nach der zweimaligen Reflexion im Punkt B, so hat sie eine bestimmte Wegstrecke Δg zwischen diesen beiden Punkten zurückgelegt. Diese Wegdifferenz führt nach Gl. (2.23) zu einer Phasendifferenz, die sich bei der Interferenz der ursprünglichen mit der reflektierten Welle auswirkt. (Außerdem sind Phasensprünge bei der Reflexion am dichteren Medium zu berücksichtigen.) Dies kann nach Gl. (2.17) je nach Phasendifferenz zu konstruktiver oder zu destruktiver Interferenz führen. Im letzteren Fall wird ein Transport der Lichtenergie in die gewünschte Ausbreitungsrichtung unterbunden. Es sind nur ganz bestimmte Phasendifferenzen und damit verbunden nur ganz bestimmte Wegdifferenzen zulässig. Die Wegdifferenzen sind abhängig vom Neigungswinkel α der Lichtstrahlen. Dies wiederum bewirkt, dass nur Wellen, deren Lichtstrahlen unter ganz bestimmten Winkeln α_i verlaufen, ausbreitungsfähig sind. Die verbleibenden Wellen, die sich entsprechend den erlaubten Lichtwegen im Wellenleiter ausbreiten, bezeichnet man als *Moden*. Da es sich hierbei um Eigenschaften im Raum handelt, spricht man auch von *räumlichen* oder *transversalen Moden*.

3.2 Fasern

Während beim Schichtwellenleiter zwei parallele Grenzschichten existieren, ist die Begrenzung bei einer Faser in sich geschlossen. Die geometrische Form einer Faser stellt einen Zylinder dar, über den ein konzentrischer Hohlzylinder gestülpt ist. **Bild 3.3** zeigt den Aufbau einer Faser. Der Zylinder stellt den *Kern* der Faser dar, dieser besitzt die Brechzahl n_1, der Hohlzylinder bildet den *Fasermantel* mit der Brechzahl n_2. Eine wichtige Größe insbesondere für die Einkoppelung von Licht in eine Faser ist der Akzeptanzwinkel δ, der größtmögliche Winkel, damit gerade noch Wellenführung existiert. Wird δ überschritten, so kommt es nicht mehr zur Totalreflexion im Kernbereich, und es dringen Lichtwellen in den Mantelbereich ein. Aus dem Snellius'schen Brechungsgesetz und aus der Grenzbedingung für Totalreflexion folgt:

$$n \sin \delta = n_1 \sqrt{1 - \sin^2 \alpha_G} = n_1 \sqrt{1 - (n_2 / n_1)^2} \tag{3.2}$$

Das Produkt aus der Brechzahl n außerhalb der Faser und dem Sinus des Akzeptanzwinkels δ nennt man *numerische Apertur* A_N. Mit Gl. (3.2) folgt:

$$A_N = n \sin \delta = \sqrt{n_1^2 - n_2^2} \tag{3.3}$$

Unter dem Gesichtspunkt, eine möglichst hohe Einkoppeleffizienz an Lichtleistung in eine Faser zu erzielen, ist eine möglichst große numerische Apertur anzustreben (Anmerkung: Der Begriff „numerische Apertur" gilt auch für andere Bereiche in der Optik).

Zur weiteren Betrachtung benötigt man noch die *relative Brechzahldifferenz* Δ:

$$\Delta = \frac{n_1^2 - n_2^2}{2 n_1^2} \tag{3.4}$$

Für kleine Brechzahldifferenzen $(n_1 - n_2)$ lässt sich Gl. (3.4) nach Entwicklung in eine Taylorreihe folgendermaßen annähern:

$$\Delta \approx \frac{n_1 - n_2}{n_1} \tag{3.5}$$

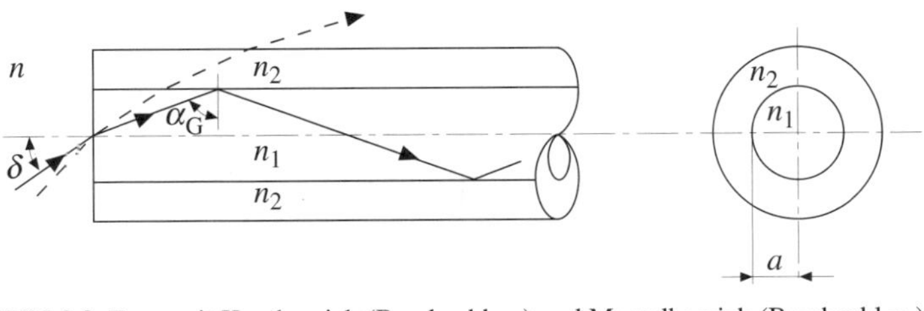

Bild 3.3 Faser mit Kernbereich (Brechzahl n_1) und Mantelbereich (Brechzahl n_2)

n Brechzahl außerhalb der Faser

α_G Grenzwinkel der Totalreflexion

δ Akzeptanzwinkel

a Kernradius

Mit der Einführung der relativen Brechzahldifferenz folgt für die numerische Apertur:

$$A_N = n_1 \sqrt{2\Delta} \tag{3.6}$$

Bei den bisherigen Überlegungen wurde angenommen, dass die Brechzahlen n_1 und n_2 über dem Faserquerschnitt konstant sind. Dies ist im Allgemeinen nicht der Fall. Damit ändert sich auch die numerische Apertur als Funktion der Radialkoordinate r (siehe hierzu auch Bild 5.8):

$$A_N = \sqrt{n^2(r) - n_2^2} \tag{3.7}$$

Man bezeichnet $n(r)$ als *Brechzahlprofil*; d. h., die Brechzahl ändert sich im Kernbereich der Faser als Funktion der Radialkoordinate r. Im Mantelbereich gilt weiterhin n_2 = const. (für besondere Fasern gibt es auch dort Änderungen [3.2, 3.3, 3.4]). Für numerische Rechnungen geht man von Brechzahlprofilen aus, die sich folgendermaßen darstellen lassen:

$$\begin{aligned} n(r) &= n_1 \sqrt{1 - 2\Delta (r/a)^g} \quad \text{für } r < a \\ n(r) &= n_2 \quad \text{für } r \geq a \end{aligned} \tag{3.8}$$

wobei:

a Kernradius,

g Profilexponent.

Eine grafische Darstellung für $n(r)$ zeigt **Bild 3.4**. Durch Variation des Profilparameters g lassen sich verschiedene Fasertypen beschreiben:

Für $g \to \infty$ gilt für $r < a$: $(r/a)^g \to 0$ und damit $n(r) = n_1$ = const.

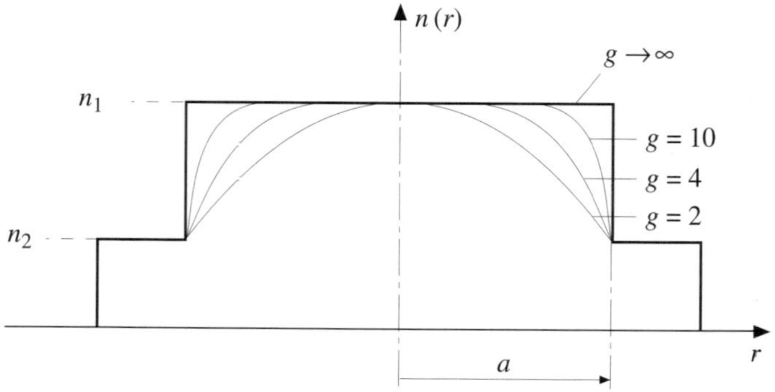

Bild 3.4 Brechzahlprofil, Brechzahl n als Funktion der Radialkoordinate r und Profilparameter g

Man erhält wieder die ursprüngliche Form der konstanten Brechzahlen. Eine solche Faser bezeichnet man als *Stufenindexfaser.* Man erkennt eine deutliche Stufe im Brechzahlprofil an der Stelle $r = a$. Für alle übrigen Profilparameter g erfolgt eine kontinuierliche Änderung der Brechzahl mit dem Radius. Es ergibt sich ein Gradient. Man bezeichnet daher solche Fasern als *Gradientenindexfasern*. Häufig wird ein Profilparameter $g \approx 2$ gewählt (siehe Abschnitt 3.4.1) Man erhält in etwa ein parabolisches Brechzahlprofil.

Bei Stufenindexfasern lassen sich folgende Überlegungen anstellen. Man bezeichnet den Betrag des Wellenvektors auch als Phasenausbreitungskonstante, dabei gilt im Medium:

$$k = k_0 n_1 \tag{3.9}$$

für die Phasenausbreitungskonstante in z-Richtung β folgt (siehe **Bild 3.5**):

$$\beta = k_0 n_1 \sin \alpha \tag{3.10}$$

wobei $90° > \alpha > \alpha_G$ gilt.

Je nach Neigungswinkel folgt somit aus Gl. (3.10) und aus der Bedingung für Totalreflexion Gl. (2.44):

$$k_0 n_1 > \beta > k_0 n_2 \tag{3.11}$$

Aus den Maxwell'schen Gleichungen (2.1) bis (2.4) lässt sich durch Anwendung der Gesetze aus der Vektor-Analysis folgende, für die weiteren Betrachtungen notwendige Wellengleichung ableiten. Unter der Voraussetzung, dass sich die Brechzahl nur wenig ändert, gilt näherungsweise (für das $\boldsymbol{H}$-Feld analog):

$$\Delta \boldsymbol{E} + k_0^2 \, n_i^2 \boldsymbol{E} = 0 \tag{3.12}$$

mit $n_i = n_1$ für $r < a$ und $n_i = n_2$ für $r \geq a$, (Δ hier Laplace-Operator, vergleiche Gl. (2.8)).

Als Lösungsansatz für diese Differentialgleichung wählt man:

$$\boldsymbol{E}(x, y, z) = \boldsymbol{E}(x, y) \exp(-\mathrm{j}\beta z) \tag{3.13}$$

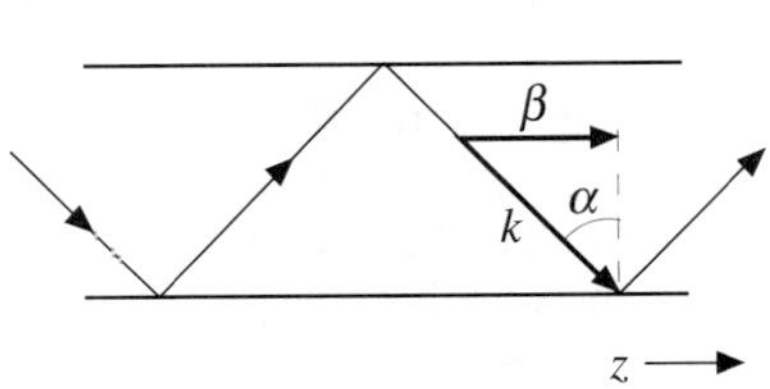

Bild 3.5 Phasenausbreitungskonstante β in Ausbreitungsrichtung und Phasenausbreitungskonstante k (Beträge der Vektoren)

Bild 3.6 Modenbilder auf Faserstirnfläche
LP_{01} Grundmodus
LP_{21}, LP_{83} höhere Moden [3.8]

also eine Gleichung, die die räumliche Ausbreitung einer Welle in z-Richtung beschreibt und deren Feldstärkevektor in x- bzw. y-Richtung schwingt. Die Geometrie der Faser legt nahe, Zylinderkoordinaten (r, Φ) einzuführen:

$$\boldsymbol{E}\left(x,y,z\right) \rightarrow \boldsymbol{E}\left(r,\Phi\right) \exp\left(-\mathrm{j}\beta z\right) \tag{3.14}$$

Unter Beachtung der Randbedingungen, dass die Feldstärken beim Übergang vom Kernbereich in den Mantelbereich stetig differenzierbar sein müssen, erhält man Lösungen der Wellengleichung. Im Kernbereich ergeben sich Lösungen, die durch Besselfunktionen [3.16] beschrieben werden können, im Mantel ergeben sich Hankelfunktionen [3.16]. Bei Gradientenindexfasern sind die Verhältnisse sogar noch komplizierter. Es lassen sich keine analytisch geschlossenen Lösungen mehr finden. Man kann nur noch mit Näherungsmethoden arbeiten [3.5 – 3.7] (WKB-Methode, WKB: Wentzel, Kramer, Brillouin).

Die möglichen Lösungen, die existierenden Schwingungsformen, werden als Moden einer Faser bezeichnet. Man spricht von *LP_{mn}-Moden*, wobei m die Umfangsordnung und n die radiale Ordnung darstellt. **Bild 3.6** zeigt Modenbilder auf einer Faserstirnfläche; m lässt sich auch als halbe Zahl der Flecken auf einem Ring interpretieren, n entspricht der Anzahl der Ringe.

Darüber hinaus gibt es Moden, bei denen Energie vom Kern in den Mantel abgeführt wird. Es kommt zu Strahlungsverlusten durch eine Verbindung von Wellenführung und Abstrahlung; es entstehen *Leckwellen* [3.9 – 3.11]. Die Tendenz zur Leckwellenbildung steigt, wenn die Faser gekrümmt wird.

Bild 3.7 zeigt die Leistungsverteilung ($P \sim |\boldsymbol{E}|^2$) entlang einem Schnitt durch die Faserachse. Man erkennt, dass ein bestimmter Leistungsanteil nicht nur im Kern, sondern auch im Mantel geführt wird. Die möglichen Moden, die sich in z-Richtung fortpflanzen können, sind bei vorgegebener Wellenlänge noch abhängig von den Faserparametern a und A_N. Diese Größen werden zusammengefasst im *Strukturparameter V* (auch V-Parameter oder normierte Frequenz genannt):

$$V = 2\pi\, a\, A_\mathrm{N} / \lambda \tag{3.15}$$

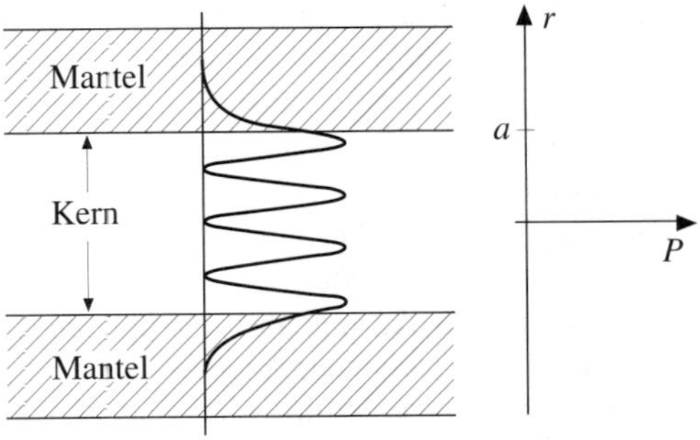

Bild 3.7 Moden als räumliche Intensitätsverteilungen über dem Faserquerschnitt, optische Leistung P als Funktion der Radialkoordinate r

a Faserkernradius

Die Leistungsaufteilung zwischen Kern- und Mantelbereich als Funktion des Strukturparameters einer Stufenindexfaser für einige niedrige Moden zeigt **Bild 3.8.** Man erkennt, dass für $V < 2{,}405$ im Kern nur noch der Modus LP_{01} geführt wird. Es entsteht eine *Einmodenfaser* (früher auch Monomodefaser genannt); LP_{01} bezeichnet man als Grundmodus. Für größere Werte des Strukturparameters ($V > 2{,}405$) werden auch die höheren Moden geführt. Man spricht von einer *Mehrmodenfaser* (früher auch Multimodefaser genannt). Wird eine Vielzahl von Moden geführt, so erhält man für die Anzahl der geführten Moden N [3.14]:

$$N = \frac{V^2}{2} \cdot \frac{g}{g+2} \qquad (3.16)$$

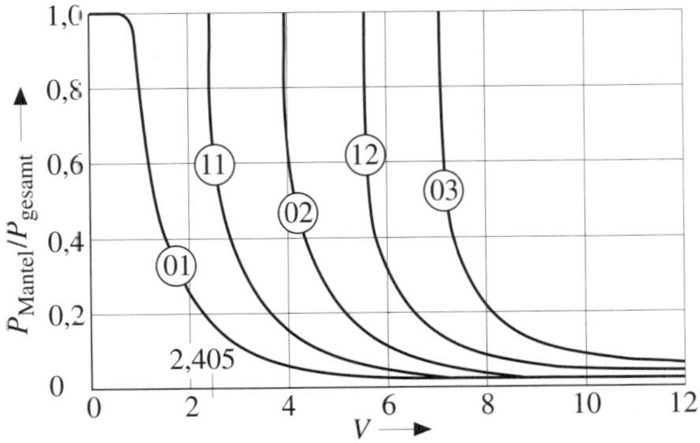

Bild 3.8 Leistungsaufteilung zwischen Kern und Mantel der einzelnen Moden einer Stufenindexfaser [3.13]

Für eine Stufenindexfaser ($g \rightarrow \infty$) ergibt sich somit $N = V^2/2$ für eine Gradientenindexfaser ($g = 2$) $N = V^2/4$. Eine Stufenindexfaser führt also bei sonst gleichen Bedingungen doppelt so viele Moden wie eine Gradientenindexfaser.

Für eine typische Stufenindexfaser mit einem Kernradius von 50 µm und einer numerischen Apertur von 0,5 erhält man bei einer Wellenlänge von 850 nm etwa 17000 Moden. Bei der gleichen Wellenlänge ergeben sich für eine Gradientenfaser mit typischen Werten (25 µm/ 0,25) lediglich etwa 500 Moden.

Aus Gl. (3.16) folgt, dass Grenzbedingungen für die Anzahl ausbreitungsfähiger Moden existieren. Dies ist der Fall, wenn etwa bei entsprechender Änderung N so verringert wird, dass ein bestimmter Modus gerade nicht mehr geführt wird. Man spricht vom cut-off des entsprechenden Modus. Für eine vorgegebene Faser (physikalisch realisierte Faser) liegen die Parameter a, g und A_N fest. Bei Erhöhung der Wellenlänge erfolgt eine Erniedrigung des Strukturparameters, so dass ein bestimmter vorher geführter Modus nicht mehr geführt wird (siehe auch Bild 3.8). Die Wellenlänge, bei der dies eintritt, nennt man *Grenzwellenlänge* λ_c (auch cut-off-Wellenlänge genannt). Bei weiterer Erhöhung der Wellenlänge oder bei entsprechender Wahl der Faserparameter bereits bei der Herstellung erhält man wieder eine Einmodenfaser ($V \leq 2{,}405$). Wählt man die Parameter allerdings derart, dass der Strukturparameter zu klein wird, so ist das Feld zu schwach auf den Faserkern konzentriert. Es wird ein zu hoher Anteil im Mantel geführt (siehe Bild 3.8). Die Dämpfung der Faser nimmt zu (vergleiche Abschnitt 3.3). Normalerweise wird für eine Einmodenfaser $1{,}5 \leq V \leq 2{,}405$ gewählt.

Die Wellenform in Einmodenfasern ist durch *Gauß'sche Strahlen* beschreibbar [3.15]. Die Feldverteilung $\boldsymbol{E}(r)$ eines Grundmodus zeigt **Bild 3.9**. Die korrekt durch Bessel- bzw. durch Hankelfunktionen beschreibbare Feldverteilung lässt sich in guter Näherung durch eine *Gauß-Verteilung* darstellen:

$$\boldsymbol{E}(r) = E_0 \, \mathrm{e}^{-\left(\frac{r}{w_0}\right)^2} \tag{3.17}$$

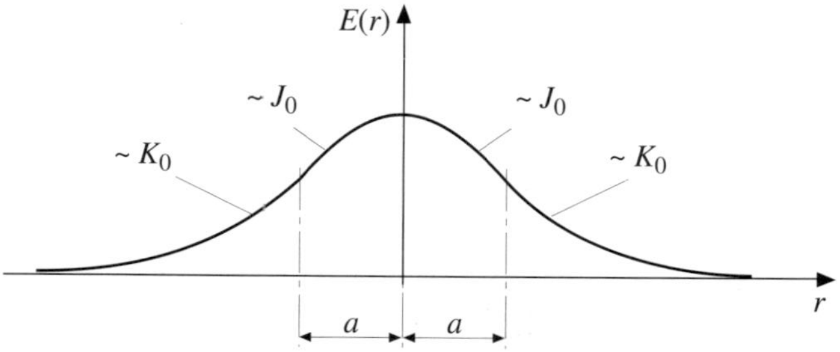

Bild 3.9 Feldverteilung einer Einmodenfaser; $\boldsymbol{E}(r)$ Elektrische Feldstärke als Funktion der Radialkoordinate r

a Faserkernradius

J_0 Besselfunktion nullter Ordnung erster Art

K_0 Hankelfunktion nullter Ordnung [3.16]

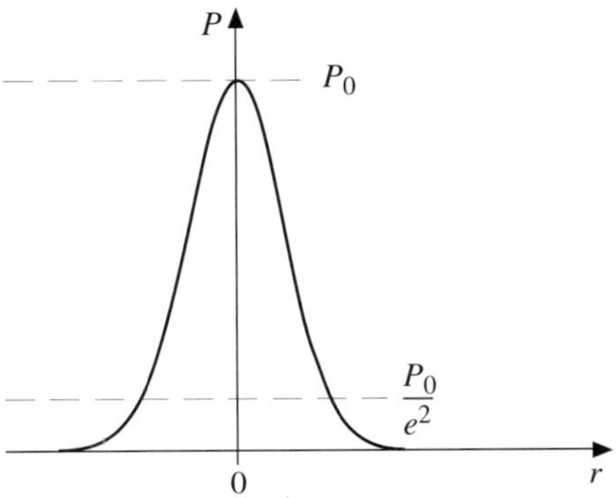

Bild 3.10 Räumliche Verteilung des von einer Einmodenfaser abgestrahlten Lichts; optische Leistung P als Funktion der Radialkoordinate r

Hierbei ist w_0 die *Gauß'sche Strahlweite* des Grundmodus (auch Strahltaille oder Fleckradius genannt, siehe Bild 3.11). w_0 ist ein Maß für die radiale Ausdehnung des Felds in der Faser (im Allgemeinen gilt: $w_0 \neq$ a). Für die Leistungsverteilung, die man mit einem Detektor misst, folgt somit:

$$P(r) = P_0 \, \mathrm{e}^{-2\left(\frac{r}{w_0}\right)^2} \tag{3.18}$$

Bild 3.10 zeigt einen Schnitt durch die rotationssymmetrische Leistungsverteilung beim Übergang des optischen Feldes von der Faser in ein nicht führendes Medium mit einheitlicher Brechzahl (z. B. Luft). Man definiert die Begrenzungslinie für den Abstrahlwinkel δ durch den Wert P_0/e^2 (siehe **Bild 3.11**). Dies entspricht gerade einem Abfall der Feldstärke auf den Wert E_0/e. Für die Messtechnik bei Einmodenfasern ist der Zusammenhang zwischen der Gauß'schen Strahlweite und dem Abstrahlwinkel δ [3.15] besonders wichtig:

$$w_0 = \frac{\lambda}{\pi n \tan \delta} \tag{3.19}$$

(Achtung: n ist hier die Brechzahl im Medium außerhalb der Faser!).

Es genügt, die Leistungsverteilung in einer bestimmten Faserentfernung zu messen, um damit den Abstrahlwinkel und die Gauß'sche Strahlweite zu bestimmen. Für $w(z)$ erhält man:

$$w(z) = \frac{\lambda z}{\pi n w_0} \tag{3.20}$$

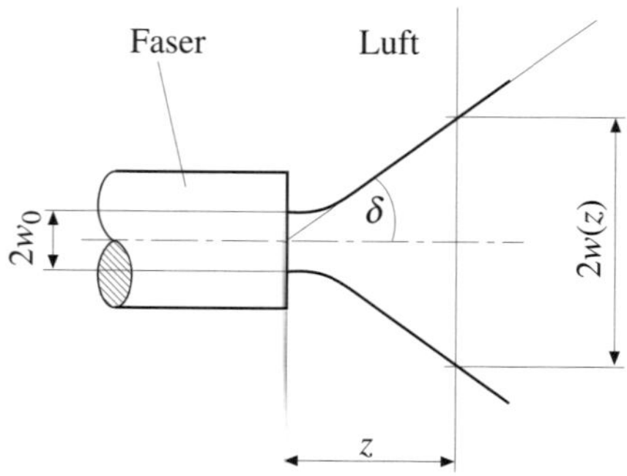

Bild 3.11 Gauß'sche Strahlweite $w(z)$ und Abstrahlwinkel δ
w_0 Strahltaille

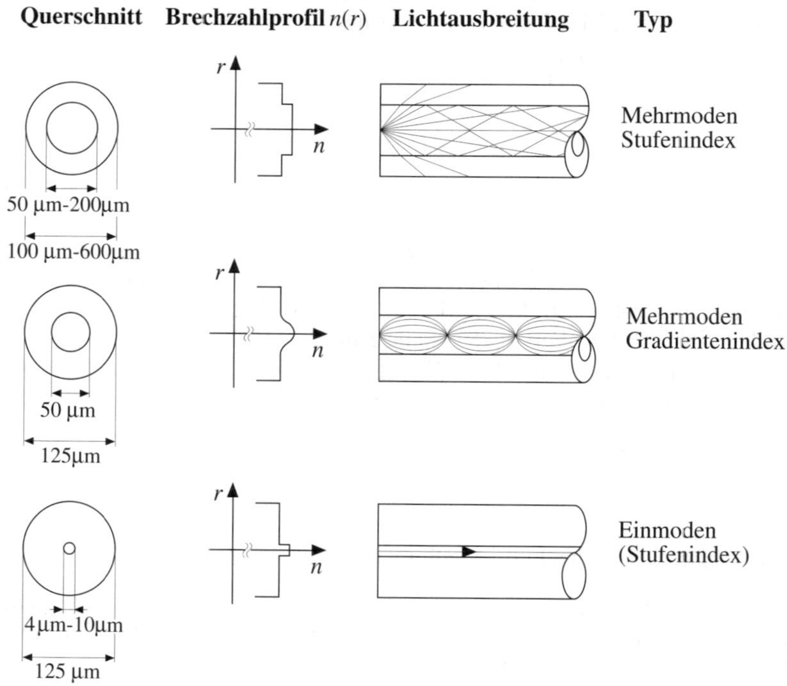

Bild 3.12 Mehrmodenstufenindexfaser, Mehrmodengradientenindexfaser und Einmodenstufenindexfaser im Vergleich [3.17]

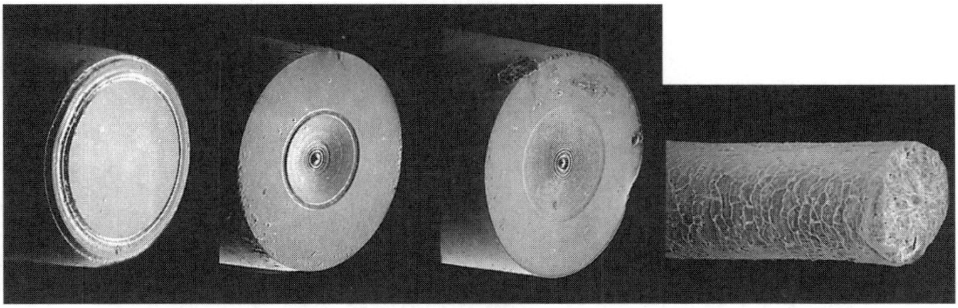

Mehrmodenfasern mit Stufenindex-/Gradientenindex-Profil — Einmodenfasern mit abgesenktem optischen Mantel — Frauenhaar Durchmesser 60 μm

Bild 3.13 Rasterelektronenmikroskopische Aufnahme von angeätzten Faserendflächen zur Sichtbarmachung des Brechzahlprofils von Fasern entsprechend Bild 3.12 und Größenvergleich mit einem Frauenhaar [Foto: SEL-Alcatel] [3.17]

Die Kenntnis dieser Zusammenhänge ist insbesondere bei Koppelaufgaben von Bedeutung, z. B. Kopplung von Fasern untereinander, sowie bei Kopplung zwischen Fasern und Lichtquellen bzw. Senken (vergleiche Kapitel 5).

Bild 3.12 zeigt eine Gegenüberstellung der drei wichtigsten Fasertypen; **Bild 3.13** die zugehörigen rasterelektronischen Aufnahmen im Vergleich mit einem Frauenhaar.

Eine weitere wichtige Größe bei der Ausbreitung von optischen Wellen in Fasern ist die Polarisation. Streng genommen ist der Begriff Einmodenfaser nicht korrekt, sondern stellt nur den Entartungsfall einer Ausbreitung zweier Grundmoden mit zueinander senkrechter Polarisation dar. Wie bereits in Abschnitt 2.4 angesprochen, ist für bestimmte Anwendungsfälle die Erhaltung des Polarisationszustands einer sich in der Faser ausbreitenden Grundwelle notwendig. Standardeinmodefasern, wie sie oben beschrieben wurden, sind jedoch nicht polarisationserhaltend. Sie weisen eine geringe, aber nicht zu vernachlässigende *Doppelbrechung* auf: Betrachtet man die Faser in zwei zueinander senkrechten Richtungen (beide senkrecht zur Ausbreitungsrichtung), so ergeben sich in diesen Richtungen geringe Brechzahlunterschiede. Dies bewirkt, dass sich zwei zueinander senkrecht linear polarisierte Lichtwellen mit unterschiedlicher Geschwindigkeit in der Faser ausbreiten, es ergeben sich unterschiedliche Laufzeiten. Dies hat zur Folge, dass sich der Polarisationszustand des Lichts bei der Ausbreitung in der Faser ständig ändert. **Bild 3.14** zeigt eine Polarisationsentwicklung unter der Annahme, dass eine linear polarisierte Lichtwelle unter 45° zu den beiden ausgezeichneten Richtungen (Polarisationshauptachsen) eingestrahlt wurde. Diese Welle lässt sich in zwei linear polarisierte Komponenten entlang den Polarisationshauptachsen aufspalten. Durch die unterschiedlichen Laufzeiten kommt es zu einer Phasendifferenz der beiden Komponenten. Nach dem Durchlaufen einer bestimmten Strecke betrage die Phasendifferenz $\Delta\Psi$ z. B. gerade $\pi/2$ (siehe Bild 2.11). Nach Gln. (2.29) und (2.34) erhält man somit

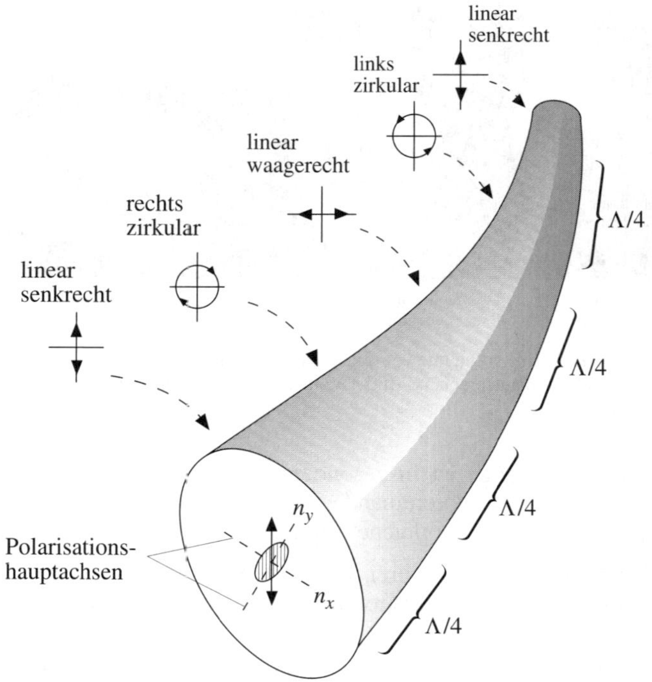

Bild 3.14 Polarisationsentwicklung einer linear doppelbrechenden Einmodenfaser
Λ Schwebungswellenlänge (Abstand zwischen zwei gleichen Polarisationszuständen) [3.18]

rechts zirkular polarisiertes Licht. Nach dem Durchlaufen der doppelten Wegstrecke in der Faser beträgt die Phasendifferenz $\Delta\Psi = \pi$. Die Überlagerung der beiden Komponenten ergibt wieder eine linear polarisierte Lichtquelle (Gl. (2.33)), jedoch mit 90° Neigung zur Eingangspolarisation. Eine weitere Steigerung auf $\Delta\Psi = 3\pi/2$ ergibt links zirkular polarisiertes Licht, und bei $\Delta\Psi = 2\pi$ ist wieder der gleiche Polarisationszustand wie beim Einkoppeln des Lichts in die Faser vorhanden. Den Abstand zwischen zwei gleichen Polarisationszuständen einer Einmodenfaser bezeichnet man als *Schwebungswellenlänge* Λ. Man erkennt, dass der Polarisationszustand am Faserende abhängig ist von der Länge der Faser. Darüber hinaus beeinflussen äußere Einwirkungen wie Temperatur und Druck die Polarisationsentwicklung zusätzlich. Daher sind in bestimmten Fällen Maßnahmen erforderlich, um die Polarisation zu stabilisieren (vergleiche Abschnitt 9.3 und Abschnitt 10.2).

Eine Möglichkeit, dieses Problem zu beherrschen, ist der Einsatz von *polarisationserhaltenden Fasern* [3.19]. Es handelt sich hierbei um Fasern, die eine besonders starke Doppelbrechung aufweisen. Bei Einkopplung des Lichts parallel zu einer der beiden Polarisationshauptachsen bleibt die Polarisation erhalten. Die Kopplung der linear polarisierten Lichtwelle an die Polarisationshauptachse ist im Gegensatz zur Standardeinmodenfaser hierbei sehr stark. Äußere Einflüsse wie mechanische Störungen sind jetzt nicht mehr in der Lage, ein Überkoppeln von der einen Polarisationshauptachse zur anderen zu bewirken, um damit den Polarisationszustand zu ändern (Ausnahme: Sehr starke Drücke schräg zu den Hauptachsen, die aber im praktischen Einsatz so nicht vorkommen).

Eine weitere Möglichkeit ist der Einsatz einer Polarisationsregelung [3.20, 3.21] (vergleiche Abschnitt 9.3.1).

3.3 Dämpfung

Ein optisches Signal mit dem Betrag der Feldstärke $\boldsymbol{E}$ verliert nach dem Durchlaufen eines Lichtwellenleiters der Länge dz den Anteil dE, man wählt folgenden Ansatz:

$$-\mathrm{d}E = \alpha' E \mathrm{d}z \qquad (3.21)$$

Der Proportionalitätsfaktor α' ist ein Maß für die Dämpfung. Die Differentialgleichung (3.21) lässt sich durch einfache Integration lösen:

$$\int \mathrm{d}E/E = \alpha' \int \mathrm{d}z$$

Nennt man die in einen Wellenleiter eingekoppelte Feldstärke $E(0) = E_0$, so erhält man:

$$E(z) = E_0 \exp(-\alpha' z) \qquad (3.22)$$

Häufig fasst man die Beschreibung der Wellenausbreitung mit der Dämpfung der Lichtwelle zusammen:

$$E(z) = E_0 \exp(\mathrm{j}\beta z - \alpha' z) \qquad (3.23)$$

$$\text{mit } \beta = k_0 n' \text{ und } \alpha' = k_0 n'' \qquad (3.24)$$

Dabei sind n' und n'' Real- bzw. Imaginärteil der Brechzahl n eines verlustbehafteten Dielektrikums, in dem sich die Lichtwelle ausbreitet:

$$n = n' - \mathrm{j}n'' \qquad (3.25)$$

Da für die Leistung $P \sim |E|^2$ gilt, folgt aus Gl. (3.21) das Lambert-Beer'sche Gesetz:

$$-\mathrm{d}P = 2\alpha' P \mathrm{d}z \qquad (3.26)$$

und mit Gl. (3.22):

$$P(z) = P_0 \exp(2\alpha' z) \qquad (3.27)$$

Man erkennt einen exponentiellen Leistungsabfall mit zunehmender Länge. Für den Dämpfungskoeffizienten $2\alpha' = \tilde{\alpha}$ folgt:

$$\tilde{\alpha} = -\frac{\mathrm{Np}}{L} \ln \frac{P}{P_0} \qquad (3.28)$$

wobei:

Np Neper.

In der Lichtwellenleiter-Übertragungs- bzw. Sensortechnik ist es jedoch gebräuchlich, in Dezibel (dB) zu rechnen; für den zugehörigen Dämpfungskoeffizienten α gilt:

$$\alpha = -\frac{10\mathrm{dB}}{L} \lg \frac{P}{P_0} \qquad (3.29)$$

Für die Umrechnung von $\tilde{\alpha}$ in α erhält man:

$$\alpha = \tilde{\alpha} \frac{10\ \mathrm{dB}}{\mathrm{Np} \ln 10} \qquad (3.30)$$

Die Angabe auf dem Datenblatt einer Faser erfolgt in der Regel in dB/km.

3.3.1 Dämpfungsmechanismen

Die wichtigsten Dämpfungsmechanismen in Lichtwellenleitern sind *Streuung*, *Absorption* und *Strahlungsverluste*, die mit den Führungseigenschaften der Wellenleiter zu tun haben.

Bei der linearen Streuung, der *Rayleigh-Streuung* (nach Lord Rayleigh benannt), sind statistische Brechzahlschwankungen die Ursache. Dies ergibt sich aus der regellosen Molekülstruktur der verwendeten Wellenleiter (meist SiO_2). Die Brechzahl variiert innerhalb von Bereichen, die klein gegenüber der Lichtwellenlänge sind. Die einfallende Lichtwelle wird an diesen räumlichen Inhomogenitäten gestreut, wobei die gestreute Leistungsverteilung der eines *Hertz'schen Dipols* entspricht (siehe **Bild 3.15**):

$$P_S \sim P_0 \cos^2\delta,$$

wobei:

P_S gestreute Leistung und

P_0 Leistung der einfallenden Lichtwelle.

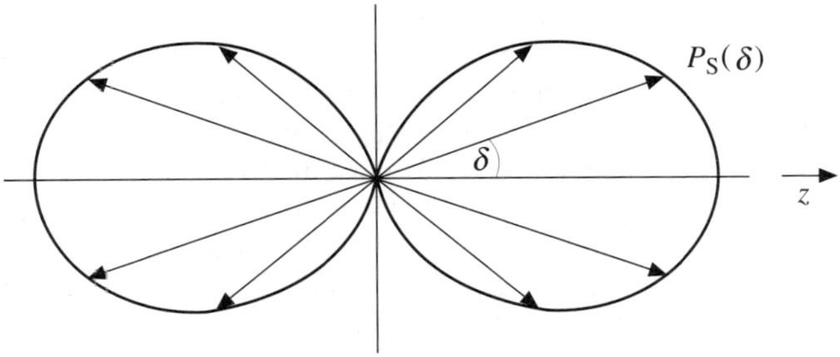

Bild 3.15 Räumliche Charakteristik der Rayleigh-Streuung
P_S gestreute Leistung
δ Winkel zur Ausbreitungsrichtung z der eingestrahlten optischen Welle (Rotationssymmetrie zur z-Achse)

Die Streuung erfolgt gleichermaßen in Vor- und in Rückwärtsrichtung. Auf Grund der Tatsache, dass nur ein geringer Raumwinkelbereich der Strahlungskeule innerhalb der numerischen Apertur der Faser liegt (siehe Bild 3.15), wird nur ein sehr kleiner Leistungsanteil derart in die Ausbreitungsrichtung der Faser gestreut, dass er vom Faserkern geführt werden kann. (Dies gilt auch für die Rückwärtsrichtung.) Die gestreute Leistung P_S ist stark abhängig von der Wellenlänge der verwendeten Lichtquelle:

$$P_S \sim \frac{1}{\lambda^4} \tag{3.31}$$

P_S ist als Verlust anzusehen und geht für die Übertragung des optischen Nutzsignals verloren.

Bei sehr hohen Leistungsdichten in der Faser treten zusätzlich zur linearen Streuung noch nicht lineare Streueffekte auf, z. B. stimulierte Raman- und Brillouin-Streuung. Hohe Leistungsdichten sind insbesondere bei Einmodenfasern mit Kerndurchmessern von wenigen Mikrometern schnell erreicht. Bei einer in die Faser eingekoppelten Leistung im Bereich von etwa 10 mW erhält man bereits Leistungsdichten von etwa 10 kW/cm^2. Daraus folgt, dass die Eingangsleistung nicht beliebig erhöht werden kann.

Ein Hauptziel der optischen Nachrichtenübertragung ist, große Übertragungsraten bei gleichzeitig großen Streckenlängen zu erzielen. Dies ist möglich, wenn man genügend optische Leistung am Empfänger zur Verfügung hat. Dazu können Hochleistungslaser verwendet werden mit einigen 10 mW Ausgangsleistung. Deren Einsatzmöglichkeit ist jedoch durch die nicht linearen Effekte in Fasern begrenzt [3.22 bis 3.25].

Bei der *Absorption* handelt es sich meist um Umwandlung von Strahlungsenergie an Verunreinigungen in Wärme. Besonders stark wirken sich dabei unerwünschte OH-

Ionen im SiO_2 aus. Die Stärke der Auswirkung ist abhängig von der spektralen Lage der Strahlung. Besonders deutliche Absorptionsgebiete liegen bei 950 nm, 1250 nm und 1390 nm. Dabei machen sich Konzentrationen im Bereich von einem ppb (parts per billion) bereits bemerkbar. Ein ppb entspricht einem Gewichtsanteil von 10^{-9}. Bei einem Gewichtsanteil von z. B. einem ppm (part per million, entspricht 10^{-6}) beträgt die von OH-Ionen hervorgerufene Dämpfung bei einer Wellenlänge von 1390 nm bereits etwa 50 dB/km. Weitere Verunreinigungen entstehen durch Metallionen (Kupfer, Eisen, Cobalt, Mangan, Nickel, Chrom, Vanadium). Diese haben jedoch gegenüber den OH-Ionen eine untergeordnete Bedeutung. Zusätzliche molekulare Absorptionen in SiO_2 selbst (ohne Verunreinigungen) treten im Ultravioletten und im Infrarotbereich ab etwa 1,5 µm auf.

Zusätzlich zur Streuung und Absorption existieren noch *Strahlungsverluste* durch Umwandlung von geführten in ungeführte Moden. Ursache hierfür sind Schwankungen des Strukturparameters (vergleiche Abschnitt 3.2). Derartige Schwankungen können bereits bei der Herstellung einer Faser entstehen durch Schwankungen des Radius, des Profilparameters und der Brechzahlen von Kern und Mantel. Sie können aber auch erst nachträglich entstehen durch Ummantelung bzw. Verkabelung der Faser. Es ergeben sich *Mikrokrümmungen*, die lokale Brechzahlschwankungen zur Folge haben können. Besonders deutlich wird dies, wenn man die Dämpfung einer Faser, die auf einer Kabeltrommel aufgewickelt ist, vergleicht mit dem Dämpfungswert nach dem Ausrollen der Faser. Durch den Aufwickelprozess entstehen Krümmungen, wenn die übereinander liegenden Fasern sich kreuzen. Dies führt zu einem Dämpfungsanstieg, der nach dem Ausrollen der Faser wieder verschwindet. Darüber hinaus kommt es auch zu Strahlungsverlusten durch *Makrobiegungen*, durch Umwandlung von geführten Moden in Leckwellen (vergleiche Abschnitt 3.2).

Bild 3.16 zeigt den prinzipiellen *spektralen Dämpfungsverlauf* einer Glasfaser unter Einbeziehung aller Dämpfungsmechanismen. Man erkennt den Abfall der

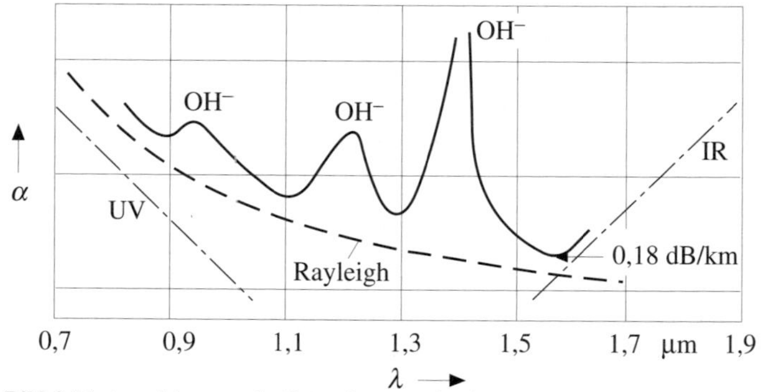

Bild 3.16 Auswirkungen der Dämpfungsmechanismen Rayleigh-Streuung, Eigenabsorption im IR- und UV-Bereich und OH-Ionenabsorption (zur Veranschaulichung wurden höhere OH-Absorptionswerte eingezeichnet als heute erzielbar, vergleiche Bild 9.1)

Dämpfung mit höherer Wellenlänge entsprechend der Rayleigh-Streuung überlagert von den durch OH-Absorption bedingten Dämpfungsmaxima. Während die molekulare UV-Absorption deutlich von der Rayleigh-Streuung überdeckt wird, reicht die Flanke der IR-Absorption bis in den nahen Infrarotbereich hinein und dominiert dort die Rayleigh-Streuung.

Die IR-Absorption legt zusammen mit der Rayleigh-Streuung sowohl den absoluten Zahlenwert von **0,18 dB** als auch die Wellenlänge des theoretischen Dämpfungsminimums von etwa **1550 nm** fest. Bild 3.16 zeigt, dass bei weiteren Wellenlängen Dämpfungsminima existieren. Unter Berücksichtigung von Aspekten der Lichtquellen bzw. -senken (vergleiche Abschnitte 7.2 und 7.3) spricht man von *drei Fenstern*, bei denen eine Glasfaser als Lichtwellenleiter besonders günstig betrieben werden kann – bei etwa **850 nm**, **1300 nm** und **1550 nm**. Bei 850 nm liegen die Dämpfungskoeffizienten von Einmodenfasern etwa bei 2 dB/km, bei 1300 nm ergibt sich ein Wert von etwa 0,35 dB/km. Bei modernen Fasern ist es außerdem gelungen, den OH-bedingten Dämpfungsanstieg unter 1 dB/km zu bringen (vergleiche Bild 9.1).

3.3.2 Dämpfungsmessverfahren

Die Dämpfungsmechanismen bilden zum Teil auch die Grundlage für Messverfahren zur Bestimmung der Dämpfung in Fasern. Die *Abschneidemethode* (engl. *cutback method*) ergibt sich unmittelbar aus der Definition des Dämpfungskoeffizienten (Gl. (3.29)). Zunächst misst man die optische Leistung P_E am Ende der Faser mit einer Länge, die im km-Bereich liegt (siehe **Bild 3.17**). Danach wird die Faser etwa 1 m vor dem Einkoppelende abgeschnitten und dort erneut die optische Leistung P_0 gemessen. Für die Gesamtdämpfung D der Faser gilt:

$$D = -10\,\mathrm{dB}\,\lg(P_E/P_0) \tag{3.32}$$

Voraussetzung für eine korrekte Messung ist allerdings, dass sich zwischen den beiden Messungen nichts an der Eingangsleistung geändert hat. Es muss also dafür

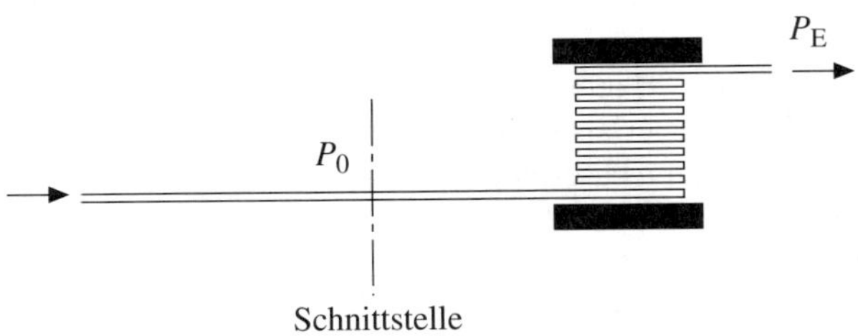

Bild 3.17 Dämpfungsmessung nach der Abschneidemethode

P_0 in die Faser eingekoppelte Leistung
P_E Leistung am Ende der Faserspule

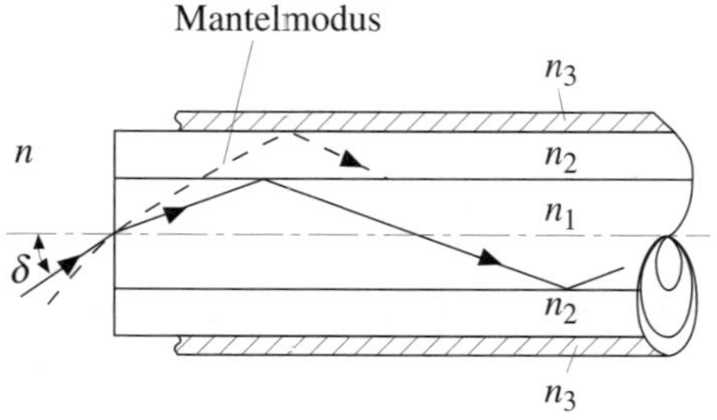

Bild 3.18 Entstehung von Mantelmoden

n_1, n_2 Brechzahl des optischen Kerns bzw. Mantels
n_3 Brechzahl der die Glasfaser umgebenden Kunststoffschicht
n Brechzahl des die Faser umgebenden Mediums, i. a. Luft
δ Akzeptanzwinkel entsprechend der Totalreflexion beim Grenzübergang vom optischen Kern zum Mantel

gesorgt werden, dass die Leistung der Lichtquelle konstant bleibt und dass die Einkoppelbedingungen in die Faser nicht verändert werden.

Fehlmessungen ergeben sich leicht auch aus der Problematik der *Mantelmoden*: Beim Einkoppeln von Licht in die Faser lässt es sich nicht vermeiden, dass ein bestimmter Leistungsanteil in den Fasermantel eingekoppelt wird. Beim Übergang vom optischen Fasermantel zur Kunststoffummantelung als Schutzschicht (vergleiche Abschnitt 4.1.2) tritt ein Brechzahlsprung auf. Die Brechzahl des verwendeten Kunststoffs ist kleiner als die des Fasermantels, d. h., es ergibt sich ein zusätzlicher Wellenleiter an der Grenzfläche optischer Mantel – Kunststoffmantel. Es kommt dort zu Modenausbildung, es entstehen Mantelmoden (siehe **Bild 3.18**). Diese Moden tragen jedoch nichts zum optischen Nutzsignal bei. Daher muss man dafür sorgen, dass dieser Leistungsanteil bei der Messung unterdrückt wird. Dies geschieht durch Einsatz eines *Mantelmodenabstreifers*. Der herstellungsbedingte Kunststoffmantel wird entfernt und stattdessen ein Material aufgebracht, das eine Brechzahl besitzt, deren Realteil (siehe Gl. (3.25)) möglichst gleich dem Wert des optischen Fasermantels ist. Entsprechend der Fresnel-Reflexion (vergleiche Abschnitt 2.5.) verschwindet somit die Reflexion an dieser Grenzschicht. Der gesamte Leistungsanteil im optischen Mantel dringt in den Bereich des Modenabstreifers ein. Der Imaginärteil des Materials sollte möglichst groß sein, damit der unerwünschte Leistungsanteil auf kurzer Faserlänge absorbiert wird. Als Materialien kommen Epoxykleber und Öl zum Einsatz sowie Kameralack und Nagellack, die sich in der Praxis auf Grund ihrer unkomplizierten Anwendung besonders bewähren. Bei Mehrmodenfasern ist die Dämpfung noch abhängig von den Modengruppen, die in der Faser angeregt werden. Um praxisrelevante Aussagen über die Dämpfung für diesen Fall machen zu können, wird eine *Modengleichgewichtsverteilung* angestrebt. Diese kann durch spezielle Einkoppeloptiken oder durch *Modenmischer* erreicht werden [3.26].

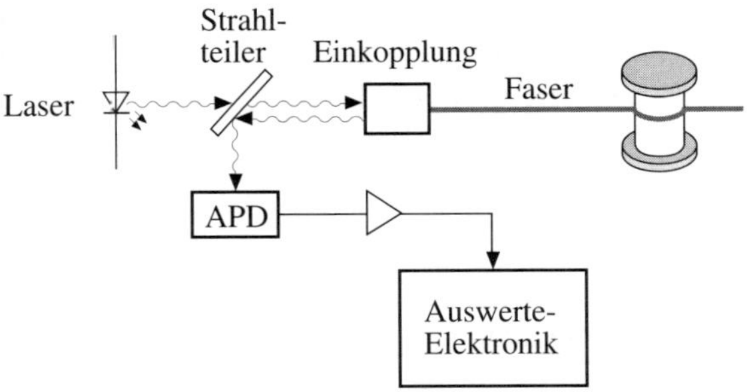

Bild 3.19 Dämpfungsmessung nach der Rückstreumessmethode [3.28]

Ein weiteres Messverfahren arbeitet nach der *Einfügemethode*. Hierbei kommt eine Vorlauffaser zum Einsatz, die die Modengleichgewichtsproblematik ausschalten soll. Nach Messung der optischen Leistung am Ende der Vorlauffaser wird letztere mit der zu untersuchenden Faser verspleißt (siehe Abschnitt 5.2.1) und an deren Ende die Leistung erneut gemessen. Die gesuchte Dämpfung ermittelt sich dann wie in Gl. (3.32). Ein Nachteil dieser Methode ist die unbekannte Dämpfung an der Koppelstelle sowie die Frage nach der Erhaltung der Gleichgewichtsverteilung nach dem Spleiß bei Mehrmodenfasern.

Sowohl die Abschneidemethode als auch die Einfügemethode machen nur integrale Aussagen über die Dämpfung einer Faser. Im Gegensatz dazu ist die *Rückstreumethode* darüber hinaus in der Lage, auch das lokale Dämpfungsverhalten zu erfassen [3.27, 3.28]. Grundlage des Messverfahrens ist die Rayleigh-Streuung einer Faser (vergleiche Abschnitt 3.3.1). **Bild 3.19** zeigt eine schematische Darstellung des entsprechenden Messaufbaus. Von einem Laser werden kurze Lichtpulse ausgesandt, die in die Faser eingekoppelt werden. In der Faser wird beim Durchlaufen des Lichtpulses an jedem Ort ein geringer Leistungsanteil rückgestreut, der am Fasereingang mit Hilfe eines Strahlteilers einem optischen Detektor zugeführt wird. Das im Detektor erzeugte Signal wird elektronisch weiterverarbeitet. Man erhält ein optisches Rückstreumessgerät, ein OTDR (optical time domain reflectometer). Die Zeitspanne τ zwischen dem Aussenden und dem Empfang des Lichtpulses ist abhängig vom Ort z in der Faser, an dem der Lichtpuls rückgestreut wurde:

$$\tau = 2n_1 z/c \tag{3.33}$$

Bewirkt man durch eine entsprechende Elektronik, dass genau nach dieser Zeitspanne eine Messung gemacht wird, so kommt die entsprechende Lichtleistung gerade von einem Volumenelement an der Stelle z in der Faser. Variiert man den Zeitpunkt, so ändert man auch den Beobachtungsort in der Faser. Bei entsprechender Zeitvariation lässt sich damit die ganze Faser überstreichen und dem Ort nach

Gl. (3.33) genau zuordnen. **Bild 3.20** zeigt die rückgestreute Leistung als Funktion der Zeitspanne τ. Während dieser Zeit ist sowohl der in Vorwärtsrichtung laufende Lichtpuls als auch der in Rückwärtsrichtung gestreute Leistungsanteil durch die Faser bedämpft worden. Für den Dämpfungskoeffizienten α der Faser gilt:

$$\alpha = -\frac{10\,\mathrm{dB}}{2z}\lg\frac{P_{\mathrm{RE}}}{P_{\mathrm{R0}}} = -\frac{10\,\mathrm{dB}\,n_1}{c\tau}\lg\frac{P_{\mathrm{RE}}}{P_{\mathrm{R0}}} \qquad (3.34)$$

wobei:

P_{R0} am Faseranfang rückgestreute Leistung und

P_{RE} am Faserende rückgestreute Leistung.

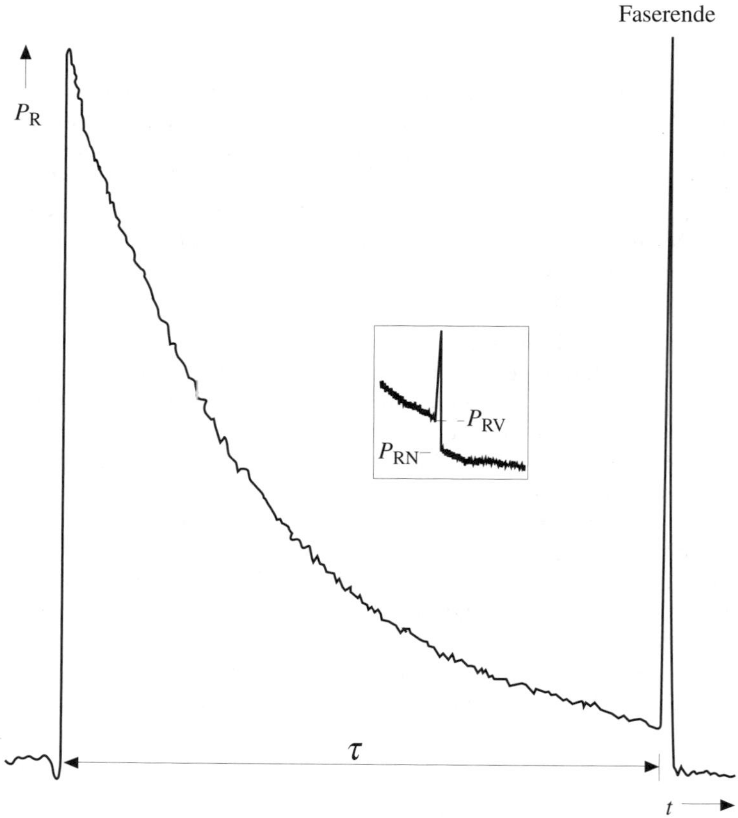

Bild 3.20 Rückgestreute Leistung P_{R} in Abhängigkeit von der Zeit t

τ Zeitspanne zwischen dem Aussenden und dem Empfang des Lichtpulses; Einfügung: minderwertige Spleißstelle

P_{RV}, P_{RN} rückgestreute Leistung vor bzw. nach der Spleißstelle [3.28]

Anstelle von P_{R0} und P_{RE} können auch die Werte an einem anderen Ort in der Faser zur Bestimmung von α herangezogen werden:

$$\alpha = -\frac{10\,\text{dB}\; n_1}{c\Delta\tau}\lg\frac{P(z_2)}{P(z_1)} \tag{3.35}$$

Wobei $\Delta\tau = \tau_2 - \tau_1$ die Zeitdifferenz ist, die sich aus den beiden Orten z_1 und z_2 entsprechend Gl. (3.33) ergibt. Somit ist es möglich, die Dämpfung in der Faser abschnittsweise zu erfassen [3.28]. Unterschiedliche Änderungen im $P_R(t)$-Diagramm (siehe Bild 3.20) entsprechen unterschiedlichen Dämpfungen. Auch unstetige Dämpfungsänderungen können analysiert werden, z. B. eine minderwertige Spleißstelle. Zunächst erfolgt ein kurzer Anstieg, bedingt durch die Fresnel-Reflexion, und dann ein Abfall deutlich unter den vorherigen Wert, bedingt durch die Spleißdämpfung. Die Dämpfung der Spleißstelle lässt sich damit unmittelbar aus den Rückstreuwerten vor (P_{RV}) und nach (P_{RN}) der Spleißstelle ermitteln (siehe Einfügung in Bild 3.20):

$$D_{Spl} = -5\,\text{dB}\lg\frac{P_{RN}}{P_{RV}} \tag{3.36}$$

Am Faserende erfolgt wiederum ein starker Anstieg, bedingt durch die Fresnel-Reflexion (siehe Bild 3.20). Da die am Glas-Luft-Übergang hervorgerufene Reflexion im Wesentlichen senkrecht zur Ausbreitungsrichtung erfolgt, ergibt sich nach Gl. (2.42) eine starke Reflexion mit einem Reflexionskoeffizienten von etwa 4 %. Dies gilt auch für einen eventuellen Bruch auf der Faserstrecke. Die Rückstreumethode hat gegenüber den beiden zuvor genannten noch den wesentlichen Vorteil, dass nicht beide Faserenden zugänglich sein müssen. Sie eignet sich daher besonders für den praktischen Einsatz bei bereits verlegten Fasern, während Abschneide- und Einfügemethoden nur im Labor angewandt werden können (Ausnahme: Ring- oder Schleifenleitungen).

3.4 Dispersionen

Schickt man einen Lichtpuls durch eine Faser, so wird dieser, bedingt durch die Faserdämpfung, nicht nur in seiner Amplitude verringert, sondern er wird auch verbreitert. Ein zeitlich schmaler Eingangspuls mit einer Halbwertsbreite t_1 erscheint am Ende als breiter Ausgangspuls mit der Halbwertsbreite t_2 (siehe **Bild 3.21**). Man bezeichnet diesen Vorgang als *Impulsverbreiterung* $\Delta\tau$; es gilt:

$$\Delta\tau = \sqrt{t_2^2 - t_1^2} \tag{3.37}$$

(Streng genommen müssten in Gl. (3.37) nicht die Halbwertsbreiten FWHM, sondern die effektiven Pulsbreiten (rms-Wert), eingesetzt werden [3.30]).

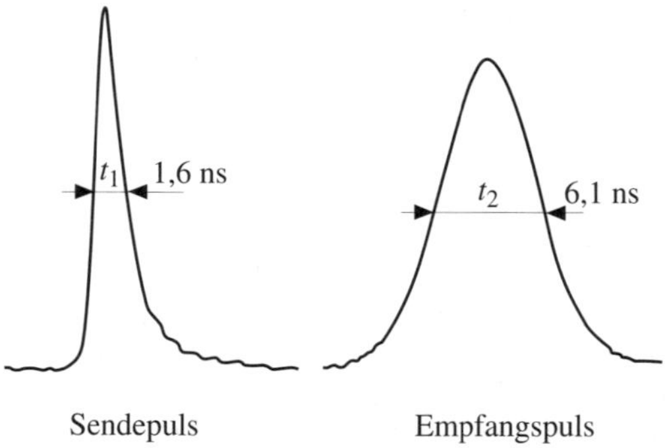

Bild 3.21 Optischer Puls am Anfang und am Ende einer Glasfaserstrecke
t_1 Halbwertbreite (FWHM: full width at half maximum) am Faseranfang
t_2 am Faserende [3.29]

Durch die Impulsverbreiterung rücken die Flanken benachbarter, aufeinander folgender Pulse näher zusammen. Mit zunehmender Faserlänge berühren sie sich und verschmieren letztlich zu einem einzigen Lichtpuls (siehe **Bild 3.22**). Ein am Faserende befindlicher Detektor ist also nicht mehr in der Lage, die Einzelpulse zu unterscheiden. Um dies dennoch zu gewährleisten, muss der Pulsabstand am Eingang der Faser, also beim Sender, entsprechend groß gewählt werden. Dies hat zur Folge, dass die Pulsfolgefrequenz verringert werden muss und damit weniger Information pro Zeiteinheit über die Faserstrecke übertragen werden kann. Will man die Pulsfolgefrequenz jedoch beibehalten, so verkürzt sich die nutzbare Faserlänge. Das Produkt aus Pulsfolgefrequenz und überbrückbarer Faserlänge zu maximieren, ist aber ein wesentliches Ziel der optischen Nachrichtentechnik.

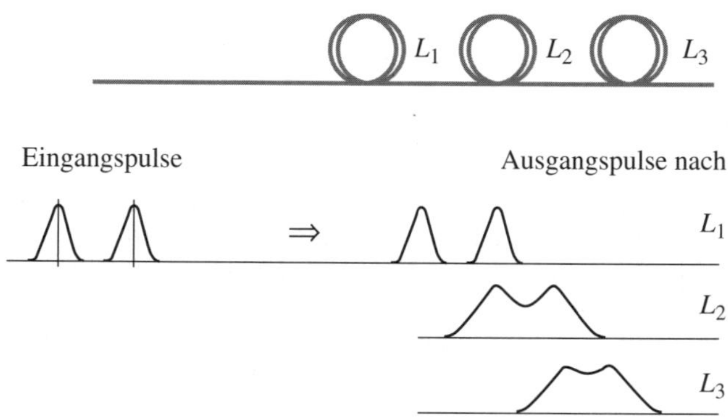

Bild 3.22 Verschmierung zweier aufeinander folgender Pulse durch zunehmende Verbreiterung der Einzelpulse, die sich zu einem einzigen Puls überlappen
L_1, L_2, L_3 Faserlängen

3.4.1 Dispersionsmechanismen

Die deutlichste Erscheinung hierbei ist die *Modendispersion* bei Mehrmodenfasern mit Stufenprofil. **Bild 3.23a** zeigt die Lichtwege dreier willkürlich herausgegriffener Moden in einer solchen Faser. Man erkennt deutlich, dass die geometrischen Weglängen der Moden sich stark unterscheiden. Da die Brechzahl im Kernbereich konstant ist, unterscheiden sich damit auch die optischen Weglängen der drei Moden gleichermaßen (vergleiche Gl. (2.24)). Jeder Modus trägt zum Leistungstransport des optischen Lichtpulses bei. Wäre man in der Lage, die Moden einzeln anzuregen, so würde man feststellen, dass die zugehörigen Lichtpulse am Faserende zu verschiedenen Zeiten ankämen. Sie weisen *Laufzeitdifferenzen* auf. Da aber alle Moden gleichzeitig vorhanden sind, überlagern sich die zugehörigen Pulse zu einem einzelnen, verbreiterten Puls. Es kommt zu modendispersionsbedingter Impulsverbreiterung (siehe **Bild 3.23b**). Für die Laufzeitdifferenz zwischen dem Grundmodus und dem höchsten, durch Totalreflexion gerade noch geführten Modus folgt nach [3.31]:

$$\Delta t_{\mathrm{mod}} = \frac{n_{1\mathrm{g}} L}{2 c n_1^2} A_{\mathrm{N}}^2 = \frac{n_{1\mathrm{g}} L}{c} \Delta \qquad (3.38)$$

wobei:

n_1 Phasenbrechzahl im Faserkern,

$n_{1\mathrm{g}}$ Gruppenbrechzahl im Faserkern und

Δ relative Brechzahldifferenz nach Gl. (3.4).

Für typische Stufenindexfasern mit einer Brechzahldifferenz von 1 % erhält man nach einem Kilometer Faserlänge eine Laufzeitdifferenz von etwa 50 ns.

Diese Laufzeitdifferenz ließe sich verringern durch eine Reduzierung der Modenanzahl N (vergleiche Gl. (3.15) und Gl. (3.16)). Dazu müsste bei einer Stufenindexfaser der Radius oder die numerische Apertur verkleinert werden. Dies hat aller-

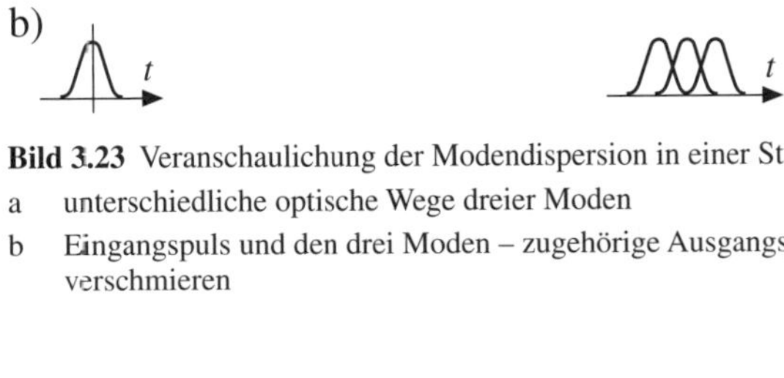

Bild 3.23 Veranschaulichung der Modendispersion in einer Stufenindexfaser

a unterschiedliche optische Wege dreier Moden

b Eingangspuls und den drei Moden – zugehörige Ausgangspulse, die zu einem verbreiterten Puls verschmieren dings den Nachteil, dass die Kopplung des Lichts von der Lichtquelle auf die Faser schwieriger wird (vergleiche Abschnitt 5.1). Bezieht man die Laufzeitdifferenz auf die Faserlänge, so erhält man den Modendispersionskoeffizienten:

$$M_{mod} = \Delta t_{mod} / L$$

Da diese Größe ein wichtiges Maß für eine Faser darstellt, insbesondere für die Berechnung der Güte einer Übertragungsstrecke (vergleiche Abschnitt 9.1), ist sie meist auf dem Datenblatt der Faser vermerkt; sie wird üblicherweise in ns/km angegeben.

Bild 3.24 zeigt die Lichtwege mehrerer Moden in einer Gradientenindexfaser mit parabolischem Verlauf des Brechzahlprofils. Die weiter außen verlaufenden Moden haben zwar ebenfalls wie bei Stufenindexfasern einen größeren geometrischen Weg zu durchlaufen, dies wird aber dadurch ausgeglichen, dass im äußeren Kernbereich ihre Ausbreitungsgeschwindigkeit wegen der dort kleineren Brechzahl größer wird (vergleiche Bild 3.4). Umgekehrt ergibt sich für den Grundmodus ein geringerer geometrischer Weg bei entsprechend höherer Brechzahl. Hätten im Idealfall alle Moden gleich lange optische Lichtwege, würde die Modendispersion verschwinden. Dies gelingt jedoch nicht vollständig. Theoretische Untersuchungen ergaben, dass die Modendispersion für $g = 2 - 2\Delta$ ein Minimum aufweist [3.14, 3.32].

Im Vergleich zur Stufenindexfaser erhält man jedoch eine starke Verringerung der Modendispersion bei nur unwesentlich verringerter Einkoppeleffizienz. Für Gradientenindexfasern ergibt sich in guter Näherung [3.33]:

$$\Delta t_{mod} = \frac{n_{1g} L \Delta}{4 c n_1^2} A_N^2 = \frac{n_{1g} L}{c} \frac{\Delta^2}{2} \tag{3.39}$$

Gegenüber Stufenindexfasern bedeutet dies eine Verbesserung um den Faktor $2/\Delta \approx 200$. Bei typischen Werten von $\Delta \approx 1$ % erhält man etwa 250 ps/km.

Mikrokrümmungen bewirken eine Kopplung der Moden untereinander, z. B. konvertieren höhere in niedrigere Moden und umgekehrt. Dies gilt sowohl für Gradien-

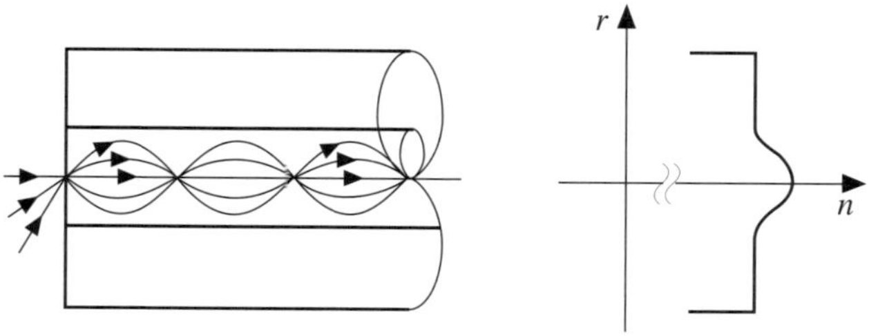

Bild 3.24 Gleiche optische Wege dreier Moden in einer Gradientenindexfaser, Brechzahl n als Funktion der Radialkoordinate r; geometrische Wegdifferenzen und Brechzahldifferenzen bewirken gleiche optische Wege

tenindexfasern als auch für Stufenindexfasern. Bisher wurde angenommen, dass die durch Modendispersion bedingte Impulsverbreiterung proportional zur Faserlänge zunimmt. Die Ergebnisse zeigen jedoch eine geringere Zunahme mit der Faserlänge, als nach Gl. (3.38) bzw. Gl. (3.39) erwartet wird [3.34, 3.35]. Dies ist bedingt durch die Kopplung der Moden untereinander. Ab einer bestimmten Faserlänge ergibt sich eine *Modengleichgewichtsverteilung* (equilibrium mode distribution). Die Aufteilung der Lichtleistung auf die verschiedenen Moden ist dann im Mittel längs der Faser konstant. Man spricht von einer stationären Modenleistungsverteilung. Die zugehörige Länge, nach der die Aufteilung längenunabhängig ist, nennt man Kopplungslänge. Deutlich unterhalb der *Kopplungslänge* gilt:

$$\Delta\tau \sim L, \text{oberhalb gilt } \Delta\tau \sim L^{\gamma}, \text{ mit } 0{,}5 < \gamma < 1,$$

wobei γ häufig den Wert 0,7 bis 0,8 annimmt. Die Längenabhängigkeit der modendispersionsbedingten Impulsverbreiterung muss daher bei Faserangaben berücksichtigt werden. Die Kopplungslänge kann zwischen einigen 100 Metern und einigen Kilometern Faserlänge liegen. Für die Praxis normiert man diesen Effekt auf 1 km Faserlänge, z. B. 600 ps/km$^{\gamma}$ mit $\gamma = 0{,}7$.

Dies bedeutet, dass eine solche Faser nach 10 km folgende Impulsverbreiterung aufweist: $600 \text{ ps} \cdot 10^{0,7} \approx 3 \text{ ns}$.

Eine weitere Reduzierung der Impulsverbreiterung erhält man, wenn sich nur noch der Grundmodus in einer Faser ausbreiten kann. Man kommt zur Einmodenfaser, die per se keine oben beschriebene Modendispersion aufweisen kann. Bezieht man jedoch die Polarisation mit ein, so stellt man fest, dass in der Einmodenfaser auf Grund der Doppelbrechung eigentlich zwei Moden vorhanden sind, die sich mit unterschiedlicher Geschwindigkeit ausbreiten (siehe Bild 3.14): $v_x = c/n_x$ und $v_y = c/n_y$. Dies führt wieder zu Laufzeitdifferenzen am Ende der Faserstrecke und damit zu einer weiteren Dispersion, der *Polarisationsmodendispersion* (PMD, vgl. Abschnitt 9.4.2). Die Laufzeitdifferenzen sind jedoch sehr gering und wirken sich praktisch erst bei Datenraten über 10 Gbit/s aus. Letztere werden aber durchaus für künftige Hochbitraten-Weitverkehrssysteme in Betracht gezogen. Darüber hinaus gibt es ähnlich wie bei der Modenkonversion in Vielmodenfasern auch eine Polarisationsmodenkonversion, die somit die Problematik etwas verringert. Der Dispersionseffekt nimmt ebenfalls nicht linear, sondern etwa mit der Quadratwurzel der Faserlänge zu; typische Werte liegen unter 0,5 ps/km^{0,5}.

Eine Dispersion, die bei allen Fasertypen vorkommt, ist die *Materialdispersion*. Der Effekt würde nur dann nicht auftreten, wenn man eine streng monochromatische Welle hätte, die sich im Lichtwellenleiter ausbreitet (vergleiche Abschnitt 2.3). Eine streng monochromatische Lichtwelle darf aber zeitlich betrachtet nie abbrechen. Beginnt die Lichtquelle zu einem bestimmten Zeitpunkt t_0 zu strahlen und endet zu einem Zeitpunkt t_1, so ist die zugehörige Welle bereits nicht mehr monochromatisch (siehe **Bild 3.25a** und **Bild 3.25b**). In der optischen Nachrichtentechnik wird aber

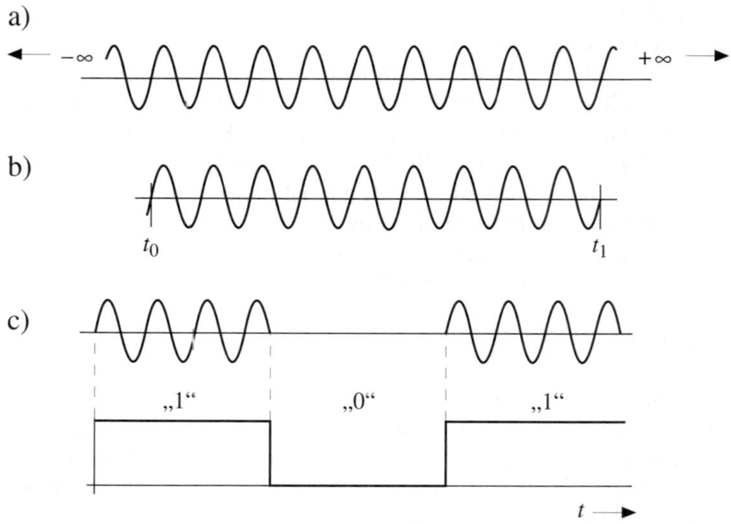

Bild 3.25 Zeitliches Verhalten einer optischen Welle

a zeitlich unendlich ausgedehnt von der Vergangenheit in die Zukunft

b zeitlich begrenzt vom Zeitpunkt t_0 bis t_1

c digital modulierte Lichtwelle

meist eine Leistungsmodulation vorgenommen (siehe **Bild 3.25c**). Dies bedeutet, selbst wenn man eine ideale streng monochromatische Lichtquelle hätte, wäre das modulierte Sendesignal bereits nicht mehr monochromatisch. Reale Lichtquellen, auch hochkohärente Laser, sind jedoch selbst ohne Modulation bereits nicht streng monochromatisch. Sie senden keine unendlich lange dauernden Wellen aus, sondern zeitlich begrenzte *Wellenzüge*, auch *Wellenpakete* oder *-gruppen* genannt (siehe **Bild 3.26**). Der oszillierende Bestandteil breitet sich mit der *Phasengeschwindigkeit* v_p aus, die Einhüllende mit der *Gruppengeschwindigkeit* v_g. Für die Gruppengeschwindigkeit gilt:

$$v_g = d\omega/dk \tag{3.40}$$

wobei

ω Kreisfrequenz der Lichtwelle und

k Betrag des Wellenvektors.

Mit Gl. (2.10) folgt der Zusammenhang zwischen Gruppen- und Phasengeschwindigkeit:

$$v_g = v_p - \lambda dv_p/d\lambda \tag{3.41}$$

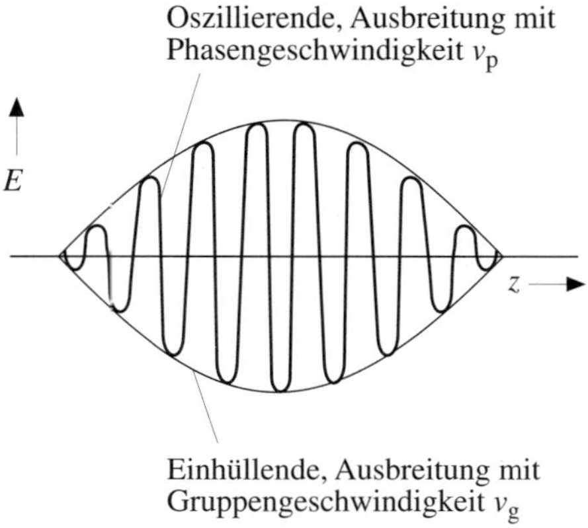

Bild 3.26 Zeitlich begrenzter Wellenzug, ausgesandt von einer realen Lichtquelle
E Elektrische Feldstärke
z Ausbreitungsrichtung

und ebenfalls der Zusammenhang zwischen *Gruppenbrechzahl* n_g und *Phasenbrechzahl n*:

$$n_g = n - \lambda \mathrm{d}n/\mathrm{d}\lambda \tag{3.42}$$

Bild 3.27 zeigt die Phasen- und die Gruppenbrechzahl von reinem Quarzglas als Funktion der Wellenlänge.

Im Vakuum gilt: $n = 1 = \text{const}$. Somit ergibt sich mit $v_p = c/n$ aus Gl. (3.41) und Gl. (3.42):

$$v_g = v_p$$

Im Medium hingegen gilt $\mathrm{d}n/\mathrm{d}\lambda \neq 0$ bzw. $\mathrm{d}v_p/\mathrm{d}\lambda \neq 0$, somit folgt

$$v_g \neq v_p$$

Bild 3.28 zeigt die Überlagerung von zwei monochromatischen Wellen mit leicht unterschiedlicher Frequenz; es ergibt sich eine Schwebung. Überlagert man nicht nur zwei, sondern eine Vielzahl monochromatischer Wellen mit benachbarten Frequenzen entsprechend einer realen Lichtquelle, so erhält man gerade einen Wellenzug mit einer Oszillierenden wie in Bild 3.26.

Jede einzelne Welle mit der jeweils zugehörigen Frequenz bzw. Wellenlänge breitet sich mit einer anderen Geschwindigkeit im Medium aus als die benachbarte. Es kommt zu einer Verbreiterung, zu einem Auseinanderlaufen des Wellenzugs. Man bezeichnet diesen Vorgang als Dispersion. In der optischen Nachrichtentechnik

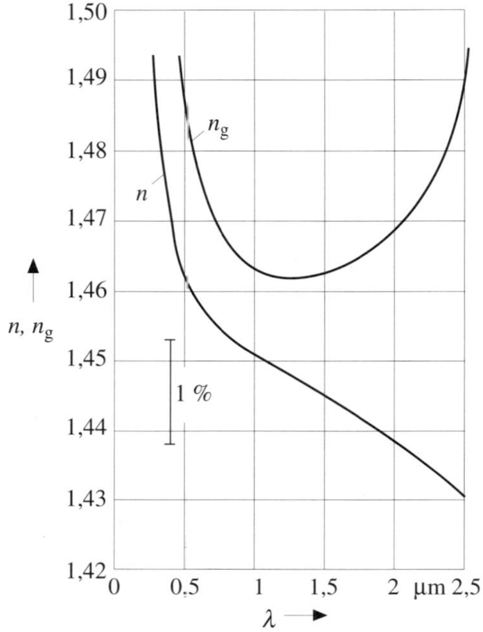

Bild 3.27 Phasenbrechzahl n und Gruppenbrechzahl n_g für Quarzglas als Funktion der Wellenlänge λ [3.36]

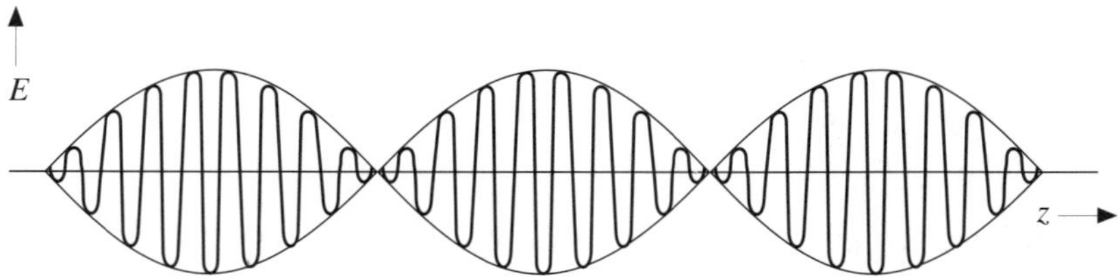

Bild 3.28 Überlagerung zweier monochromatischer Wellen mit leicht unterschiedlicher Frequenz
E Elektrische Feldstärke
z Ausbreitungsrichtung

spricht man von Materialdispersion. Für die Gruppenlaufzeit in einer Faser folgt aus Gl. (3.42):

$$t_g = \frac{(n - \lambda\, dn/d\lambda)L}{c} \tag{3.43}$$

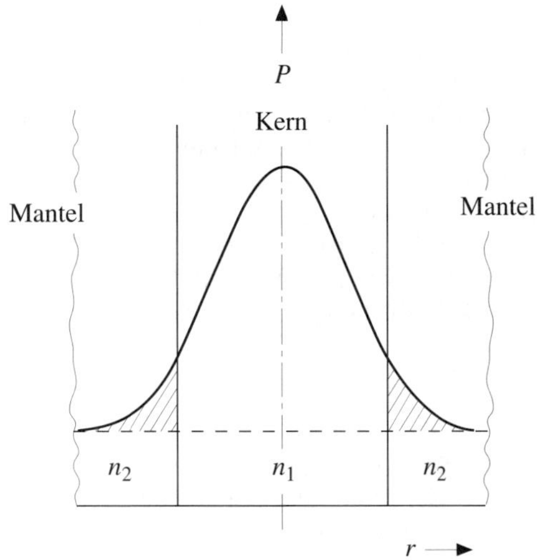

Bild 3.29 Aufteilung der Leistung des Grundmodus (hier einziger Modus) einer Einmodenfaser auf Kern und Mantel, optische Leistung P als Funktion der Radialkoordinate $\boldsymbol{r}$, n_1 Faserkernbrechzahl, n_2 Fasermantelbrechzahl

Für die Laufzeitdifferenz, die sich aus einer nicht verschwindenden spektralen Breite $\Delta\lambda$ einer Lichtquelle ergibt, gilt näherungsweise:

$$\Delta t_{\text{mat}} = \left(\mathrm{d}t_{\text{g}} / \mathrm{d}\lambda\right) \Delta\lambda \tag{3.44}$$

Somit folgt mit Gl. (3.43):

$$\Delta t_{\text{mat}} = -\frac{(\mathrm{d}^2 n / \mathrm{d}\lambda^2)\lambda \Delta\lambda L}{c} \tag{3.45}$$

Der Dispersionskoeffizient der Materialdispersion M_{mat} ergibt sich durch Normierung auf die Faserlänge und auf die spektrale Breite der Lichtquelle:

$$M_{\text{mat}} = \frac{\Delta t_{\text{mat}}}{L\,\Delta\lambda}$$

Die Angabe auf einem Datenblatt erfolgt in ps/(km · nm).

Eine weitere Dispersion, die ebenfalls bei allen Fasertypen vorkommt, ist die *Wellenleiterdispersion*. Diese ist so gering, dass sie in Mehrmodenfasern gegenüber der Modendispersion meist vernachlässigbar ist (Ausnahme: bei sehr großen Faserlängen bedingt durch die Modenkopplung)). In Einmodenfasern dagegen kann man sie nicht mehr vernachlässigen. Sie lässt sich sogar bei günstiger Parameterwahl ausnutzen. **Bild 3.29** zeigt den Grundmodus (hier einziger Modus) einer Einmodenfaser. Man erkennt, dass nicht die gesamte Leistung im Kern geführt wird, sondern dass ein bestimmter Leistungsanteil in den Mantel der Faser eindringt. Die Ausbreitungsgeschwindigkeit v ist damit nicht nur abhängig von der Gruppenbrechzahl n_{1g} des Kernbereichs, sondern auch von der des Mantelbereichs n_{2g}. Da die Mantelbrechzahl kleiner als die Kernbrechzahl ist, versucht der Mantelanteil eine größere Geschwindigkeit einzunehmen als der Kernanteil. Es stellt sich eine aus diesen beiden Anteilen zu Stande gekommene effektive Ausbreitungsgeschwindigkeit v ein. Die Eindringtiefe des optischen Felds in den Mantel und damit der im Mantel geführte Leistungsanteil ist abhängig vom V-Parameter (siehe Bild 3.8). Damit ist die sich einstellende effektive Geschwindigkeit abhängig von der Wellenlänge der verwendeten Lichtquelle:

$$v = v\big(V(\lambda)\big) \tag{3.46}$$

Da diese Dispersion durch die Wellenführung des Wellenleiters hervorgerufen wird, nennt man sie Wellenleiterdispersion. Wie bei der Materialdispersion definiert man einen Dispersionskoeffizienten der Wellenleiterdispersion:

$$M_{\text{well}} = \frac{\Delta t_{\text{well}}}{L\,\Delta\lambda}$$

Die Angabe erfolgt in ps/(km · nm).

3.4.2 Zusammenwirken der Dispersionsmechanismen

Die Materialdispersion und die Wellenleiterdispersion lässt sich zusammenfassen zur *chromatischen Dispersion*. Für den Dispersionskoeffizienten der chromatischen Dispersion M_{chr} erhält man näherungsweise:

$$M_{\text{chr}} = M_{\text{mat}} + M_{\text{well}} \tag{3.47}$$

Er wird üblicherweise in ps/(km · nm) angegeben.

Bild 3.30 zeigt die Abhängigkeit der Dispersionskoeffizienten der Material- und der Wellenleiterdispersion als Funktion der Wellenlänge sowie deren Überlagerung zum wellenlängenabhängigen chromatischen Dispersionskoeffizienten. Bei Mehrmodenfasern ist das Zusammenwirken von Material- und Wellenleiterdispersion von untergeordneter Bedeutung. Insbesondere bei Stufenindexfasern sind beide Dispersionen gegenüber der Modendispersion vernachlässigbar. Bei Einmodenfasern dagegen kann das Zusammenwirken von Material- und Wellenleiterdispersion für den interessierenden Wellenlängenbereich ausgenutzt werden. Durch Wahl eines geeigneten Kerndurchmessers bzw. Brechzahlprofils der Faser ist es möglich, die Wellenleiterdispersion in einer Einmodenfaser stark zu beeinflussen. Außerdem kann durch Dotierung die Materialdispersion verändert werden. Die Wellenlänge, bei der $M_{\text{chr}} = 0$ ist, nennt man Dispersionsnullstelle; sie lässt sich mit diesen Maßnahmen zu anderen Werten verschieben, bei der man die Faser betreiben möchte.

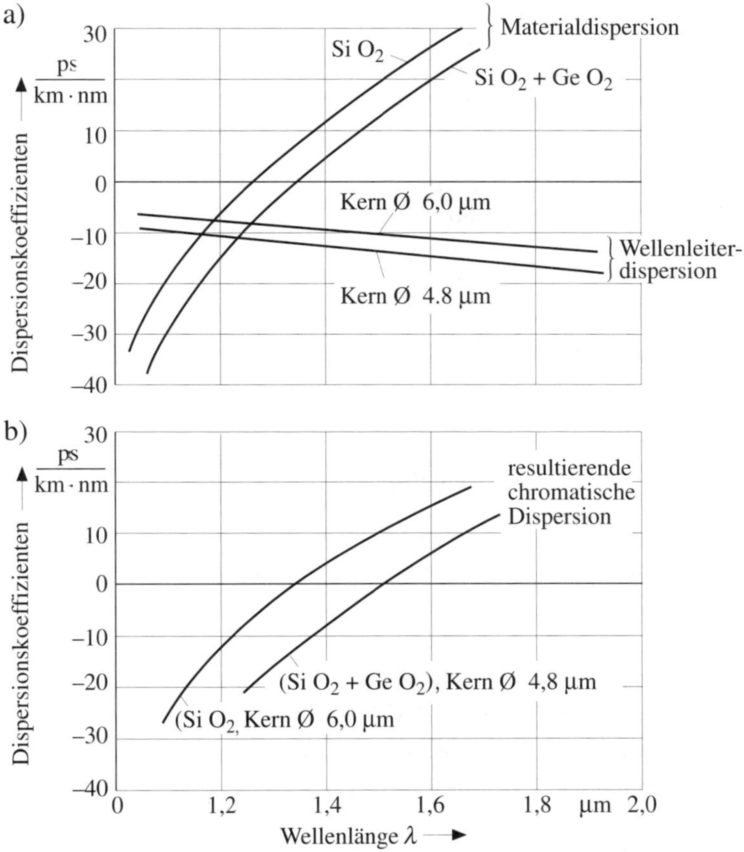

Bild 3.30 Wellenlängenabhängigkeit der Dispersionskoeffizienten

a Materialdispersion für reines und dotiertes Quarzglas sowie Wellenleiterdispersion für verschiedene Kerndurchmesser

b aus a resultierende chromatische Dispersion [3.12]

Insbesondere zur Wellenlänge 1,55 µm, bei der die Faserdämpfung ein Minimum aufweist (vergleiche Abschnitt 3.3), spricht man von einer dispersionsverschobenen (dispersion shifted) Faser.

Es ist auch möglich, den Verlauf der chromatischen Dispersionskurve in seiner Richtung umzukehren und damit einen größeren Wellenlängenbereich zu schaffen, indem die chromatische Dispersion zwar nicht verschwindet, aber innerhalb eines niedrigen tolerierbaren Bereichs bleibt (siehe **Bild 3.31**), so dass sich die Faser über

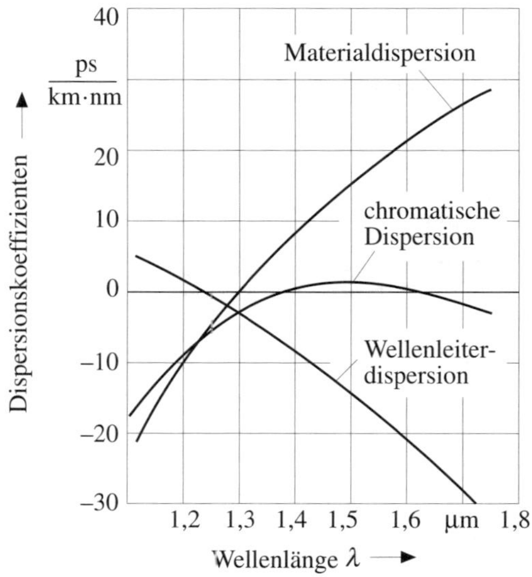

Bild 3.31 Dispersionsgeglättete Faser durch geeignete Kombination von Material- und Wellenleiterdispersion [3.37]

einen großen Wellenlängenbereich optimal nutzen lässt; man spricht von einer dispersionsgeglätteten (dispersion flattened) Faser [3.2, 3.37].

Nimmt man noch die Modendispersion hinzu, so erhält man die Gesamtdispersion einer Faser, die sich als Impulsverbreiterung $\Delta\tau$ (vergleiche Gl. (3.37)) auswirkt:

$$\Delta\tau = \sqrt{\left(M_{\text{mod}}\,L^{\gamma}\right)^2 + \left(M_{\text{chr}}\,L\,\Delta\lambda\right)^2} \qquad (3.48)$$

Anmerkung: Gl. (3.48) gilt streng genommen nur für Wellenlängenbereiche abseits der Dispersionsnullstelle [3.38]. Nach Gl. (3.48) müsste die Impulsverbreiterung für Einmodenfasern bei der Dispersionsnullstelle vollständig verschwinden. Dass dies nicht der Fall ist, liegt an der nicht verschwindenden spektralen Breite einer Lichtquelle. Eine ausführliche mathematische Darstellung der Dispersionsphänomene findet sich in [3.46].

Zur (Teil-)Kompensation der chromatischen Dispersion verwendet man im Labor für Forschungs- und Entwicklungsarbeiten [9.81] eine dispersionskompensierende Faser (DCF, *Dispersion Compensating Fiber*). Diese besitzt bei der zu verwendenden Wellenlänge gerade eine chromatische Dispersion mit umgekehrtem Vorzeichen wie die Übertragungsfaser, und ihr Betrag ist etwa sechsmal so groß [3.47]. Will man also den Effekt vollständig kompensieren, muss man eine DCF mit einer Länge von einem Sechstel der Übertragungsfaser einsetzen. Diese weist jedoch eine höhere Dämpfung als Standard-Einmodenfasern auf, ist erheblich teurer und somit für praktische Systeme ungeeignet.

3.4.3 Dispersionsmessverfahren

Will man nur eine integrale Aussage über die Impulsverbreiterung haben, ohne Berücksichtigung der Entstehung, so bietet sich deren direkte Ermittlung entsprechend Gl. (3.37) durch *Vergleich* von *Eingangs-* und *Ausgangspuls* an [3.39] (siehe Bild 3.21). Man misst die Halbwertsbreite t_1 eines möglichst kurzen optischen Pulses (etwa 100 ps) einer Lichtquelle. Hierzu kommt ein Halbleiterlaser zum Einsatz, der in der Lage ist, solch kurze Pulse zu erzeugen (siehe Abschnitt 7.2.2). Das Laserlicht wird eingekoppelt in eine Faser von wenigen Metern Länge (Faserschwanz), an deren Ende eine erste Messung vorgenommen wird. Die Messung erfolgt mit Hilfe eines Fotodetektors (vergleiche Abschnitte 7.3 und 8.2), der schnell genug sein muss, um keine Verfälschung der Ergebnisse zu bewirken. Der so entstandene elektrische Puls kann z. B. mit einem Sampling-Oszilloskop mit nachfolgender Speichereinheit festgehalten und ausgewertet werden. Anschließend wird die zu messende Faserstrecke zwischen Sender und Empfänger gebracht und die Messung wiederholt (Messung von t_2). Damit lässt sich die Impulsverbreiterung nach Gl. (3.37) für die gesamte Faserstrecke berechnen. Die direkte Messung der Impulsverbreiterung kommt vor allem dann zum Einsatz, wenn große Werte für t_2 zu erwarten sind, also bei Mehrmodenfasern, insbesondere bei solchen mit Stufenprofil. Bei Mehrmodenfasern mit Gradientenprofil und in noch stärkerem Maße bei Einmodenfasern (Modendispersion entfällt) kann es sein, dass auf Grund der geringen Werte die Messgenauigkeit bei direkter Messung nicht ausreicht. Bei Einmodenfasern bestimmt man daher den verbleibenden Dispersionskoeffizienten für die chromatische Dispersion durch *Laufzeitmessungen* [3.40]. Dazu sendet man einen kurzen Lichtpuls bei einer bestimmten Wellenlänge über die zu untersuchende Faserstrecke und beobachtet den Ausgangspuls. Anschließend variiert man die Wellenlänge der Lichtquelle und wiederholt den Vorgang. Der Ausgangspuls wird nun zu einem anderen Zeitpunkt empfangen. Es ergibt sich eine Laufzeitdifferenz, die der Wellenlänge zugeordnet wird. Die Wellenlänge wird im weiteren Verlauf über den gesamten zu untersuchenden Messbereich variiert, und die zugehörigen Laufzeitdifferenzen werden bestimmt. **Bild 3.32** zeigt den prinzipiellen Verlauf der Laufzeitdifferenzen als Funktion der Wellenlänge. Der Dispersionskoeffizient M_{chr} ergibt sich durch Ableitung der Kurve von Bild 3.32:

$$M_{chr} = \left(\mathrm{d}\tau/\mathrm{d}\lambda\right)/L \qquad (3.49)$$

Anstelle von Messungen im Zeitbereich können auch Messungen im Frequenzbereich durchgeführt werden [3.39]. Man bestimmt den Betrag der *optischen Übertragungsfunktion* einer Faser: Den zugehörigen Messaufbau zeigt **Bild 3.33**. Ein in seiner Frequenz stetig ansteigender Sinusgenerator (Wobbelgenerator) steuert über

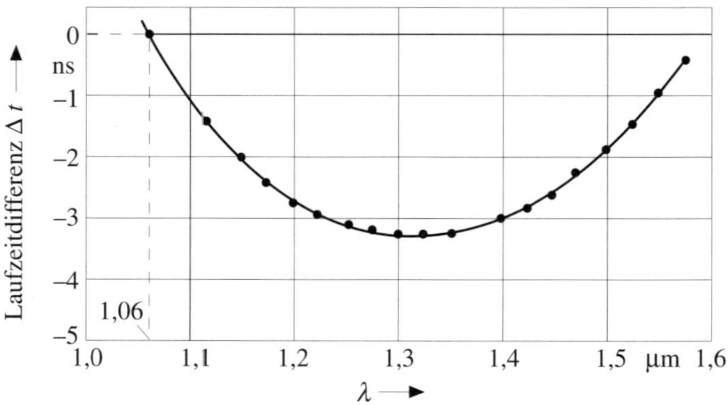

Bild 3.32 Laufzeitdifferenz Δt in einer Einmodenfaser in Abhängigkeit von der Wellenlänge λ (Nullpunkt von Δt willkürlich bei 1,06 µm gewählt) [3.41]

eine Treiberschaltung den Strom eines Halbleiterlasers, so dass ein optisches Signal entsprechend dem Stromverlauf in die Faser gekoppelt wird. Am Ende der zu untersuchenden Messstrecke befindet sich ein Fotodetektor, der die optischen Signale wieder in elektrische umwandelt und einem Netzwerkanalysator zuführt. Das Verhältnis der modulierten optischen Ausgangsleistung zur modulierten optischen Eingangsleistung als Funktion der Laseransteuerfrequenz stellt den Betrag der Übertragungsfunktion dar. Eine prinzipielle Darstellung zeigt **Bild 3.34**. Bei niedrigen Frequenzen ändert sich der Betrag der Übertragungsfunktion nur wenig. Mit zunehmender Frequenz fällt er jedoch durch Impulsverbreiterung in der Faser ab. Bei derjenigen Frequenz, bei der er gerade auf den Faktor 1/2 abgefallen ist, definiert man

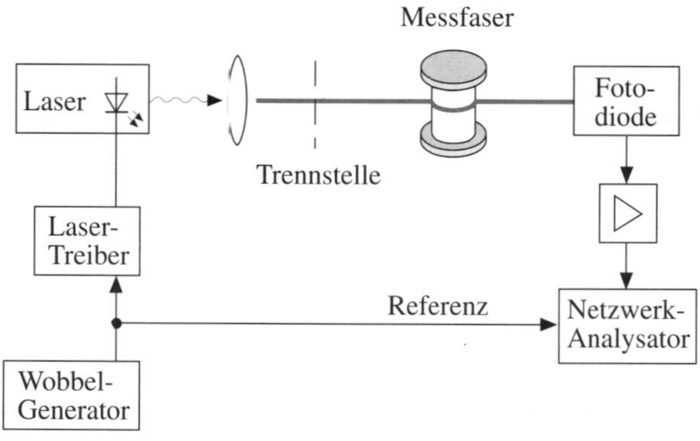

Bild 3.33 Messaufbau zur Bestimmung der Modulationsübertragungsfunktion [3.42]

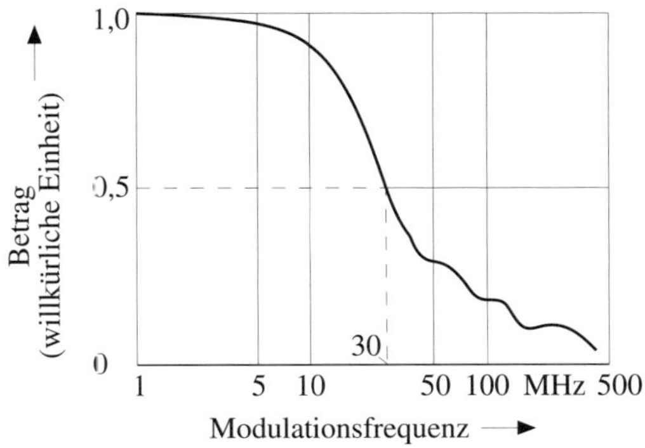

Bild 3.34 Modulationsübertragungsfunktion einer Stufenindexfaser [3.43]

die *3dB-Grenzfrequenz* und damit die *(Basis)Bandbreite* (Frequenzbreite von der Frequenz 0 zur 3-dB-Grenzfrequenz der Faserstrecke). Voraussetzung für die Messung ist, dass die Übertragungsfunktion für Sender und Empfänger allein das Messergebnis nicht beeinflussen bzw. dass deren Übertragungsfunktion bekannt ist und in das Ergebnis mit einbezogen werden kann. Für den Zusammenhang zwischen der Bandbreite B und der Impulsverbreiterung $\Delta\tau$ gilt folgende Näherung [3.44]:

$$B \approx \frac{1}{2\Delta\tau} \tag{3.50}$$

Der genaue Wert der Bandbreite ist abhängig von der Form des in die Faser eingekoppelten Lichtpulses. Deshalb findet man häufig in der Literatur von Gl. (3.50) abweichende Angaben. Auch sind Definitionsfragen der Pulsbreiten häufig Anlass zu unterschiedlichen Umrechnungsfaktoren (FWHM, effektive Breite, 1/e-Breite). Eine ausführliche Darstellung zur Dispersionsmesstechnik findet sich in Referenz [3.45]. Die oben ermittelte Bandbreite stellt auch die Begrenzung eines optischen Übertragungssystems dar, wenn nicht andere Komponenten (Sender oder Empfänger) die Gesamtbandbreite beeinträchtigen. Sie ist damit ein Maß dafür, wie viel Information pro Zeiteinheit über eine optische Übertragungsstrecke übertragen werden kann (vergleiche Abschnitt 9.1).

4 Lichtwellenleiterherstellung und -verkabelung

Der Lichtwellenleiter als allgemeiner Begriff umfasst sowohl Glasfasern und Kunststoff-Fasern für Entfernungsüberbrückung im Meter- bzw. Kilometerbereich als auch Schichtwellenleiter in Substratmaterialien mit geometrischen Längen im Bereich von 100 Mikrometern bis zu wenigen Zentimetern (siehe Kapitel 6). Der Schwerpunkt in diesem Kapitel liegt bei der Glasfaser.

4.1 Herstellung von Glasfasern

Die Herstellung einer Glasfaser erfolgt in zwei Stufen: Die Realisierung einer *Vorform* vornehmlich mit Hilfe eines Drehbanksystems sowie das Ausziehen der Vorform zu einer Faser durch Einsatz einer Faserziehanlage.

4.1.1 Herstellung einer Vorform

Die installierten Fertigungskapazitäten für Glasfasern mit hoher Qualität basieren auf dämpfungsarmen Lichtwellenleitern. Diese werden meist durch Einsatz von Quarzglas (Siliziumdioxid: SiO_2) realisiert. Die notwendige Brechzahländerung zur Erzielung eines Wellenleiters erhält man durch geeignete Dotierung des Ausgangsmaterials SiO_2. Beispiele zur Variation der Brechzahl zeigt **Bild 4.1**. Wie bereits in Kapitel 3 gezeigt, muss die Brechzahl eines Lichtwellenleiters im Kernbereich größer sein als im Mantelbereich. Dazu kann man entweder die Brechzahl im Mantel unberührt lassen und die des Kerns erhöhen oder man lässt die Brechzahl des Kerns

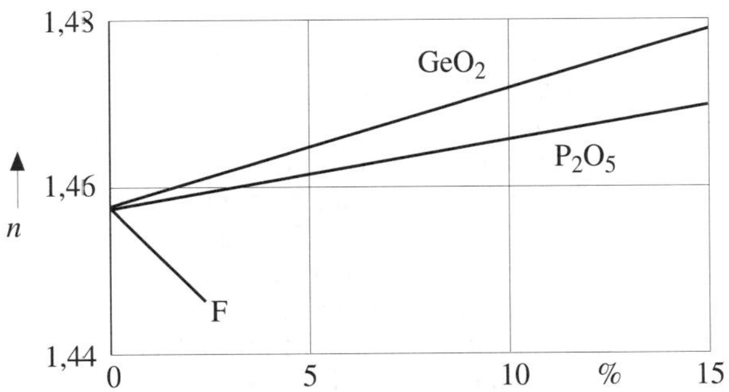

Bild 4.1 Brechzahl n von Quarzgläsern als Funktion der molaren Konzentration der Dotierung bei einer Wellenlänge λ von 600 nm

unverändert und erniedrigt die des Mantels. Zur Brechzahlerniedrigung kommt meist Fluor (F) zum Einsatz; zur Erhöhung verwendet man häufig Germaniumdioxid (GeO_2) oder Phosphorpentoxid (P_2O_5). Eine wichtige Voraussetzung zur Herstellung dämpfungsarmer Lichtwellenleiter ist, dass der Fertigungsprozess der Vorform unter hochreinen Umweltbedingungen stattfindet. Hochwertige Vorformen verwenden das Prinzip der Gasphasenabscheidung von reinem und dotiertem Quarzglas (Chemical Vapor Deposition: *CVD* [4.1]). Ausgangsstoffe sind die zu der Gruppe der Metallhalogenide gehörenden Chloride. Für reines Quarzglas ergibt sich folgender chemischer Prozess:

$$SiCl_4 + O_2 \rightarrow SiO_2 + 2Cl_2 \uparrow \tag{4.1}$$

Für GeO_2 als Dotierstoff gilt:

$$GeCl_4 + O_2 \rightarrow GeO_2 + 2Cl_2 \uparrow \tag{4.2}$$

Bei der Gasphasenabscheidung kommen im Wesentlichen drei Verfahren zum Einsatz:

Das Innenbeschichtungsverfahren (Modified Chemical Vapor Deposition: *MCVD* [4.2] und Plasma Chemical Vapor Deposition: *PCVD* [4.3]), das Außenbeschichtungsverfahren (Outside Vapor Deposition: *OVD* [4.4]) und das Axialbeschichtungsverfahren (Vapor Axial Deposition: *VAD* [4.5]).

Mit allen drei Verfahren werden Vorformen hergestellt. Eine derartige Vorform (preform) besitzt bereits das gewünschte Kern-Mantel-Verhältnis und das Brechzahlprofil der herzustellenden Faser. Die in den entsprechenden Verfahren hergestellten Vorformen werden in einem weiteren Bearbeitungsschritt zu einer Faser ausgezogen. Bei Zimmertemperatur sind $SiCl_4$ und $GeCl_4$ flüssig. Man lässt Sauerstoff durch Behälter (Bubbler) strömen, in denen sich diese Flüssigkeiten befinden. Es bilden sich Blasen (Bubbles); der Sauerstoff als Trägergas nimmt die Dämpfe der Chloride auf [4.7].

Beim *Innenbeschichtungsverfahren* (siehe **Bild 4.2**) erfolgt die Abscheidung der Oxide, die nach den chemischen Prozessen (Gl. (4.1) und (4.2)) als Pulver vorliegen, schichtweise in einem rotierenden Quarzglasrohr. Hierzu wird das Quarzglasrohr in ein Drehbanksystem eingespannt. Man beginnt zunächst mit der Abscheidung im Mantelbereich und bewegt sich anschließend in Richtung Kernmitte. Das Pulver wird bei einer Temperatur von etwa 1700 °C verglast. Dazu bewegt sich eine Heizquelle in Strömungsrichtung der Gase. Durch Variation der Zusammensetzung der Gase und damit der relativen Anteile von Siliziumdioxid und Germaniumdioxid kann die Brechzahl verändert und damit das Brechzahlprofil in radialer Richtung vorgegeben werden. Als Heizquellen kommen meist Knallgasbrenner (H_2, O_2) zum Einsatz. In diesem Fall nennt man das Verfahren Modified CVD-Verfahren. Verwendet man stattdessen eine Hochfrequenzquelle zur Wärmezufuhr, so spricht man vom

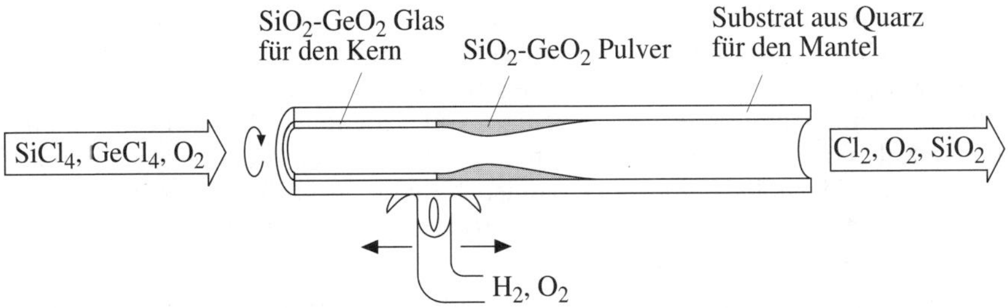

Bild 4.2 Innenbeschichtungsverfahren [4.6]

Plasma CVD-Verfahren. Im Vergleich zum MCVD-Verfahren lassen sich mit letzterem dünnere Schichten abscheiden und damit weniger raue Profile realisieren.

Ist der Abscheideprozess beendet, wird das beschichtete Quarzglasrohr auf etwa 2000 °C erhitzt. Das Rohr erweicht und zieht sich durch die Oberflächenspannung zu einem Stab zusammen; man sagt, es kollabiert. Den entstandenen Stab bezeichnet man als Vorform. Beim Kollabieren entweichen teilweise Dotierstoffe aus der Mitte der Vorform. Es kommt zu einem Absinken der Brechzahl in der Kernmitte (dip). **Bild 4.3** zeigt ein typisches Brechzahlprofil einer Faser mit dieser Absenkung.

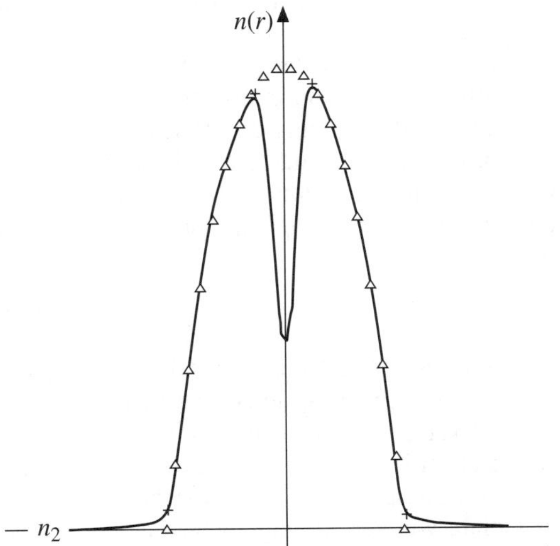

Bild 4.3 Brechzahlprofil einer Vorform einer Gradientenindexfaser; Brechzahl n als Funktion der Radialkoordinate r

n_2 Mantelbrechzahl

Eine übliche Vorform hat einen Durchmesser von etwa 2 cm bis 3 cm (es sind auch größere Durchmesser möglich) und eine Länge von etwa 80 cm. Mit derartigen Vorformen lassen sich Faserlängen von 15 km bis 50 km realisieren. Große Faserlängen sind für die verkabelten Fasern zwar weniger von Bedeutung, da beim Einlegen der Kabel in Kabelkanäle nur wenige km an einem Stück eingezogen werden können, jedoch ist das Herstellen einer Faser umso billiger, je größer die realisierbaren Faserlängen sind. Dies liegt an den langen Rüstzeiten, die bei der Inbetriebnahme der Faserziehanlagen auftreten.

Um die erzielbare Faserlänge pro Vorform zu erhöhen und damit die Wirtschaftlichkeit des Herstellungsprozesses zu verbessern, kommt beim MCVD-Verfahren die *Sleeving-Technik* zum Einsatz. Dabei werden mehr Mantel- und Kernschichten abgeschieden, als beim konventionellen MCVD-Prozess erforderlich wären. Anschließend wird ein Glasrohr wie ein Ärmel (sleeve) über die Vorform geschoben und verschweißt. Es entsteht eine Vorform, mit der die zwei- bis dreifache Faserlänge im Vergleich zur ursprünglichen Technik erzielt werden kann [4.8]. Eine weitere Verbesserung der Wirtschaftlichkeit erreicht man durch eine Kombination des Sleeving-Prozesses mit einem *Streckprozess* [4.9]. Beim Sleeving-Prozess entstehen Substratrohre mit relativ großer Ringquerschnittsfläche. Um die Produktion von Vorformen nach dem MCVD-Prozess zu optimieren, ist es jedoch günstig, Substratrohre mit kleinerer Ringquerschnittsfläche zu verwenden. Dies erreicht man durch Strecken der nach dem Sleeving-Prozess hergestellten Vorform [4.9].

Beim *Außenbeschichtungsverfahren* (siehe **Bild 4.4a**) werden die Chloride direkt in die Flamme des Knallgasbrenners eingeleitet. Die Abscheidung der pulverförmigen Oxide erfolgt auf einem Substratstab. Letzterer ist wieder in ein Drehbanksystem eingespannt und rotiert. Die Schichtenfolge verläuft nun in umgekehrter Richtung wie beim Innenbeschichtungsverfahren. Nach Beendigung des Abscheidevorgangs wird der Substratstab entfernt, es bleibt eine poröse Glasform (Glasruß) zurück. Diese lässt sich reinigen, insbesondere der unerwünschte OH-Anteil (vergleiche Abschnitt 3.3.1) lässt sich durch Dehydrierung (Spülen mit Chlorgas) verringern. Es findet folgende chemische Reaktion statt:

$$2H_2O + 2Cl_2 \rightarrow 4HCl + O_2\uparrow \tag{4.3}$$

Dabei sind Temperaturen von mindestens 1200 °C erforderlich. Die poröse Glasform wird hierbei gleichzeitig zur massiven Vorform gesintert, sie verglast (siehe **Bild 4.4b**). Die Prozesse Abscheiden und Verglasen finden also im Gegensatz zum Innenbeschichtungsverfahren nicht gleichzeitig statt. Jeder Prozessschritt kann getrennt optimiert werden. Ein weiterer Vorteil liegt in größeren Abscheideraten pro Zeiteinheit. Nachteilig ist die höhere Gefahr von Verunreinigungen, da die Reaktionen jetzt nicht mehr innerhalb eines Quarzrohrs stattfinden.

Beim *Axialbeschichtungsverfahren* erfolgt die Abscheidung im Gegensatz zu den beiden vorher beschriebenen Verfahren nicht radial, sondern axial. Die Zufuhr der Chloride geschieht ebenfalls wie beim OVD-Verfahren direkt durch die Flamme von

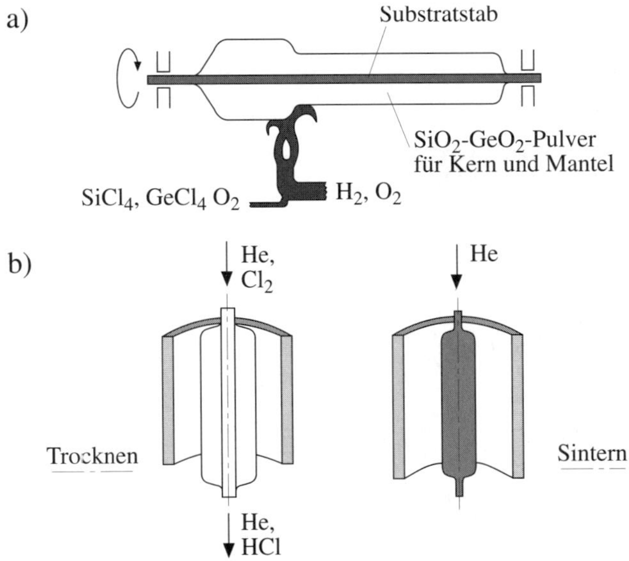

Bild 4.4 Außenbeschichtungsverfahren [4.6]
a) Abscheidung
b) Verglasung

Knallgasbrennern. Es kommen zwei Brenner zum Einsatz, die unsymmetrisch angeordnet werden. Durch beide Brenner gelangen unterschiedliche Anteile von $SiCl_4$ und $GeCl_4$. Durch Variation der Anteile und durch entsprechende Anordnung der Brenner lässt sich das gewünschte Brechzahlprofil einstellen. Es kommen auch Verfahren zum Einsatz, die nur mit einem unsymmetrisch angeordneten Brenner arbeiten (siehe **Bild 4.5**). Die Abscheidung erfolgt axial auf einem rotierenden Quarzstab, der allerdings nur für den Start des Prozesses erforderlich ist. Der Rohling wächst anschließend in die Länge. Danach schließt sich wieder eine Dehydrierung und Verglasung an. Auf Grund des geschlossenen Prozesses beim Axialbeschichtungsverfahren ist man in der Lage, Vorformen mit sehr geringem OH-Gehalt herzustellen. Werte von 1 ppb sind möglich (1 ppb = 1 part per billion = 1 Teil OH unter 1 Mrd. (10^9) Teilchen SiO_2). Somit lassen sich mit diesem Verfahren Fasern mit geringem OH-bedingtem Dämpfungsanstieg realisieren (vergleiche Abschnitt 3.3.1). Ein weiterer Vorteil ist, dass im Gegensatz zum MCVD- (PCVD-) und OVD-Verfahren kein Brechzahleinbruch im Faserkern entsteht. Das gewünschte Brechzahlprofil lässt sich somit gut realisieren und ermöglicht eine hohe Übertragungsbandbreite. Mit dem VAD-Verfahren lassen sich Vorformen realisieren, aus denen Fasern bis zu 100 km Länge gezogen werden können.

Moderne Anlagen zur Herstellung von Faservorformen kommen heute an einer umweltgerechten Entsorgung der Abfallstoffe nicht mehr vorbei [4.10]. Dabei wer-

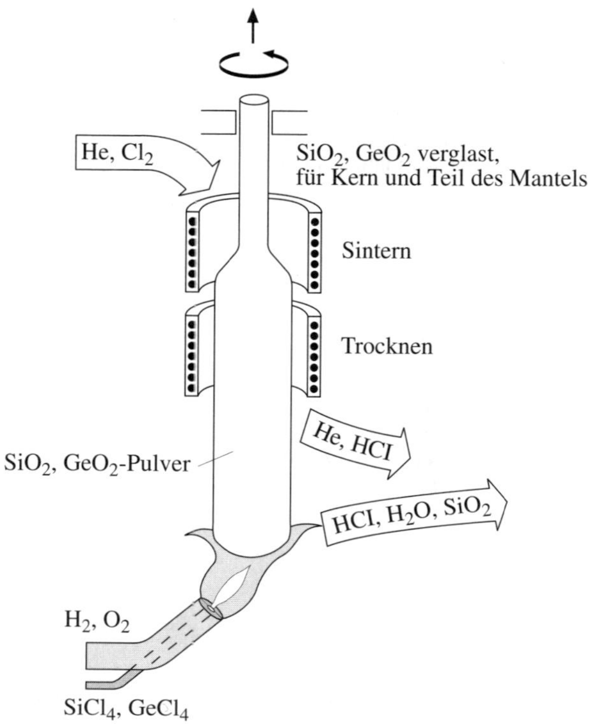

Bild 4.5 Axialbeschichtungsverfahren [4.6]

den z. B. beim MCVD-Verfahren die festen Bestandteile des Entsorgungsprozesses so aufbereitet, dass sie auf Deponien gelagert werden können. Es handelt sich um ungiftige Reaktionsprodukte, die als feiner weißer Staub vorliegen. Dieser Staub wird vor dem Verbringen auf die Deponie in einem Mischer zu Schlamm eingedickt. Die gasförmigen Abfallstoffe, insbesondere die Chlorgasverbindungen, werden einem Waschprozess unterzogen, so dass das gereinigte Abgas den Grenzwert der Cl_2-Emission von 5 mg/m^3 unterschreitet und anschließend über das Dach in die Atmosphäre abgelassen werden kann [4.10].

4.1.2 Ausziehen einer Glasfaser

Beim letzten Schritt zur Herstellung einer Glasfaser wird die Vorform mit Hilfe einer *Faserziehanlage* ausgezogen [4.11, 4.12]. Letztere wird wegen ihrer großen Höhe (über 10 m) auch als *Ziehturm* bezeichnet. Die große Höhe eines Ziehturms (siehe **Bild 4.6**) ist erforderlich, da die meisten Teilsysteme senkrecht angeordnet

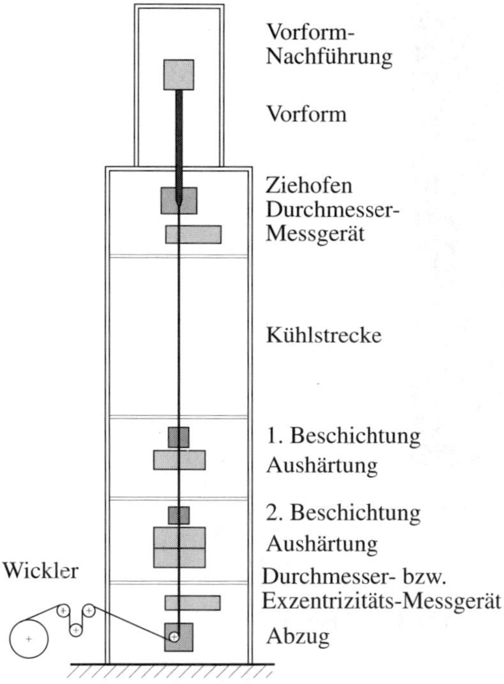

Bild 4.6 Ziehanlage für Glasfasern [4.12]

werden müssen. In einem solchen Ziehturm wird zunächst das Ende der Vorform mit einem Hochtemperaturofen durch Erhitzen auf etwa 2200 °C in einen zähflüssigen Zustand gebracht. Die Vorform verjüngt sich durch ihr Eigengewicht an der Erweichungsstelle (siehe **Bild 4.7**). Es bildet sich ein dünner Faden, die Faser, die jetzt ohne Einsatz von zusätzlichen Formwerkzeugen abgezogen wird. Vor der weiteren Verarbeitung ist eine gewisse Länge als Kühlstrecke erforderlich. Dies trägt ebenfalls zur großen Höhe der Ziehtürme bei. Der Faserdurchmesser ergibt sich aus der Ziehgeschwindigkeit. Letztere wird mit Hilfe einer Regelung so eingestellt, dass sich der gewünschte Durchmesser ergibt. Um Verunreinigungen auf der Faseroberfläche und damit Beeinträchtigungen der Festigkeit von Glasfasern zu vermeiden, wird noch während des Ziehprozesses eine Schutzschicht auf die Faser aufgebracht. Im Einsatz sind neben Silikonelastomeren, die thermisch ausgehärtet werden, Acrylate, deren Aushärtung durch UV-Strahlung erfolgt. Die Schichtdicken betragen etwa 50 µm. Man bezeichnet diese erste Schutzschicht auch als primär (primary) coating. Typische Ziehgeschwindigkeiten in der Glasfaserfertigung liegen bei 300 m/min bis 500 m/min.

Bild 4.7 „Faser- Zwiebel“ beim Faserziehprozess [Foto: Siemens]

4.1.3 Mechanische Eigenschaften von Glasfasern

Die mechanische Festigkeit von Glasfasern wird von den Eigenschaften der Vorform und der Beschaffenheit des Oberflächenschutzes bestimmt sowie durch die Faserziehanlage [4.13]. Brüche bei hohen Zugkräften (40 N und höher) sind auf Mikrorisse an der Faseroberfläche und auf die Struktur der verwendeten Gläser zurückzuführen. Bei mittleren Zugkräften (etwa 15 N bis 40 N) beruhen die Brüche auf Gaseinschlüssen oder Fremdpartikeln im Glasfasermantel. Brüche bei kleinen Zugkräften resultieren im Wesentlichen aus Fehlstellen direkt an der Glasfaseroberfläche sowie aus Gasblasen und Fremdpartikeln in der zum Schutz der Glasfaser aufgebrachten Oberflächenschicht. Dies kann zu einseitiger Beschichtung oder schlechter Lackhaftung führen. Die Festigkeit von Glasfasern wird in einem Weibull-Diagramm bewertet, dabei handelt es sich hier um den Prozentsatz der Fasern, die bei einer gegebenen Zugspannung brechen [4.14]. Man kann also nicht für jede Einzelfaser genau definieren, bei welcher Zugkraft es zum Bruch kommt, sondern es muss eine statistische Erfassung vorgenommen werden. Für eine Faser mit hoher Festigkeit ergibt sich eine statistisch ermittelte Zugkraft von etwa 50 N. Dies entspricht bei einer Faser von 125 µm Durchmesser (typischer Wert) einer Zugfestigkeit von etwa vier Gigapascal = $4 \cdot 10^9$ N/m^2. Grundsätzlich wird zwar versucht, für Glasfasern eine möglichst hohe Zugfestigkeit zu erzielen. Der oben genannte Wert von vier Gigapascal liegt aber bereits schon oberhalb der Grenze, die für das Ausziehen und Verkabeln der Faser bzw. später beim Einziehen in Kabelkanäle erforderlich ist.

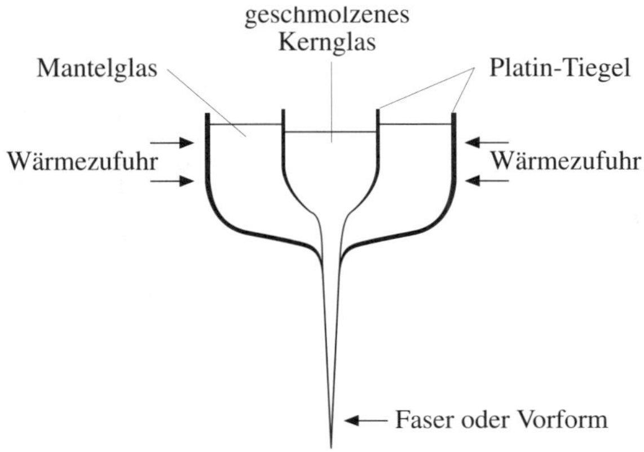

Bild 4.8 Doppeltiegelverfahren [4.12]

4.1.4 Alternative Faserherstellverfahren

Für Fasern mit weniger hohen Qualitätsansprüchen kommen zur Vorformherstellung noch zwei weitere Verfahren, die nicht das Prinzip der Gasphasenabscheidung anwenden, zum Einsatz, das *Doppeltiegelverfahren* [4.15] und das *Stab-Rohr-Verfahren* [4.16]. Die Doppeltiegelvorrichtung (siehe **Bild 4.8**) besteht aus einem in einen zweiten eingebrachten Schmelztiegel (Kern- bzw. Mantelglas) mit in der Mitte konzentrisch angebrachten Austrittsöffnungen. Von dort wird die Faser ausgezogen. Dabei werden niedrig schmelzende Mehrkomponentengläser verwendet.

Beim Stab-Rohr-Verfahren (siehe **Bild 4.9**) wird ein Kernglasstab in ein Mantelrohr mit niedriger Brechzahl eingelegt, erhitzt und ausgezogen, bis sich wieder eine Faser

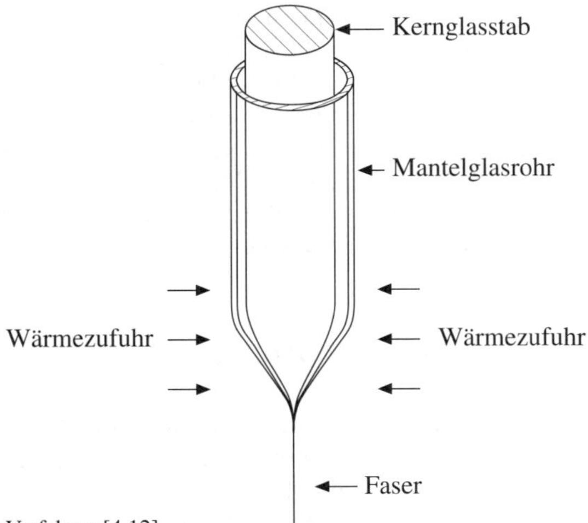

Bild 4.9 Stab-Rohr-Verfahren [4.12]

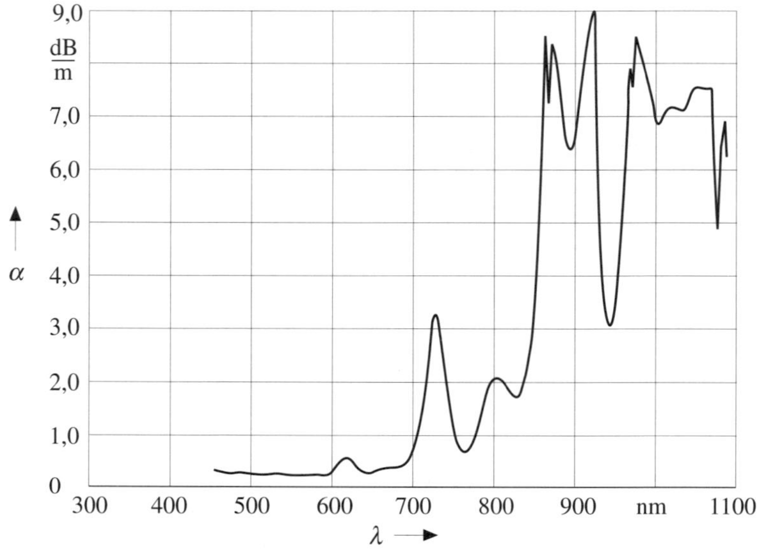

Bild 4.10 Dämpfung α einer Kunststoff-Faser als Funktion der Wellenlänge λ [4.18]

ergibt. Lässt man das Mantelglas weg und bringt direkt auf die ausgezogene Faser einen dämpfungsarmen Kunststoff mit niedriger Brechzahl auf, so erhält man eine *PCS-Faser* (Plastic Clad Silica). Der Quarzfaden stellt den Faserkern dar, die Kunststoffumhüllung den Fasermantel. Die Dämpfung einer derartigen Kunststoffschicht ist wesentlich größer als die einer Quarzglasschicht. Da die elektromagnetischen Wellen nicht nur im Kern, sondern auch teilweise im Mantel einer Faser geführt werden, ist die Dämpfung in PCS-Fasern größer als in Glasfasern. Die Dämpfung einer PCS-Faser liegt bei einer Wellenlänge von 780 nm bei etwa 3 dB/km bis 4 dB/km [4.17]. Stellt man reine Kunststoff-Fasern her, also sowohl Kern als auch Mantel aus Kunststoff, so erhält man wesentlich höhere Dämpfungswerte. Die Dämpfung einer solchen Kunststoff-Faser im Bereich von 450 nm bis 1100 nm zeigt **Bild 4.10**. Bestwerte bei etwa 500 nm bis 600 nm liegen bei 0,2 dB/m bis 0,3 dB/m (neuere Entwicklungen siehe Abschnitt 9.4.4).

4.2 Lichtwellenleiterverkabelung

Um eine Gefährdung der primär beschichteten Glasfaser durch mechanische Belastungen und Temperaturänderungen zu vermeiden, müssen weitere Schutzmaßnahmen getroffen werden. Eine mögliche Maßnahme ist die Verwendung der *Festmantel-* oder *Volladertechnik* (tight jacketing [4.12]). Dazu wird auf die primär

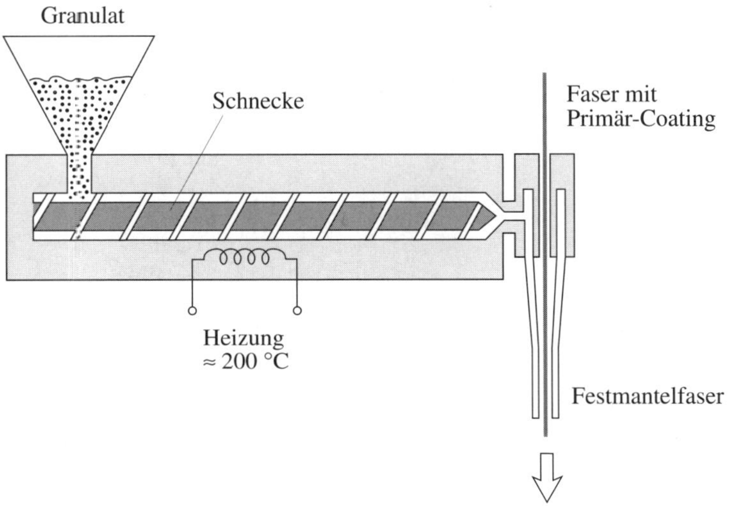

Bild 4.11 Aufbringen der Sekundärbeschichtung auf eine primärbeschichtete Glasfaser

beschichtete Faser eine weitere Schicht, die Sekundärbeschichtung (secundary coating), aus PVC oder Nylon aufgebracht. **Bild 4.11** zeigt eine Anordnung zum Aufbringen der Sekundärbeschichtung. Das entsprechende Kunststoffgranulat wird geschmolzen und mit Hilfe einer Schnecke auf die Faser aufgebracht, die von einem Antrieb durchgezogen wird. Man erhält eine *Volladerfaser* mit einem Durchmesser von etwa 1 mm (siehe **Bild 4.12a**).

Bei heutigen Fasern kommen allerdings modernere Techniken zum Einsatz, z. B. die *Hohl-* und *Bündelader* [4.12, 4.19, 4.20] (siehe **Bild 4.12b**). Bei der Hohlader wird die primär beschichtete Faser in ein Kunststoffschutzrohr mit einem Durchmesser von 1,4 mm eingebracht. Es können auch mehrere Fasern in ein Kunststoffschutzrohr mit größerem Durchmesser eingebracht werden. Üblicherweise werden bis zu zehn Einzelfasern eingelegt, die man zur Unterscheidung unterschiedlich einfärbt. Der Rohrdurchmesser beträgt dann etwa 3 mm. Das Kunststoffschutzrohr wird zusätzlich mit einer gelartigen Masse gefüllt. Dies hat gegenüber der Volladertechnik den Vorteil, dass Dämpfungserhöhungen durch mechanische Einwirkungen, insbesondere durch Mikrokrümmungen, vermieden werden (vergleiche Abschnitt 3.3.1).

Zur weiteren Verkabelung werden anschließend mehrere Hohl- bzw. Bündeladern auf ein zentrales Stützelement aufgeseilt und mit einem oder mehreren Außenmänteln versehen (siehe **Bild 4.13**). Als Außenmantel kommt ein Aluminiumschichtmantel zum Einsatz, der, falls Nagetierschutz erforderlich ist, mit einem oder mehreren Metallbändern als Bewehrung versehen werden kann. Soll das Kabel (auch in Längsrichtung) wasserdicht sein, so wird die Kabelseele mit Petrolat gefüllt. Bild

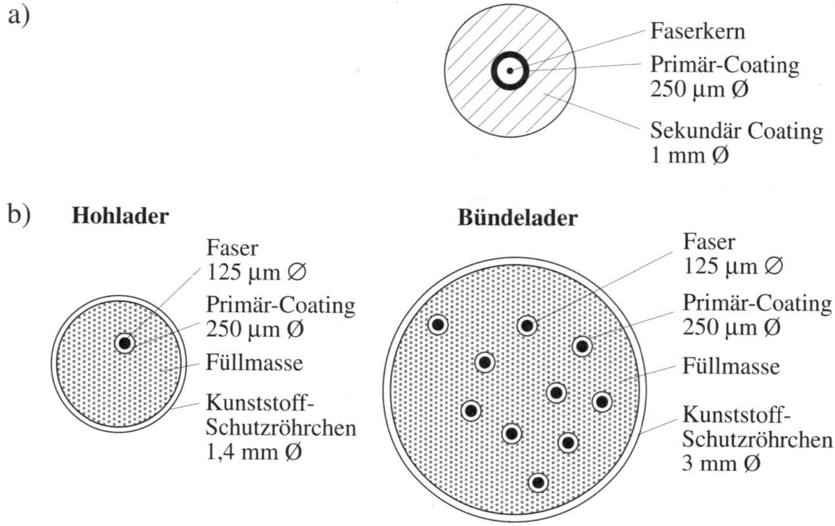

Bild 4.12 Umhüllung von Glasfasern
a) Volladertechnik
b) Hohl- oder Bündeladertechnik [4.12]

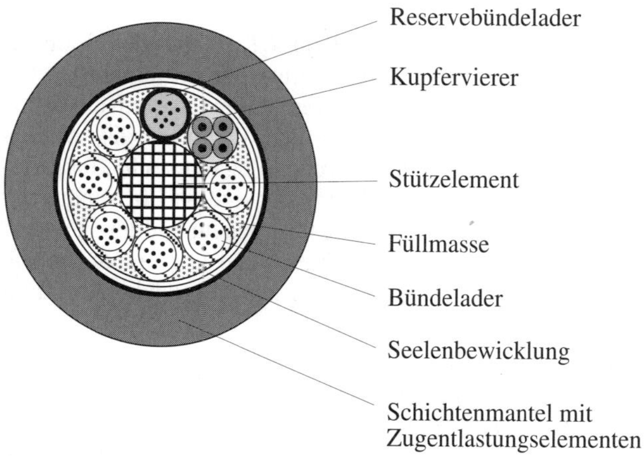

Bild 4.13 Aufbau eines Glasfaserkabels, bestehend aus sechs Bündeladern mit je zehn Einzelfasern [4.12]

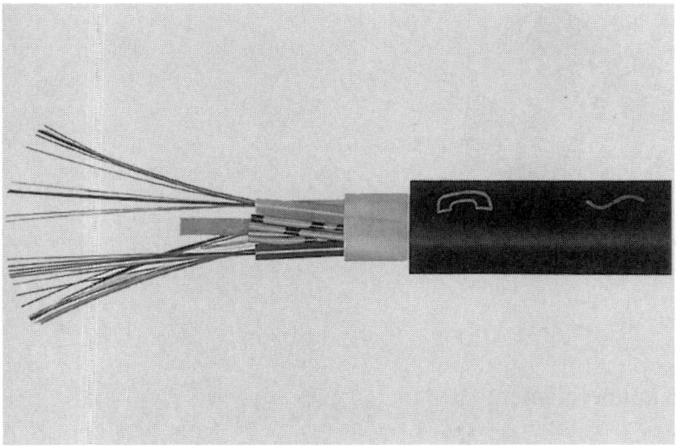

Bild 4.14 Lichtwellenleiteraußenkabel mit 16 Einmodenfasern [Foto: ANT Bosch Telecom]

4.13 repräsentiert ein typisches Kabel, wie es bei der Deutschen Bundespost zum Einsatz kommt. Es enthält neben den oben beschriebenen Bündelfasern auch noch eine zusätzliche Bündelader als Reserve sowie zwei oder vier Kupferadern. **Bild 4.14** zeigt eine Fotografie eines Lichtwellenleiteraußenkabels mit gefüllten Bündeladern.

Weitere modernere Techniken verwenden *Band-* und *Kammerkabel* [4.12, 4.21]. **Bild 4.15b** zeigte, wie beim Bandkabel mehrere Einzelfasern zu einem schmalen Bändchen aus Kunststoff-Folie zusammengefasst werden. Letztere stapelt man zu einem Paket und erhält dadurch eine hohe Packungsdichte. **Bild 4.15a** zeigt das

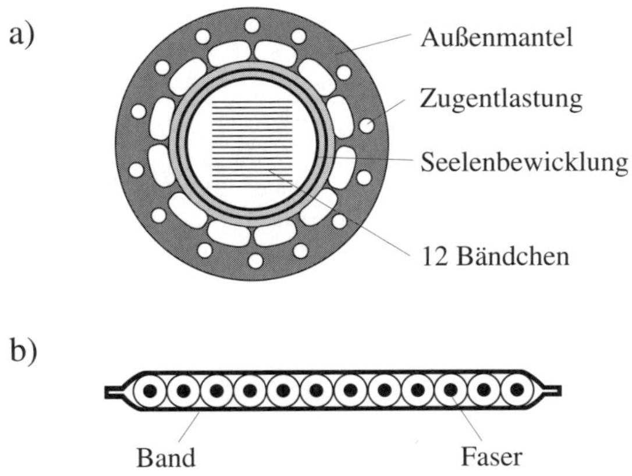

Bild 4.15 Aufbau eines Faserbandkabels (a) aus mehreren Faserbändchen (b) [4.12]

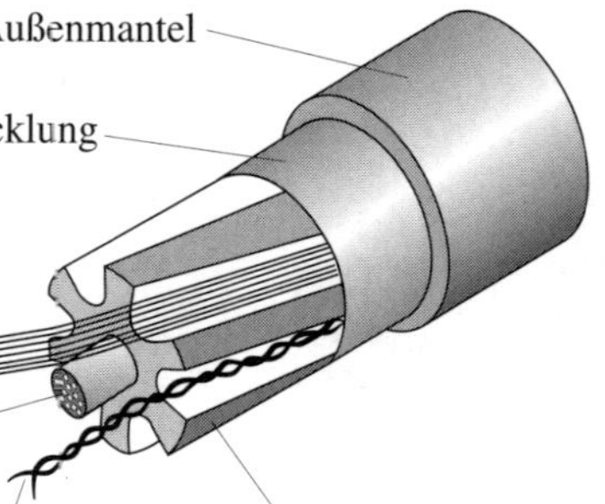

Bild 4.16 Aufbau eines Kammerkabels [4.12]

kreisförmig ummantelte Paket, ergänzt durch eine Seelenbewicklung und Zugentlastungen. Häufig werden 12 Fasern in einer Bändchenreihe angeordnet und dann zu einem 144er-Paket vereinigt. Für derartige Kabel ergeben sich Außendurchmesser von 15 mm bis 20 mm.

Beim Kammerkabel besteht die Kabelseele aus einem stabilen Kunststoffkern, in den helixförmige Nuten eingebracht sind (siehe **Bild 4.16**). Darin sind jeweils eine oder mehrere Fasern eingebettet.

5 Kopplungselemente für Lichtwellenleitersysteme

Wie bei den elektrischen Systemen besteht auch bei den optischen der Wunsch nach einem modularen Aufbau. Dies stellt besondere Anforderungen an die optischen Kopplungselemente. Der Aufwand ist im Vergleich zum elektrischen Analogon meist größer. Folgende Aufgaben sind im Einzelnen zu lösen (siehe **Bild 5.1**):

- Ankopplung einer Lichtquelle an einen Lichtwellenleiter,
- lösbare Verbindung zwischen Lichtwellenleitern (optische Stecker),
- bleibende Verbindung zwischen Lichtwellenleitern (optischer Spleiß),
- optische Verzweigungen (Koppler),
- optische Schalter und
- Ankopplung eines Lichtwellenleiters an eine Empfangsdiode.

5.1 Ankopplung einer Lichtquelle an einen Lichtwellenleiter

Die Güte einer solchen Ankopplung und der dafür notwendige Aufwand hängen stark vom Typ der verwendeten Lichtquelle und dem Lichtwellenleiter ab. Die Güte wird in erster Linie bewertet nach der erzielbaren Koppeleffizienz Lichtquelle – Faser. Die Einkoppeldämpfung D_{EK} soll also möglichst gering sein:

$$D_{EK} = -10\,\text{dB}\,\lg\left(P_F/P_L\right), \tag{5.1}$$

wobei:

P_L von der Lichtquelle abgegebene Leistung,
P_F in die Faser eingekoppelte Leistung.

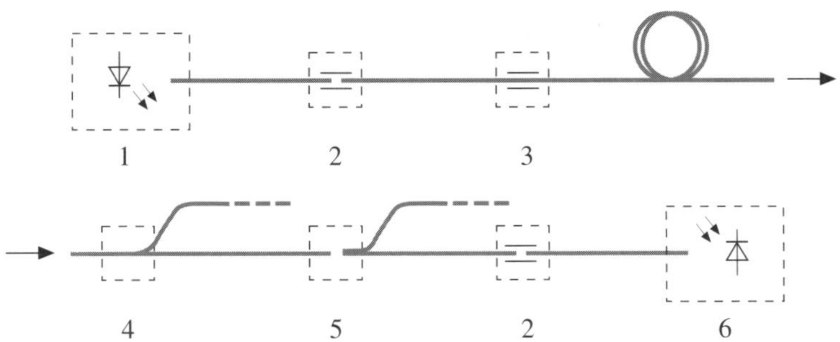

Bild 5.1 Kopplungselemente für Lichtwellenleitersysteme

Kommen Laser als Lichtquellen zum Einsatz, so spielt auch die Rückwirkung vom Koppelsystem auf den Laser eine Rolle [5.1 – 5.3]. Insbesondere bei kohärenten Systemen der optischen Übertragungs- bzw. Sensortechnik (vergleiche Abschnitt 9.3 und 10.2) muss die ungewollte Rückwirkung möglichst klein sein.

Für die Kopplung gilt in der Regel, dass die abgestrahlte Feldverteilung der Lichtquelle nicht mit der Feldverteilung übereinstimmt, welche die Faser aufnehmen kann. Eine dazwischengeschaltete Optik, das Koppelsystem, muss daher die notwendige Anpassung vornehmen. Bei Mehrmodenfasern mit ihren relativ großen Kerndurchmessern und großen numerischen Aperturen ist die Ankopplung einfach realisierbar, und die erzielbaren Koppeleffizienzen sind relativ groß. Die Betrachtungen lassen sich in diesen Fällen auch in guter Näherung mit der *Strahlenoptik* [5.4] (geometrischen Optik) durchführen. In der Strahlenoptik spricht man von optischer Abbildung. Die von einem Objektpunkt ausgehenden Strahlen vereinigen sich wieder im zugehörigen Bildpunkt. Man bildet in unserem Anwendungsfall die leuchtende Fläche der Lichtquelle auf den Kern der Faser ab. Die zugehörige *Listing'sche Konstruktion*, mit der die Abbildungsaufgabe auch zeichnerisch gelöst werden kann, zeigt **Bild 5.2**. Hierbei sind L die Objektgröße, also der Radius des Leuchtflecks der Lichtquelle (Vereinfachung, vergleiche Abschnitt 7.2), und L' die Bildgröße, also der Kernradius der Faser. Das optische System besitzt die Brennpunkte F bzw. F' und die Hauptebenen H bzw. H'. Lässt sich das System als dünne Linse ansehen, so fallen die Hauptebenen H und H' zusammen. Für den Abbildungsmaßstab β' gilt:

$$\beta' = L'/L \tag{5.2}$$

Objektgröße L und Bildgröße L' haben in Bild 5.2 unterschiedliches Vorzeichen, da sie von der optischen Achse aus gemessen werden (nach oben positiv, nach unten negativ). Eine derartige Abbildung nennt man auch *reelle Abbildung*. Die Lichtrichtung (im Allgemeinen von links nach rechts) wird als positive Richtung gewählt.

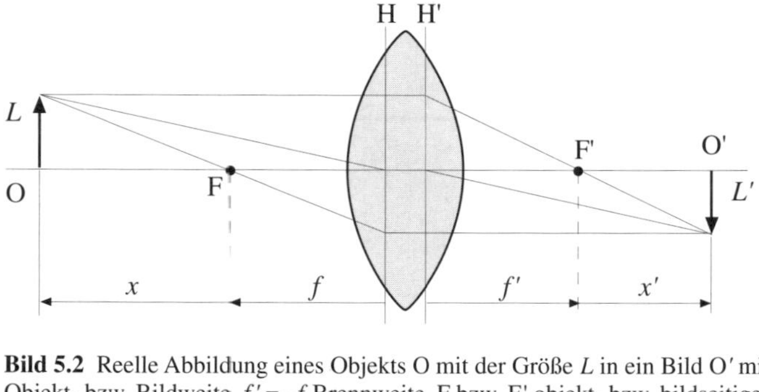

Bild 5.2 Reelle Abbildung eines Objekts O mit der Größe L in ein Bild O' mit der Größe L', x bzw. x' Objekt- bzw. Bildweite, $f' = -f$ Brennweite, F bzw. F' objekt- bzw. bildseitiger Brennpunkt und H bzw. H' objekt- bzw. bildseitige Hauptebene

Somit folgt $x < 0$ und $x' > 0$, wobei x die Entfernung vom Brennpunkt F zum Objektpunkt O und x' die Entfernung vom Brennpunkt F zum Bild O′ ist. Die Brennweite f' ist der Abstand zwischen Brennpunkt und Hauptebene. Aus Bild 5.2 folgen die *Newton'schen Formeln:*

$$\beta' = -x'/f' = f'/x \tag{5.3}$$

und

$$xx' = -f'^2 \tag{5.4}$$

Ist f' positiv, so handelt es sich um eine Sammellinse (siehe Bild 5.2); für negative Brennweiten erhält man eine Zerstreuungslinse. Die Begrenzung des maximalen Einfallswinkels in das optische System erfolgt durch eine Blende, die Aperturblende. Dies kann z. B. die Berandung des optischen Systems sein (siehe **Bild 5.3**). Die Transformation der Winkel vor bzw. hinter dem optischen System ist ebenfalls durch den Abbildungsmaßstab β' gegeben. Es gilt die *Abbe'sche Sinusbedingung:*

$$\beta' = \sin\delta / \sin\delta' \tag{5.5}$$

Mit Gl. (5.2) folgt somit:

$$L \sin\delta = L' \sin\delta' \tag{5.6}$$

Befindet sich das System in Luft, so ist $\sin\delta$ bzw. $\sin\delta'$ gerade identisch mit der numerischen Apertur vor bzw. hinter dem System:

$$L A_\mathrm{N} = L' A'_\mathrm{N} \tag{5.7}$$

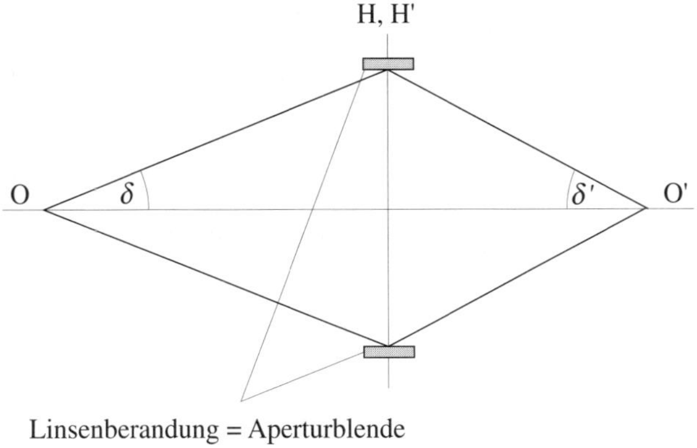

Bild 5.3 Numerische Apertur eines optischen Abbildungssystems, δ bzw δ' Winkel des ein- bzw. ausfallenden Lichtstrahls mit der optischen Achse

Es ist das Ziel der Koppelaufgaben, die leuchtende Fläche $A = L^2\pi$ auf die Fläche des Faserkerns $A' = L'^2\pi$ abzubilden. Mit Gl. (5.7) ergibt sich folgende *Verkettung* zwischen Flächen und numerischen Aperturen:

$$A\,A_N^2 = A' A_N'^2 \tag{5.8}$$

Häufig hat man das Problem der Verkleinerung (ausgenommen bei Laserdioden, vergleiche Abschnitt 7.2), da die leuchtende Fläche meist größer ist als die des Faserkerns.

Fläche und Abstrahlwinkel sind vorgegeben durch die Lichtquelle. Da δ' immer $< 90°$ ist, folgt für die numerische Apertur der Faser:

$$A_N' < 1 \quad \text{und} \quad \text{damit} \quad A' \geq A A_N^2$$

Will man eine verlustfreie Abbildung erzielen, so lautet somit eine Bedingung, dass die Faserkernfläche mindestens so groß sein muss wie das Produkt aus der Fläche und der numerischen Apertur zum Quadrat auf der Lichtquellenseite.

Bei Mehrmodenfasern wird auf Grund der großen Faserkernflächen und der großen numerischen Aperturen versucht, auch ohne optische Abbildung mit tolerierbaren Einkoppelverlusten auszukommen. Handelt es sich bei der Lichtquelle um einen Lambert'schen Strahler (vergleiche Abschnitt 7.2.1, $A_N = 1$) und kommt eine Stufenindexfaser zum Einsatz, so folgt für die Einkoppeldämpfung D_{EK} aus Gl. (5.8):

$$D_{EK} = -10\,\text{dB}\,\lg(A'/A) - 20\,\text{dB}\,\lg A_N' \qquad \text{für } A > A' \text{ und} \tag{5.9}$$

$$D_{EK} = 20\,\text{dB}\,\lg A_N' \qquad \text{für } A > A' \tag{5.10}$$

Bei Gradientenindexfasern sind die Koppelbetrachtungen wesentlich komplizierter, die numerische Apertur ist hierbei nach Gl. (3.7) im Gegensatz zur Stufenindexfaser von der radialen Position des leuchtenden Kegels abhängig (siehe Bild 5.8). Aus Gl. (3.7) und Gl. (3.8) folgt:

$$A_N(0) = A_{N\,max} \quad \text{und} \quad A_N(a) = 0 \tag{5.11}$$

In diesem Fall lassen sich folgende Ergebnisse für die Koppeldämpfung D_{EK} ermitteln [5.5]:

$$D_{EK} = -10\,\text{dB}\,\lg\left(A'/A\right) - 20\,\text{dB}\,\lg A_N' + 3\,\text{dB} \qquad \text{für } A > A' \text{ und} \tag{5.12}$$

$$D_{EK} = -10\,\text{dB}\,\lg\left(A_N'^2 - A_N'^2 A/2A'\right) \qquad \text{für } A < A' \tag{5.13}$$

Für den Fall, dass die leuchtende Fläche der Lichtquelle größer ist als die Faserkernfläche, folgt aus dem Vergleich von Gl. (5.9) mit Gl. (5.12), dass in eine Stufenindexfaser doppelt so viel Licht eingekoppelt werden kann wie in eine Gradientenindexfaser.

Die Gleichungen für die Einkoppeldämpfungen stellen nur eine Abschätzung hinsichtlich eines möglichen Bestwerts dar. Weitere Verluste durch falsche Anpassung der Feldverteilung durch Reflexionsverluste (s. u.) und durch Fehljustierung kommen hinzu.

Bei Einmodenfasern versagt die Beschreibung der Koppelaufgaben mit Hilfe der geometrischen Optik. Stattdessen muss die Gauß'sche Strahltaille (vergleiche Abschnitt 3.2) der Lichtquelle in die Gauß'sche Strahltaille der Faser transformiert werden. Als Lichtquellen kommen fast ausschließlich Halbleiterlaser zum Einsatz (s. u.).

Nimmt man an, dass sowohl die Emissionscharakteristik des Halbleiterlasers als auch Akzeptanzcharakteristik der Einmodenfaser durch rotationssymmetrische Gauß-Strahlen beschrieben werden kann, so hängt die Koppeleffizienz davon ab, wie gut sich die beiden Gauß-Strahlen überlappen [5.6].

Bild 5.4 zeigt die Abbildung von Gauß-Strahlen, hier die Abbildung der Strahltaille eines Halbleiterlasers in diejenige einer Einmodenfaser. Die Begrenzungslinien zeigen die $1/e^2$-Werte der Strahlweite in Ausbreitungsrichtung (siehe Gl. (3.20)) vor bzw. hinter der Abbildungslinse.

Eine LED (Oberflächenstrahler) ist ein Lambert-Strahler (vergleiche Abschnitt 7.2.1). Sie besitzt eine sehr große numerische Apertur. Die Einkoppeldämpfung einer solchen LED in eine Mehrmodenfaser ist daher im Vergleich zu Laserdioden, die eine wesentlich günstigere Abstrahlcharakteristik aufweisen, bereits relativ groß. Die

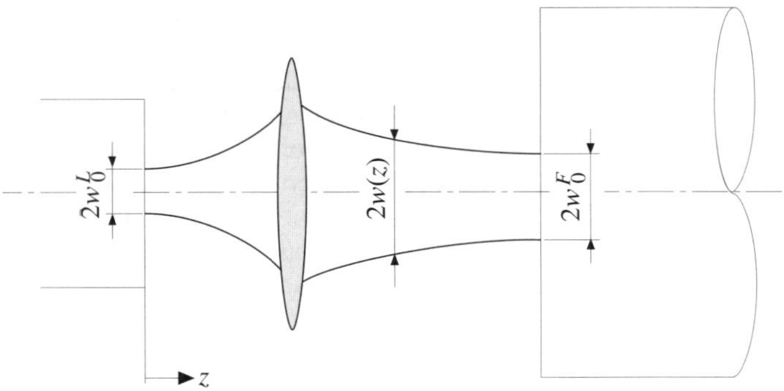

Bild 5.4 Abbildung eines Gauß-Strahls

w_0^L Laserstrahltaille

w_0^F Faserstrahltaille

$w_0(z)$ Strahltaille an der Stelle z

Bild 5.5 Steckverbinder und Diodenhalterungen für die Kopplung von LED mit Kunststoff-Fasern (auch für Empfangsdioden geeignet) [Foto: Hirschmann]

Einkopplung in eine Einmodenfaser ist wesentlich problematischer. Es können nur wenige µW optische Leistung – ausgehend von einigen mW der LED – in die Faser eingekoppelt werden. Dennoch gibt es Anwendungsfälle, bei denen man dies versucht (wenn eine besonders niedrige Kohärenz verlangt wird, vergleiche Abschnitt 10.2). Bei Kunststoff-Fasern mit Kerndurchmessern bis zu 1 mm und großen numerischen Aperturen dagegen können günstige Koppelwirkungsgrade erzielt werden, ohne dass aufwändige Kopplungssysteme notwendig werden (siehe **Bild 5.5**).

Als Einkoppelsysteme werden im Labor häufig Mikroskop-Objektive verwendet. In einem Lichtquellenmodul dagegen kommen Mikrolinsen, z. B. Kugellinsen, sowie Selfoc-Linsen zum Einsatz (siehe Bild 5.16). Häufig wird die abbildende Linse jedoch direkt auf das Faserende aufgebracht bzw. aus dem Faserende erzeugt. **Bild 5.6** zeigt einige dieser Koppeltypen [5.1, 5.3, 5.7, 5.8]. Die Koppeldämpfungen liegen, wenn Halbleiterlaser als Lichtquellen zum Einsatz kommen, bei Mehrmodenfasern bei etwa 1 dB, bei Einmodenfasern erhält man Bestwerte von etwa 2 dB [5.2]. Eine Verschlechterung bezüglich dieser Werte wird meist durch die Abstrahlcharakteristik der verwendeten Lichtquellen verursacht. Daher ist nicht nur die numerische Apertur entscheidend, sondern auch die Form der Feldverteilung, die häufig nicht der geforderten rotationssymmetrischen Gauß-Form entspricht (vergleiche Bilder 7.23 und 7.24 in Abschnitt 7.2.2).

Mit einem zweiseitigen Schrägschliff an der Stirnfläche von Mehrmodenfasern wird eine Symmetrie erzielt, die die Asymmetrie der Abstrahlcharakteristik von Halbleiterlasern (vergleiche Bilder 7.23 und 7.24) teilweise kompensiert [5.10]. Ein *Taper* (Verjüngung der Faser und damit auch des Faserkerns) bei Einmodenfasern bewirkt, dass am Faserende ein sehr kleiner Außendurchmesser entsteht. Nach dem Rund-

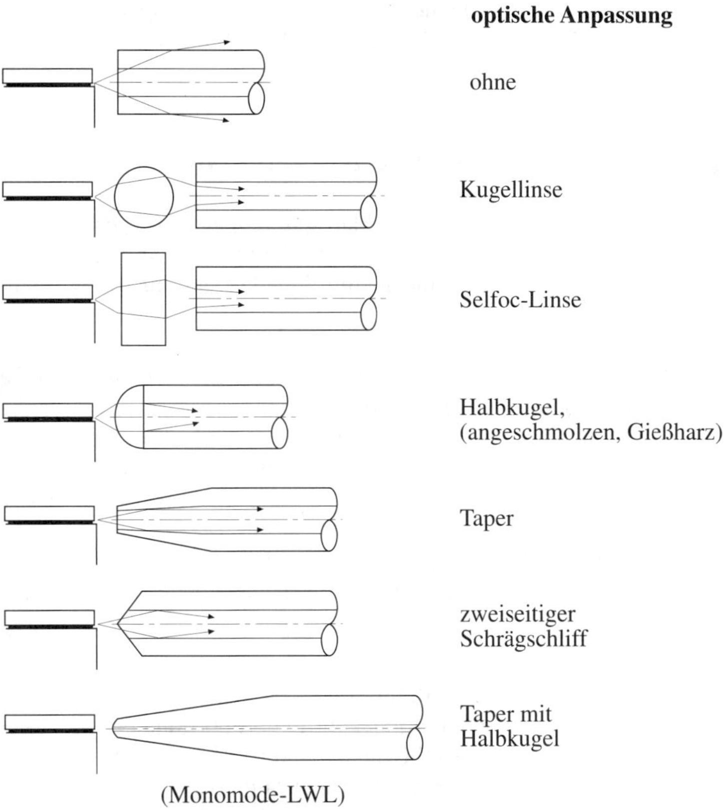

Bild 5.6 Verschiedene Koppeltechniken zur Kopplung des Lichts eines Halbleiterlasers in eine Glasfaser [5.9]

schmelzen des Endes entsteht eine Kugelfläche mit sehr kleinem Radius. Dadurch erzielt man eine Vergrößerung der numerischen Apertur der Faser und bewirkt eine Anpassung an die i. a. ebenfalls große numerische Apertur der Lichtquelle.

Beim Aufbau eines Lichtquellenmoduls kommt noch das Problem der Justierung und Fixierung hinzu. Bei Einmodenfasern bewirken Justierfehler in Lichtausbreitungsrichtung in der Größenordnung von einem mm bereits drastische Koppelverluste.

Senkrecht zur Ausbreitungsrichtung geschieht dies bereits im Submikrometerbereich. Ist die optimale Justierung gefunden, so muss die Faser relativ zur Lichtquelle fixiert werden; d. h., bei der Fixierung durch Kleben, Schweißen, Löten usw. darf sich die räumliche Lage nicht ändern. Dies stellt hohe Anforderungen an die Fixiertechnik. Darüber hinaus soll die Fixierung auch langzeitstabil und über einen gewissen Bereich auch temperaturstabil sein. Bei der Fixierung muss daher insbesondere darauf geachtet werden, dass keine mechanischen Spannungen entstehen, die später insbesondere bei Temperaturänderungen die Kopplung verändern. Symmetrische Anordnungen sind hierbei vorteilhaft.

5.2 Verkopplung von Wellenleitern untereinander

In der Praxis müssen die Lichtwellenleiter sehr häufig miteinander verbunden werden. Dies geschieht durch lösbare Verbindungen (optische Stecker) und durch bleibende Verbindungen (optische Spleiße). Eine ausführliche Darstellung dieses Sachgebiets findet sich in [5.11].

Fasst man die Fläche A als Kernfläche einer ankommenden Stufenindexfaser anstelle der leuchtenden Fläche der Lichtquelle auf und betrachtet entsprechend die numerische Apertur der ankommenden Faser, so kann man Gl. (5.8) auch für die *Stoßkopplung* von Fasern untereinander heranziehen. Eine verlustfreie Kopplung zwischen der ankommenden und der abgehenden Faser ist nur möglich, wenn das Produkt aus Fläche und numerischer Apertur zum Quadrat der abgehenden Faser mindestens so groß wie dasjenige der ankommenden ist.

Ist dies nicht der Fall, so ergibt sich die kleinstmögliche Koppeldämpfung mit den Daten A, A_N für die ankommende Faser und A', A'_N für die abgehende:

$$D_\mathrm{K} = -10\,\mathrm{dB}\,\lg\left(A'/A\right) - 20\,\mathrm{dB}\,\lg\left(A'_\mathrm{N}/A_\mathrm{N}\right) \tag{5.14}$$

Bringt man zwischen die Fasern eine Abbildungsoptik, so kann man zwar dort die Bildgröße der Faserkernfläche variieren, in umgekehrtem proportionalen Maß variiert man dabei dann allerdings den Abstrahlwinkel. Somit bleibt das Produkt aus leuchtender Fläche und dem Quadrat der zugehörigen numerischen Apertur konstant. Dies bedeutet, dass man die bestmögliche Koppeldämpfung entsprechend Gl. (5.14) durch Abbildung nicht weiter verbessern kann.

Mit Gl. (3.15) und Gl. (3.16) folgt außerdem aus Gl. (5.8):

$$A\,A_\mathrm{N}^2 = N\,\frac{\lambda^2}{2\pi} \quad \text{bzw.} \quad A'\,A_\mathrm{N}'^2 = N'\,\frac{\lambda^2}{2\pi} \tag{5.15}$$

Dabei ist N bzw. N' die Anzahl der ausbreitungsfähigen Moden in der ankommenden bzw. abgehenden Stufenindexfaser (vergleiche Abschnitt 3.2). Die minimale Koppeldämpfung kann somit auch durch einen Vergleich der Modenanzahlen ermittelt werden:

$$D_\mathrm{K} = -10\,\mathrm{dB}\,\lg\left(N'/N\right) \qquad \left(\text{mit } N' \le N\right) \tag{5.16}$$

Aus Gl. (5.16) folgt, dass es unmöglich ist, von einer Faser mit einer bestimmten Modenanzahl in eine zweite, mit geringerer Modenanzahl verlustfrei einzukoppeln. Es gibt keinen Modentrichter! In umgekehrter Richtung ist eine verlustfreie Kopplung (wenn man von anderen Effekten absieht) möglich. Gl. (5.16) gibt die bestmögliche Koppeldämpfung zwischen Fasern an; sie gilt auch für Gradientenindexfasern.

Haben die beiden zu verbindenden Stufenindexfasern unterschiedliche Flächen oder tritt ein seitlicher Versatz zwischen den Faserenden bei Stoßkopplung auf, so kommt es zu einer Fehlanpassung der für die Koppeleffizienzen bestimmenden Flächen. Man erhält eine Koppeldämpfung D_A (siehe **Bild 5.7a**):

$$D_A = -10 \text{ dB} \lg\left(A''/A\right) \tag{5.17}$$

wobei:

A Faserkernfläche der ankommenden Faser,

A'' gemeinsame Fläche von ankommender und abgehender Faser.

Stimmen die beiden numerischen Aperturen nicht überein, so ist die Raumwinkelüberlappung bestimmend für die Verringerung der Koppeleffizienz. Eine verlustfreie Kopplung ist nur möglich, wenn die numerische Apertur der abgehenden Faser (A'_N) größer als die der ankommenden (A_N) ist. Ist dies nicht der Fall, dann erhält man eine zusätzliche Koppeldämpfung D_{AN}:

$$D_{AN} = -20 \text{ dB} \lg\left(A'_N/A_N\right) \tag{5.18}$$

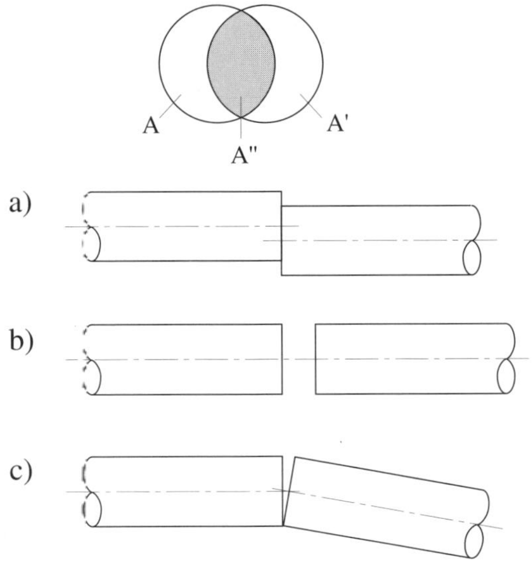

Bild 5.7 Fehlanpassungen bei der Stoßkopplung von Glasfasern

a) seitlicher Versatz

b) Zwangsabstand

c) Winkelfehler

Die gesamte minimale Koppeldämpfung ergibt sich somit aus der Summe von D_A und D_{AN}. Weitere Verluste kommen durch Zwangsabstände und durch Winkelfehler hinzu [5.11, 5.12] (siehe **Bild 5.7b** und **Bild 5.7c**).

Bei der Stoßkopplung von Gradientenindexfasern sind wie bei der Kopplung Lichtquelle – Faser die Koppelbetrachtungen auf Grund der sich mit dem Radius ändernden numerischen Apertur wesentlich komplizierter (siehe Gl. (5.11)).

Ein praktisches Hilfsmittel zur Bestimmung der Koppeleffizienz zwischen Gradientenindexfasern ist das *Phasenraumdiagramm* [5.13]. Darunter versteht man die grafische Darstellung der numerischen Apertur zum Quadrat als Funktion des Quadrats der Radialkoordinate (siehe **Bild 5.8**). Bei Stoßkopplung lässt sich die Koppeldämpfung von Gradientenfasern mit Hilfe derartiger Phasenraumdiagramme leicht grafisch bestimmen. **Bild 5.9** zeigt die Phasenraumdiagramme zweier Gradientenfasern mit verschiedenen Kernradien bzw. numerischen Aperturen. Für die minimale Koppeldämpfung von Faser 1 auf Faser 2 ergibt sich [5.13]:

$$D_K(1 \rightarrow 2) = -10\,\text{dB}\,\lg\left(A_3/A_1\right): \qquad (5.19)$$

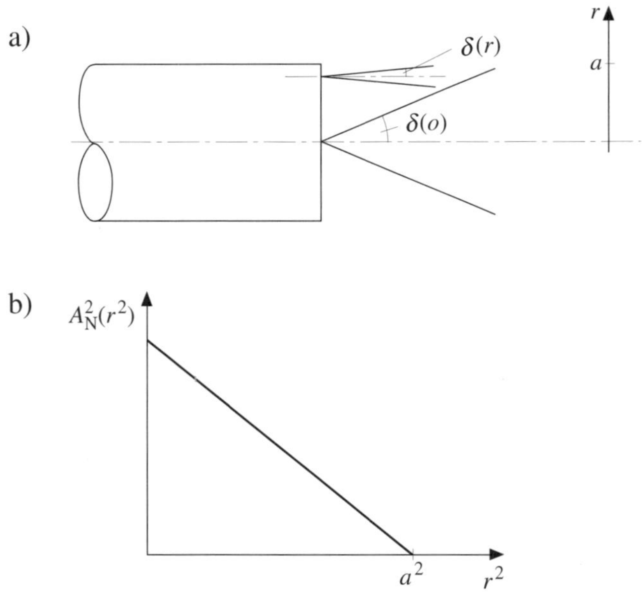

Bild 5.8 Numerische Apertur einer Gradientenfaser in Abhängigkeit von der Radialkoordinate r

A_N numerische Apertur

a Faserkernradius

a) Abstrahlwinkel δ

b) zugehöriges Phasenraumdiagramm

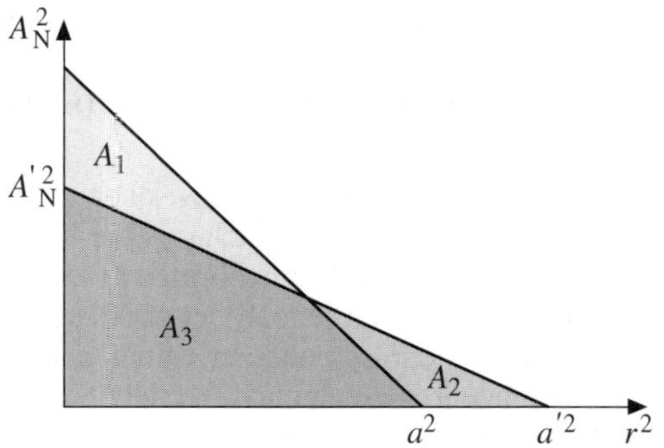

Bild 5.9 Phasenraumdiagramme zweier stoßgekoppelter Gradientenfasern zur Bestimmung der Koppeldämpfung

r	Radialkoordinate
A_N, A'_N	numerische Apertur
a, a'	Faserkernradius der beiden Fasern
A_1, A_2, A_3	Flächen im Phasenraumdiagramm

umgekehrt folgt von Faser 2 auf Faser 1:

$$D_K(1 \rightarrow 2) = -10\,\text{dB}\,\lg\left(A_3/A_2\right) \tag{5.20}$$

(A_1, A_2 und A_3 siehe Bild 5.9).

Bei Einmodenfasern muss die Berechnung wie bei der Laser-Faser-Kopplung mit Gauß-Strahlen durchgeführt werden. Die Koppeleffizienz hängt davon ab, wie gut die Gauß'schen Felder der beiden Fasern überlappen. Sie lässt sich mit Hilfe des zugehörigen Überlappungsintegrals berechnen [5.6]. Hieraus folgt für die Stoßkopplung zweier Einmodenfasern mit den zugehörigen Strahltaillen $w_1$und w_2:

$$D_K = -10\,\text{dB}\,\lg\frac{2w_1w_2}{w_1^2 + w_2^2} \tag{5.21}$$

Bei zusätzlichem seitlichem Versatz und bei auftretenden Zwangsabständen der beiden Fasern kommen weitere Verluste hinzu [5.14].

Außer den oben beschriebenen Verlusten kommen noch Verluste auf Grund der Fresnel-Reflexion (vergleiche Abschnitt 2.5) hinzu. Dies bedeutet für die häufig vorkommenden Glas-Luft-Übergänge pro Grenzfläche einen Verlust von mindestens 4 % (für senkrechten Lichteinfall) – also bei Stoßkopplung zweier Fasern mindestens 8 %. Setzt man noch Linsensysteme mit mehreren Grenzflächen zwischen die Fasern, so kann sich ein beträchtlicher Gesamtverlust auf Grund dieses Effekts aufsummieren. Dem kann man teilweise entgegenwirken, indem man Entspiegelungsschichten auf die Grenzflächen aufbringt [5.15]. Es kommt zu destruktiver Interferenz der unerwünschten Reflexion (vergleiche Abschnitt 2.2). Die Unterdrückung der Reflexion gelingt allerdings nicht vollständig, verbleibende Reflexionskoeffizienten von etwa 1 % pro Grenzfläche sind in der Praxis mit vertretbarem Aufwand realisierbar.

Eine weitere Möglichkeit, das Problem zu mindern, besteht darin, zwischen zwei benachbarten Grenzflächen, also z. B. zwischen zwei Faserstirnflächen, eine Flüssigkeit mit möglichst gut angepasster Brechzahl ($n \approx 1{,}457$) einzubringen (*index-matching*). Dies lässt sich im Labor gut anwenden, kommt jedoch bei praktischen Systemen kaum zum Einsatz, da nach einiger Zeit die Faserenden zu reinigen sind oder die Flüssigkeit verloren gegangen ist und erneuert werden muss. Bestehen zwei zu verbindende Lichtwellenleiter aus Materialien mit verschiedenen Brechzahlen, so erhält man für die optimale Brechzahl der Flüssigkeit [5.15]:

$$n_{\mathrm{Fl}} = \sqrt{n_1 \, n_2} \qquad (5.22)$$

wobei:

n_1 Brechzahl des Lichtwellenleiters vor der Kopplung,

n_2 Brechzahl des Lichtwellenleiters nach der Kopplung.

Eine dritte Möglichkeit ist, eine optische Koppelstelle zu realisieren, bei der der Kernbereich der Faserendfläche einen Abstand $< \lambda/2$ aufweist. In diesem Fall erfolgt keine Reflexion an den beiden Grenzflächen, das Licht tunnelt über den schmalen Spalt verlustfrei in die zweite Faser [5.16]. Diese Technik stellt allerdings hohe Anforderungen an die Ebenheit und an die 90°-Winkellage der Faserendflächen.

5.2.1 Optische Spleiße

Die am häufigsten vorkommende Kopplung zwischen Lichtwellenleitern ist die nicht lösbare optische Verbindung, der *Spleiß* (splice) [5.11]. Eine Möglichkeit hierbei ist die Verwendung von Klebetechniken. Es kommt ein transparenter Kleber zum Einsatz, dessen Brechzahl möglichst nahe an die der Lichtwellenleiter herankommen soll (vergleiche Gl. (5.22)). Diese Technik wird insbesondere bei Kunststoff-Fasern angewandt, kommt aber zum Teil auch bei Glasfasern zum Tragen. Bei den Verfahren für Glasfaserverbindungen ist weltweit die *Lichtbogenschweißtechnik* am weitesten verbreitet. Dazu werden die Fasern zunächst mit einer Abisolierzange (wie in der Elektrotechnik) vom Sekundärcoating befreit (nur bei der Festmanteltechnik erforderlich), anschließend wird die auf der Faser befindliche Schutzschicht, das Primärcoating, entfernt. Bei einem Weichcoating geschieht letzteres durch Abziehen mit einer Nylonfadenschlinge, bei den heute stärker verbreiteten Hartcoatings müssen Lösungsmittel eingesetzt werden [5.11]. Um niedrige Dämpfungen an der Koppelstelle zu erzielen, sind ebene 90°-Stirnflächen erforderlich. Zur Herstellung derartiger Faserendflächen verwendet man spezielle Schneidemaschinen. Eine einfache Möglichkeit zur Endflächenpräparation ist, die Faser mit einem Diamanten anzurit-

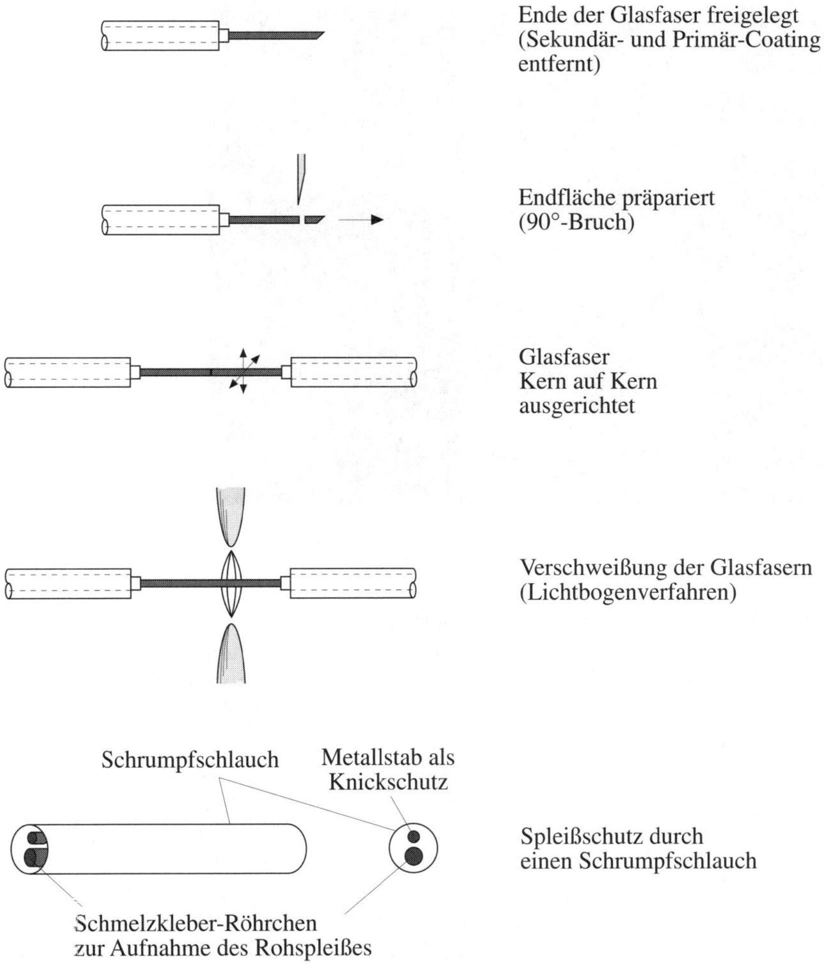

Bild 5.10 Lichtbogenverschweißtechnik für Glasfaserspleiße

zen und unter definierter Zugspannung torsionsfrei zu brechen (siehe **Bild 5.10**). So entstehen Brüche mit Winkelfehlern von kleiner 1° und hoher Oberflächengüte [5.11]. Eine Alternative hierzu stellen Schleif- und Polierverfahren dar.

Für die o. g. Koppeltechniken werden im Labor Manipuliereinrichtungen benötigt, an die insbesondere bei Einmodenfasern hohe Anforderungen gestellt werden. In Richtung der Faserachse ist eine Auflösung von etwa 1 µm erforderlich, senkrecht zur Faserachse liegen die Anforderungen sogar im Submikrometerbereich.

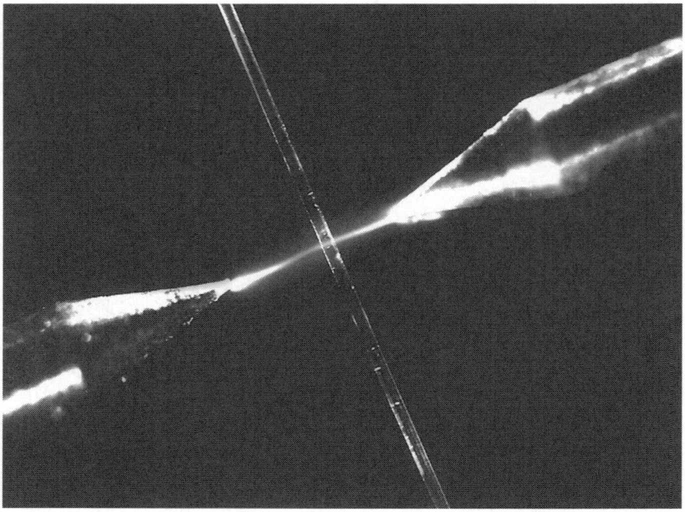

Bild 5.11 Lichtbogenverschweißung einer Glasfaser [Foto: Siemens]

Die von der Lackschicht befreiten, präparierten und ausgerichteten Faserenden werden bei etwa 2300 °C ohne zusätzliche Hilfsmittel direkt miteinander verschweißt (siehe **Bild 5.11**). Um die Spleißstellen zu sichern, werden diese und die sie umgebenden frei liegenden Fasern anschließend mit einem Spleißschutz versehen [5.11], z. B. mit einem Schrumpfschlauch (siehe Bild 5.10). Spleiße bewirken eine Dämpfungserhöhung einer Faserstrecke im Vergleich zu einer spleißfreien Strecke und erniedrigen auch die Zugfestigkeit. Bei dieser Verbindungstechnik entfallen bei Fasern mit gleichen Brechzahlen die Reflexionsverluste, da nach dem Spleißvorgang keine Stoßstelle mehr existiert. Bei einem guten Spleiß ist die Spleißstelle mit einem normalen Lichtmikroskop nicht mehr zu erkennen. Es lassen sich mit derartigen Spleißverfahren im Labor Koppeldämpfungen unter 0,01 dB auch für Einmodenfasern realisieren. Typische Werte, die im Kabelschacht erzielt werden, liegen unter 0,2 dB [5.9, 5.11].

5.2.2 Optische Stecker

Insbesondere am Anfang und am Ende einer optischen Übertragungsstrecke benötigt man eine lösbare optische Verbindung, einen optischen Stecker [5.11]. Man unterscheidet zwischen Steckern mit direkter Stirnflächenkopplung (siehe **Bild 5.12**) und so genannten Linsensteckern, bei denen ein optisch abbildendes System zwischen die Fasern gebracht wird (siehe **Bild 5.13** und **Bild 5.14**). Anforderungen an einen optischen Stecker sind neben geringen Koppeldämpfungen wie beim Spleiß die beliebig häufige Lös- und Steckbarkeit. Außerdem sollen die Stecker gegen andere

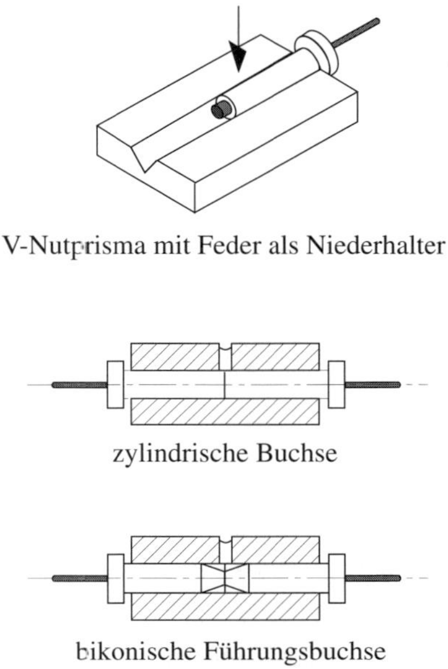

Bild 5.12 Ausführungsbeispiele optischer Stecker [5.11]

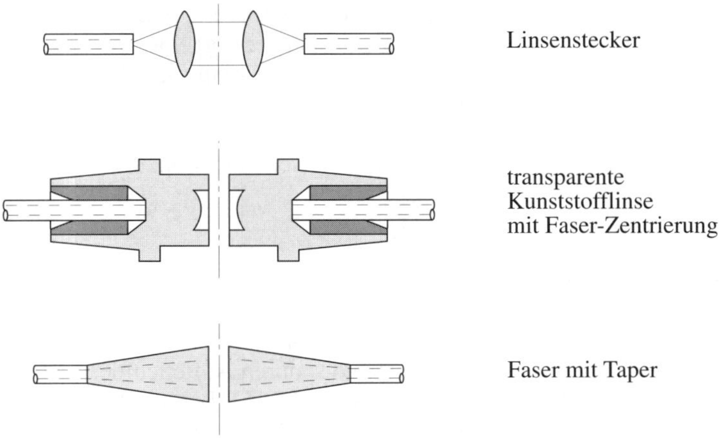

Bild 5.13 Optische Stecker mit Strahlaufweitung [5.11]

Bild 5.14 Lichtwellenleiter-Linsensteckverbinder [Foto: ANT Bosch Telecom]

austauschbar sein, ohne dass gravierende Dämpfungsänderungen entstehen. Auch nach einer Vielzahl von Steckzyklen muss der Dämpfungswert reproduzierbar sein. Bei Temperaturänderungen auch über einen größeren Bereich soll die Dämpfungsänderung in engen Grenzen gehalten werden.

Beim Aufbau eines Steckers wird zunächst eine Ausrichtung der Fasern (bzw. der Linsen) vorgenommen. Die optimale Justierung erfolgt entweder durch Messung der transmittierten Leistung oder durch Zentrierung der Fasern nach der Lage der Kerne (Kernsichtbarmachung). Manchmal genügt auch eine Zentrierung nach den Außendurchmessern der Fasern. Ist die optimale Lage gefunden, erfolgt eine Fixierung der Fasern in einer entsprechenden Haltevorrichtung. Die Fixierung geschieht in der Regel durch Verwendung geeigneter Kleber. Es werden auch Faserenden metallisiert, so dass Löttechniken zum Einsatz kommen können. Sowohl bei Mehrmodenfasern als auch bei Einmodenfasern erreicht man Dämpfungswerte unter 0,2 dB [5.11].

5.2.3 Optische Koppler

Für bidirektionale Übertragungssysteme (vergleiche Abschnitt 9.2), bei denen nur eine Faser verwendet werden soll, benötigt man optische Koppler [5.17, 5.18]. Man unterscheidet zwischen *Endflächen-* und *Oberflächenkopplern*. Die Endflächenkopplung (Stirnflächenkopplung) geschieht entweder durch Aufteilen der Wellenfront oder durch Aufteilung der Amplituden (siehe **Bild 5.15**). Bei der Wellenfrontteilung bewirkt die räumliche Anordnung der Ausgangsfasern die Teilung. Bei der Amplitudenteilung sorgt ein teildurchlässiger Spiegel dafür, dass nur ein Teil durch den Spiegel transmittiert und einer nachfolgenden Faser zugeführt, während ein

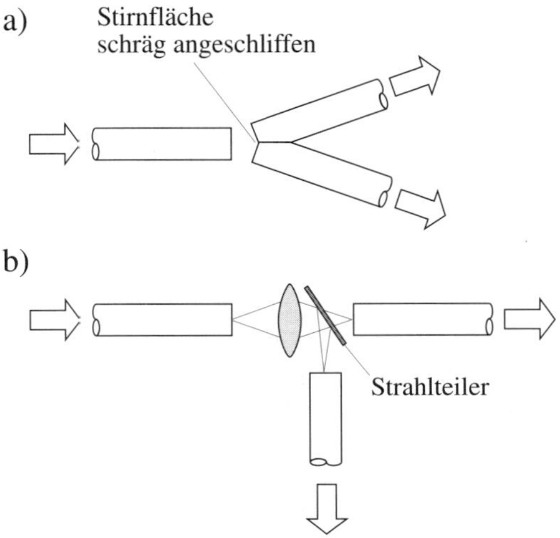

Bild 5.15 Endflächenkopplung durch Teilung der Lichtwelle
a) Leistungsteilung durch Wellenfrontteilung
b) Leistungsteilung durch Amplitudenteilung

zweiter Teil am Spiegel reflektiert und dann in eine zweite Faser eingekoppelt wird. Die Fasern müssen bei diesem Kopplertyp entsprechend justiert und fixiert werden. Soll die Kopplung effizient sein, so muss ein optisches Abbildungssystem eingebracht werden. Diese Abbildungssysteme werden häufig durch einfache *Selfoc-Linsen* [5.19] (siehe **Bild 5.16**) realisiert. Es handelt sich hierbei um ein Stück eines optischen Stabs mit parabolischem Brechzahlprofil, vergleichbar dem Profil einer Gradientenfaser. Ein solches Element wirkt in erster Näherung wie eine optische Linse aus einheitlichem Material mit verschiedener Dicke (vergleiche Bild 5.2). Bei

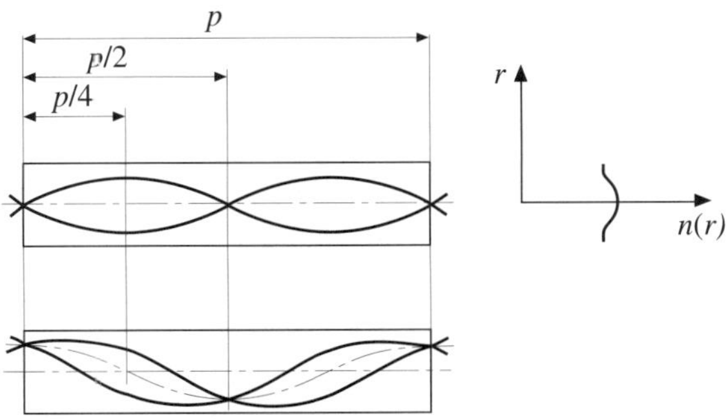

Bild 5.16 Selfoc-Linse, p pitch, Brechzahl n als Funktion der Radialkoordinate r

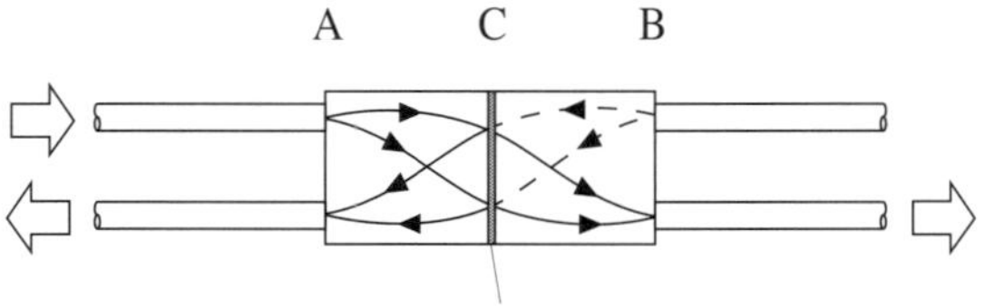

Bild 5.17 Vier-Tor-Anordnung durch Selfoc-Linse und Amplitudenteilung

der Selfoc-Linse ist die Dicke konstant, jedoch ändert sich die Brechzahl. In beiden Fällen wird daher das Produkt aus Dicke × Brechzahl n variiert. Bei geeigneter Länge der Selfoc-Linse wird ein Objekt an der Stelle A (siehe **Bild 5.17**) an die Stelle B mit dem Abbildungsmaßstab $\beta' = -1$ abgebildet (Strecke AB = $p/2$). Die Länge p nennt man den pitch der Selfoc-Linse. Mit derartigen Selfoc-Linsen lassen sich 4-Tor-Anordnungen realisieren (siehe Bild 5.17), wenn man an die Stelle C einen teildurchlässigen Spiegel anbringt.

Den Nachteil der Abbildung vermeiden die Oberflächenkoppler. In diesem Fall wird der Fasermantel von zwei Fasern über einem bestimmten Bereich teilweise entfernt. Dies geschieht durch *Schleif-* oder *Ätztechniken*. Die Faseroberflächen werden dann direkt aufeinander justiert und fixiert [5.20, 5.21].

Alle obigen Koppeltechniken benötigen aufwändige Justier- und Fixiertechniken, insbesondere sind in diesen Fällen auch die Temperatur und die Langzeitstabilität ein Problem. Bessere Erfahrungen macht man mit der Herstellung eines *Schmelzkopplers* [5.18, 5.22, 5.23] (siehe **Bild 5.18** und **Bild 5.19**). Hierbei werden die zu verkoppelnden Fasern zunächst miteinander verschmolzen und anschließend durch Ausziehen verjüngt (to taper). Durch die Verjüngung der ankommenden Faser greift das optische Feld stärker in den Mantelbereich hinein und kann dann über den Mantel der zweiten Faser in deren Kern einkoppeln. Bei der Auswahl der Fasern muss allerdings darauf geachtet werden, dass im Mantelbereich keine weitere Brechzahlerhöhung auftritt, wie z. B. bei einer dispersionsgeglätteten Faser [3.2], da diese

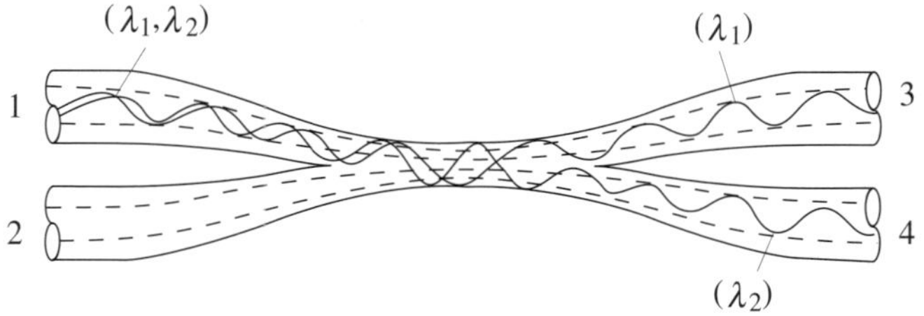

Bild 5.18 Vier-Tor-Anordnung durch Oberflächenkoppler; bei großer Wechselwirkungslänge entsteht Wellenlängenselektivität (λ_1 bzw. λ_2) [5.24]

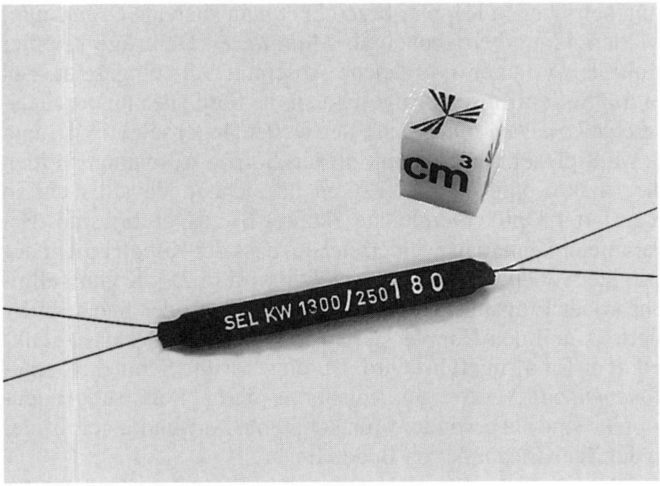

Bild 5.19 Wellenlängenselektiver Einmodenfaser-Verschmelzkoppler [Foto: SEL-Alcatel]

Brechzahlerhöhung vom optischen Feld als dritter Wellenleiter angesehen wird, d. h., es erfolgt zwar eine Überkopplung von der ankommenden Faser in den Mantelbereich bis zum Bereich der höheren Brechzahl. Ein weiteres Überkoppeln in die zweite Faser wird jedoch verhindert. Man benötigt also Fasern mit entsprechend angepasster Mantelbrechzahl (matched cladding). Nach dem Schmelzvorgang erhält man eine dauerhafte Verbindung wie bei einem Spleiß. Solche Koppler weisen deshalb ein ausgezeichnetes Temperatur- und Langzeitverhalten auf.

Mit dieser Technik lassen sich sowohl Koppler für Mehrmoden- als auch für Einmodenfasern realisieren. Koppelverluste unter 0,5 dB sind möglich; das Aufteilungsverhältnis ist in weiten Teilen variierbar, je nachdem wie stark man die Faser verjüngt bzw. wie dicht man die Kerne zusammenbringt.

Bei Einmodenfasern bieten sich zusätzlich interessante Möglichkeiten:

Durch das Aneinanderbringen und anschließende Verschmelzen der Fasern zu derartigen Oberflächenkopplern entsteht eine bestimmte Berührungslänge der Faserkerne. Ist die Berührungslänge groß, so tunnelt das Licht zwischen den beiden Fasern vielfach hin und her. Dieser Prozess ist wellenlängenabhängig. Für große Tunnelungszahlen ergibt sich damit eine *Wellenlängenselektivität* [5.23]. Eine optische Welle mit der Wellenlänge λ_1 verlässt diesen Koppler bei geeigneter Dimensionierung am Ausgangstor 3 (siehe Bild 5.18), während eine andere Welle mit der Wellenlänge λ_2 dem Ausgangstor 4 zugeführt wird. Sind in der ankommenden Faser beide Lichtwellen vorhanden, so sind sie anschließend räumlich getrennt.

Umgekehrt kann man mit einem solchen Koppler Licht mit den Wellenlängen λ_1 bzw. λ_2 in die Tore 3 und 4 einkoppeln und gemeinsam am Tor 1 wieder auskoppeln.

Den in Vorwärtsrichtung betriebenen Koppler bezeichnet man auch als *Demultiplexer* und den in Rückwärtsrichtung betriebenen als *Multiplexer.* Derartige Koppler werden deshalb in Multiplexsystemen (vergleiche Abschnitt 9.2) eingesetzt. Bei abbildenden Systemen mit Selfoc-Linsen bringt man an die Stelle des teildurchlässigen Spiegels einen *dielelektrischen Spiegel* an, der wellenlängenselektiv ist, und erzielt somit ebenfalls Multiplexer bzw. Demultiplexer. Solche Aufbauten werden auch als bulk-optische (makro-optische) Aufbauten bezeichnet, da sie nicht in Faseroptik oder in integrierter Optik (vergleiche Kapitel 6) ausgeführt sind. Bei geeigneter Wahl der Parameter kann man auch erreichen, dass der Koppler nicht nur wellenlängenselektiv, sondern auch *polarisationsselektiv* wird [5.25]. Kommt elliptisch polarisiertes Licht in der Eingangsfaser an, so verlässt z. B. der linear in der Zeichenebene polarisierte Anteil den Koppler zum Tor 3, während der dazu senkrecht polarisierte Anteil dem Tor 4 zugeführt wird. Durch verdrillte Schmelzkoppler lassen sich *polarisationsneutrale* Verzweiger realisieren [5.26]. Polarisationsneutrale und selektive Koppler sind insbesondere für kohärente Anwendungen in der Übertragungs- bzw. in der Sensortechnik von Bedeutung.

Für die optische Nachrichtentechnik werden in Ortsnetzen nicht nur Zwei-Punkt-Verbindungen, sondern lokale Netze benötigt, so genannte *LAN* (Local Area Networks). Für dieses Anwendungsgebiet benötigt man Koppler, die das Licht einer ankommenden Faser auf eine Vielzahl von Ausgangsfasern verteilt. Man nennt diese Koppler *Sternkoppler.* Dazu verschmilzt man eine Vielzahl von Fasern an einer Stelle und erhält einen Transmissionssternkoppler. Es kann auch an der Schmelzstelle abgeschnitten werden und durch Anbringen eines Spiegels ein Reflexionssternkoppler realisiert werden (siehe **Bild 5.20**). Die Aufteilung in eine Vielzahl von Fasern kann auch durch Hintereinanderschalten von 2 × 2-Kopplern realisiert werden. Diese Technik kommt insbesondere bei Einmodenfasern zum Einsatz [5.27].

a)

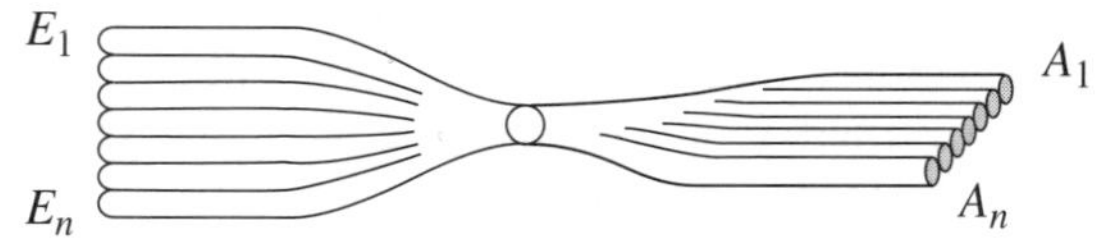

b)

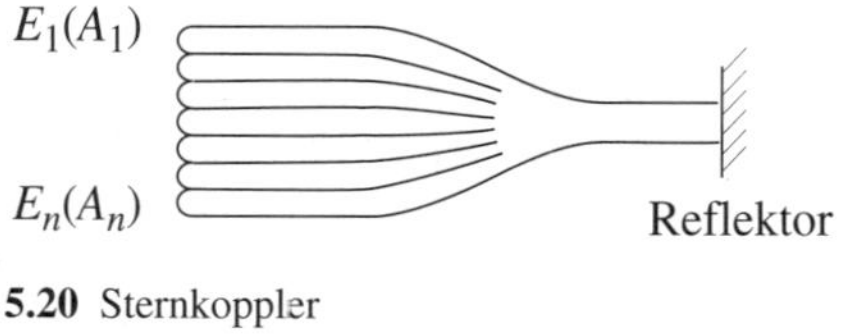

Bild 5.20 Sternkoppler

E_i Eingänge
A_i Ausgänge
a) Betrieb in Transmission
b) Betrieb in Reflexion

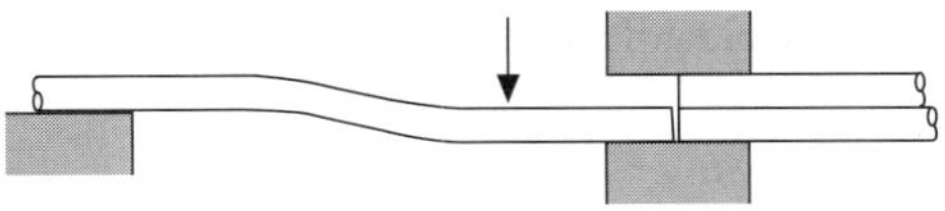

Bild 5.21 Glasfaseranordnung in einem faseroptischen Umschalter [5.28]

5.2.4 Optische Schalter

Mit Glasfasern lassen sich auch optische Schalter herstellen (siehe **Bild 5.21**) [5.28]. Die Bewegung einer ankommenden Mehrmodenfaser erfolgt elektromechanisch in Abwandlung eines elektrischen Relais. Die Schaltzeiten liegen jedoch auf Grund der mechanischen Anordnung bei einigen Millisekunden. Derartige Techniken sind für schnelle Schalter daher nicht verwendbar. Sie können lediglich für Monitorzwecke eingesetzt werden. Werden schnelle optische Schalter benötigt, so kommen integriert optische Techniken zum Einsatz (siehe Abschnitt 6.2).

5.3 Ankopplung des Lichtwellenleiters an eine Empfangsdiode

Das letzte optische Glied einer Übertragungsstrecke stellt die Fotodiode dar. Die Kopplung des Lichts von der Faser auf die Diode ist im Allgemeinen unproblematisch, da in der Regel die Detektorfläche größer als die Faserendfläche ist. Dies gilt nicht mehr für schnelle Fotodioden, insbesondere wenn Mehrmodenfasern zum Einsatz kommen. Für hochbitratige digitale Übertragungssysteme ist der Einsatz von Fotodioden mit einer möglichst kleinen Sperrschichtkapazität erforderlich, die zusammen mit dem erforderlichen Lastwiderstand des nachfolgenden Verstärkers die obere Grenzfrequenz bestimmt (vergleiche Abschnitt 8.2). Dies bedingt, dass die Diodenfläche möglichst klein sein muss und bringt damit hinsichtlich der Faserankopplung Probleme mit sich.

Durch Rundschmelzen des Faserendes mit einem elektrischen Lichtbogen erzielt man eine Linsenwirkung (vergleiche Bild 5.5). Dies ermöglicht eine wirkungsvolle Bündelung auf die aktive Fläche der Diode (siehe **Bild 5.22**) Gegenüber der stumpfen Ankopplung wird nicht nur ein wesentlich besserer Ankoppelwirkungsgrad erzielt, auch die Justiertoleranzen werden beträchtlich vergrößert.

Für noch schnellere Dioden sind die Detektorflächen noch kleiner; typische Werte der Durchmesser liegen bei 30 µm bis 50 µm. In diesem Fall kommt als Koppelfaser nur noch eine Einmodenfaser in Betracht, die auf Grund der hohen Datenraten ohnehin dem Problem besser angepasst ist. Bei Einmodenfasern genügt es häufig, die Faserendfläche durch Brechen herzustellen. Auch hier muss das Auftreten der Fresnel-Reflexion berücksichtigt werden; diese wird teilweise unterdrückt, indem die

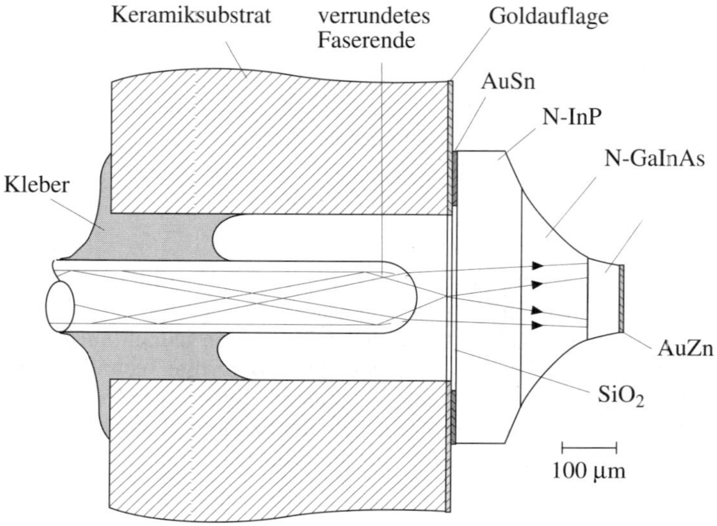

Bild 5.22 Ankopplung einer Stufenindexfaser 100/140 μm an eine quaternäre PIN-Fotodiode mit einer aktiven Fläche mit einem Durchmesser von etwa 100 μm

Faser mit Hilfe eines transparenten Klebers direkt auf die Fotodiode geklebt wird. Die erzielbaren Koppeldämpfungen sind bestimmt durch die auftretenden Fresnel-Verluste. Soll insbesondere eine Rückreflexion in die Faser vermindert werden, z. B. um Rückwirkungen auf den Laser zu verhindern, so erreicht man dies durch Anbringen von schiefen Brüchen am Faserende. Es entstehen dann zwar noch größere Fresnel-Verluste, das reflektierte Licht kann aber nicht mehr effizient im Faserkern geführt werden, es dringt in den Mantel ein [5.29].

6 Integriert-optische Bauelemente

Integriert-optische Bauelemente [6.1, 6.2] werden häufig in aktive und passive Bauelemente unterteilt. Bei den aktiven Bauelementen handelt es sich um optoelektrische Wandler, also optische Lichtquellen und -senken, oder um optisch verstärkende Elemente auf Halbleiterbasis. Diese aktiven Bauelemente werden in Kapitel 7 behandelt, Kapitel 6 beschränkt sich im Wesentlichen auf die passiven Bauelemente. Die Passivität bezieht sich hierbei auf die Generation und Rekombination von Ladungsträgern im Zusammenhang mit Photonenerzeugung bzw. -vernichtung. Im Sinne der Beeinflussung der optischen Eigenschaften einer Lichtwelle sind sie jedoch aktiv.

Beeinflusst werden können Amplitude, Frequenz, Phase und Polarisation einer Lichtwelle. Das Ziel der integrierten Optik ist wie beim elektrischen Analogon, dem integrierten Schaltkreis, eine möglichst hohe Anzahl von optischen Bauelementen mit verschiedener Funktion auf kleinstmöglichem Raum unterzubringen. Die Integration ist allerdings noch nicht weit fortgeschritten. Als Einzelelemente sind zwar schon viele realisiert, Kombinationen sind jedoch kaum anzutreffen. Dies gilt insbesondere für eine Kombination aus aktiven und passiven Bauelementen. Als Substratmaterialien kommen für aktive Bauelemente quaternäre Verbindungen aus III-V-Elementen zum Einsatz: Gallium, Aluminium, Arsen, Indium, Phosphor (vergleiche Abschnitt 7.1) sowie Glas, Quarz, Lithiumtantalat und *Lithiumniobat* ($LiNbO_3$) für passive Bauelemente [6.3, 6.4]. Letzteres ist das am häufigsten vorkommende und vom heutigen Stand der Technologie am besten beherrschbare Substratmaterial für passive optische Bauelemente.

Lithiumniobat als Substrat ist für eine Vielzahl von Aufgaben gut geeignet, da es einer ganzen Reihe von physikalischen Effekten unterliegt: Elektro-optische Effekte (z. B. Kerr-Effekt), magneto-optische Effekte (z. B. Faraday-Effekt) und akustooptische Effekte. Lithiumniobat ist stark doppelbrechend; viele Effekte sind außerdem temperaturabhängig, was für bestimmte Anwendungsfälle große Probleme mit sich bringt.

6.1 Integriert-optische Wellenleiter

Das einfachste Bauelement ist ein integriert-optischer Wellenleiter [6.5 – 6.8]. **Bild 6.1** zeigt eine vereinfachte Darstellung des Herstellungsprozesses. Dazu wird ein Lithiumniobatsubstrat durch Aufdampfen oder Aufsputtern mit einer Titan (Ti)-

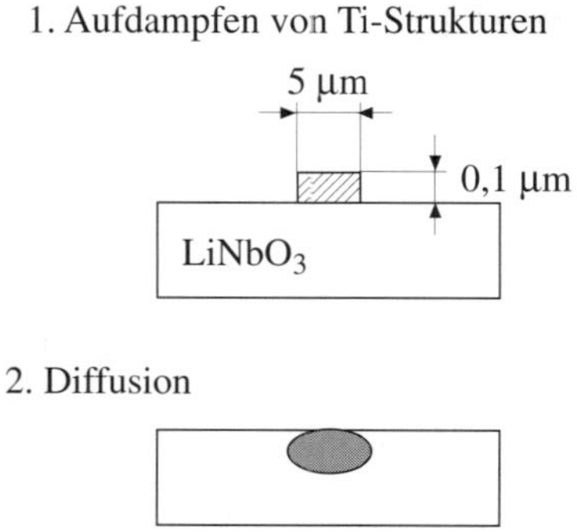

Bild 6.1 Herstellung eines integriert-optischen Wellenleiters
Ti Titan
$LiNbO_3$ Lithiumniobat

Beschichtung versehen. Durch fotolithografische Technik erhält man die gewünschte Wellenleiterstruktur, in diesem Fall einen geraden Streifen in der Mitte der Substratoberfläche (siehe **Bild 6.2**). Anschließend kommt das Bauelement mehrere Stunden in einen Diffusionsofen bei etwa 1000 °C. Der Titanstreifen diffundiert in das Lithiumniobatsubstrat ein. Dies bewirkt eine Erhöhung der Brechzahl in diesem Streifen gegenüber der Umgebung; d. h., es entsteht ähnlich wie bei der Glasfaser (vergleiche Abschnitt 3) ein optischer Wellenleiter. Wählt man unter Berücksichtigung der Lichtwellenlänge die Diffusionstiefe und die Streifenbreite klein genug, so wird der Strukturparameter $V \leq 2{,}405$; d. h., der Wellenleiter ist einmodig (eigentlich zweimodig, wenn man die Polarisation berücksichtigt).

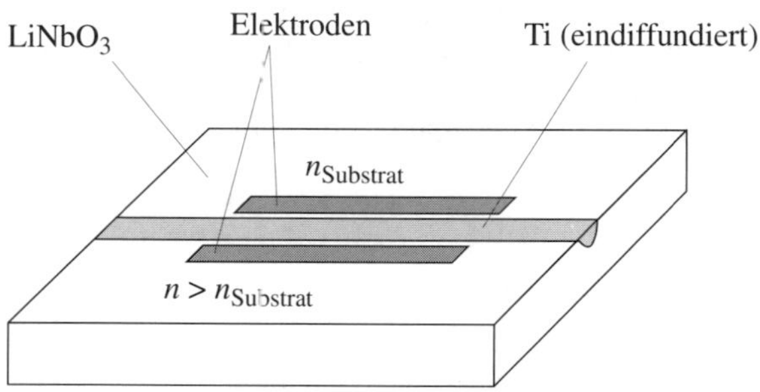

Bild 6.2 Integriert-optischer Phasenmodulator, n Brechzahl

6.2 Integriert-optische Modulatoren

Bringt man an beiden Seiten des Wellenleiters Elektroden an (siehe Bild 6.2), so kann man durch Anlegen einer elektrischen Spannung ein elektrisches Feld erzeugen, in dessen Bereich sich der Wellenleiter befindet. Dies bewirkt durch den elektro-optischen Effekt eine Änderung der Brechzahl (Δn) und damit eine Änderung der Phase $\Delta \Phi$ des im Wellenleiter geführten Lichts:

$$\Delta \Phi = 2\pi \, L \, \Delta n / \lambda \tag{6.1}$$

Somit lässt sich die Phase des Lichts mit Hilfe der angelegten Spannung modulieren. Man erhält einen *integriert-optischen Phasenmodulator* [6.9]. Zur Herstellung der Elektroden wird das Lithiumniobatsubstrat nach der Diffusion mit einer Gold- oder Aluminiumschicht bedampft. Die Strukturierung erfolgt ebenfalls durch fotolithografische Prozesse. Die elektrische Kontaktierung der Elektroden geschieht durch Anbringen von Golddrähten durch Bondtechniken.

Teilt man einen ankommenden Wellenleiter in zwei Arme auf und führt sie anschließend wieder zusammen, so kommt es zu einer Interferenz der in den beiden Armen geführten Lichtwellen (vergleiche Abschnitt 2.2;) man erhält ein *integriert-optisches Mach-Zehnder-Interferometer* (siehe **Bild 6.3**). Dazu benötigt man zwei optische Strahlteiler, die als Y-Verzweiger von Wellenleitern hergestellt werden. Es entstehen gekrümmte Wellenleiter, die eine stärkere Dämpfung aufweisen als ein gerader Wellenleiter. Die Neigungswinkel der gekrümmten Wellenleiter sollten deshalb unter einem Grad liegen, damit die Dämpfungserhöhung tolerierbare Werte nicht überschreitet. Mit dieser Technik lassen sich auch 2 × 2- (siehe **Bild 6.4**) oder

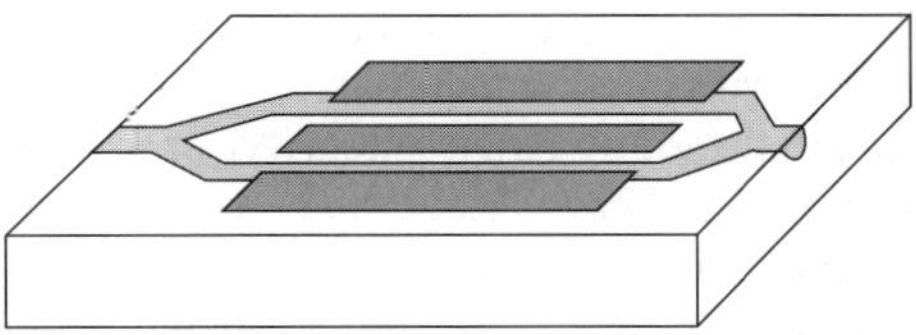

Bild 6.3 Integriert-optisches Mach-Zehnder-Interferometer

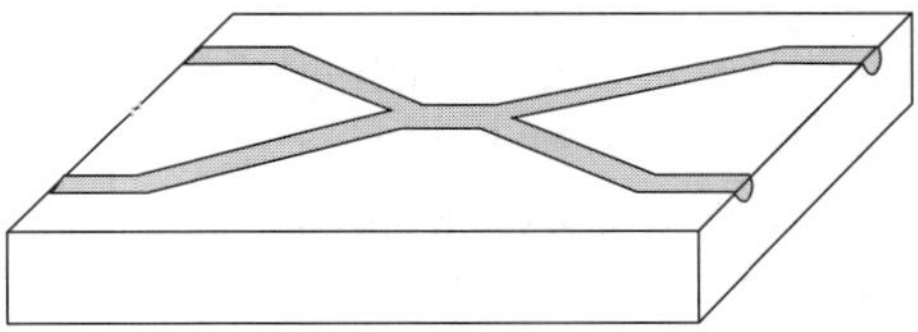

Bild 6.4 Integriert-optischer 2 × 2-Koppler (Vier-Tor)

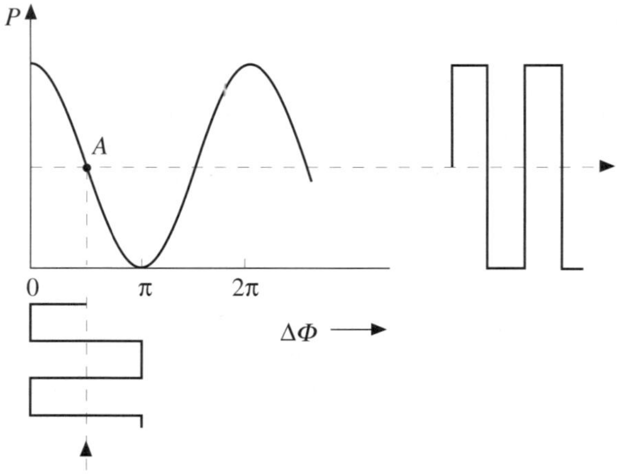

Bild 6.5 PM/IM-Konversion (Phasenmodulations-/Intensitätsmodulations-Konversion)
P optische Leistung,
$\Delta\Phi$ Phasendifferenz der sich überlagernden Lichtwellen [6.10]

3 × 3-Koppler realisieren. Bringt man im Mittelteil wieder beidseitig der Wellenleiter Elektroden an, so erhält man ein abstimmbares, integriert-optisches Mach-Zehnder-Interferometer. Die Phasendifferenz der in den beiden Armen laufenden Wellen lässt sich mit Hilfe einer angelegten Spannung gerade so steuern, dass eine Kosinus-Kennlinie entsprechend Gl. (2.17) durchlaufen wird (siehe **Bild 6.5**). Wählt man einen Arbeitspunkt bei π/2 und schaltet die Phase um ± π/2 um diesen Punkt, so erhält man einen Wechsel zwischen konstruktiver und destruktiver Interferenz des Interferometers. Es ergibt sich eine PM/IM-Konversion (Phasenmodulation-/ Intensitätsmodulations-Konversion). Man erhält somit einen integriert-optischen Intensitätsmodulator, einen *integriert-optischen Schalter.* Legt man die mittlere Elektrode auf Massepotential und die beiden äußeren auf Potentiale mit umgekehrten Vorzeichen (push-pull-Betrieb), so halbiert sich die notwendige anzulegende Spannung. Dies ist insbesondere bei hochfrequenter Ansteuerung günstig, da es schwierig ist, HF-Treiberschaltungen mit großen elektrischen Leistungen zu bauen. Da der elektro-optische Effekt nahezu verschwindende Anstiegs- und Abfallszeiten aufweist, können mit derartigen Modulatoren sehr schnelle optische Schalter gebaut werden. Modulatoren mit einigen GHz sind bereits kommerziell erhältlich, weit über 10 GHz wurde in Laborexperimenten bereits gemessen [6.11].

Geht man wieder vom Phasenmodulator aus, so lässt sich auch auf eine andere Art ein optischer Schalter bauen. Der Wellenleiter wird im Mittelteil so stark verjüngt (siehe **Bild 6.6**), dass der Grundmodus gerade noch geführt wird ($V \approx 1{,}5$, vergleiche Abschnitt 3.2). Bringt man in diesem Bereich wieder Elektroden an, so kann durch

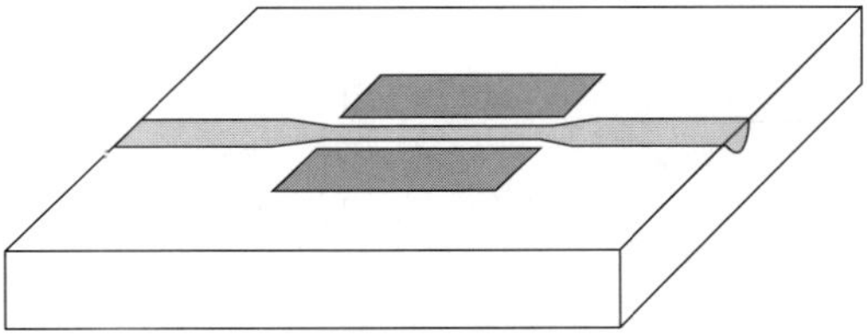

Bild 6.6 Integriert-optischer Cut-Off-Modulator als optischer Schalter

Anlegen einer geeigneten Spannung die Brechzahl und damit der Strukturparameter V so geändert werden, dass auch der Grundmodus nicht mehr geführt wird. Die Lichtwelle breitet sich im Substrat aus. Einen auf diese Weise realisierten Intensitätsmodulator nennt man *Cut-Off-Modulator.*

Eine weitere Möglichkeit, einen integriert-optischen Schalter zu bauen, in diesem Fall sogar einen optischen Umschalter, ist ein *integriert-optischer Richtkoppler* (siehe **Bild 6.7**). Ebenfalls wie bei einem Faserkoppler (vergleiche Abschnitt 5.2.3) tunnelt das Licht zwischen den eng benachbarten Wellenleitern mehrfach hin und her. Ob ein Auskoppeln zum Tor 3 oder zum Tor 4 erfolgt, hängt von der optischen Weglänge im Überkopplungsbereich ab. Diese kann wieder durch eine Brechzahländerung über ein elektrisches Feld beeinflusst werden:

$$\Delta(nL) = \Delta nL \tag{6.2}$$

Noch eine Möglichkeit der Realisierung eines optischen Schalters bietet sich durch Ausnutzen der *Polarisationseigenschaften* von Lithiumniobat. Lithiumniobat weist nicht nur eine starke Doppelbrechung auf, die Doppelbrechung ist auch noch abhängig von einem angelegten elektrischen Feld; d. h., die Brechzahl parallel zur Wellenleiterebene weist bei geeignetem Schnitt (Y-Cut, Z-Cut [6.12]) eine andere Feldabhängigkeit auf als senkrecht zu dieser Ebene [6.13]. Die beiden ausgezeichneten Brechzahlen entsprechen der Lage der Polarisationshauptachsen. Koppelt man zunächst ohne Anlegen eines elektrischen Felds unter 45° zu den beiden Haupt-

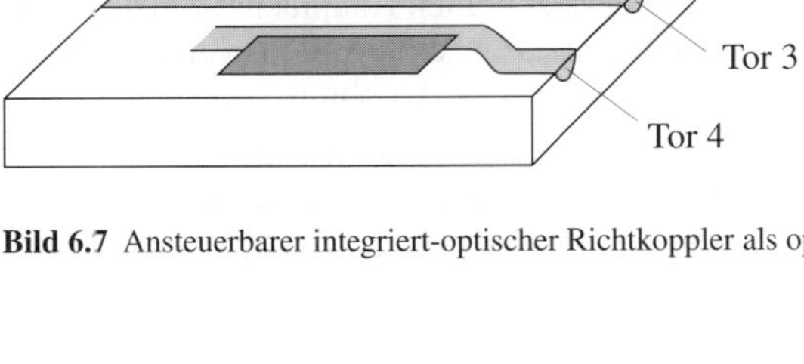

Bild 6.7 Ansteuerbarer integriert-optischer Richtkoppler als optischer Schalter

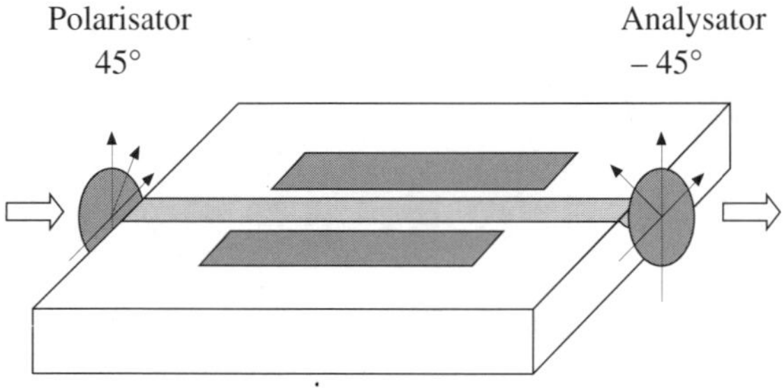

Bild 6.8 Ansteuerbarer integriert-optischer Polarisationsmodulator als optischer Schalter

achsen in den Lithiumniobatwellenleiter ein (siehe **Bild 6.8**), so erhält man eine Polarisationsentwicklung entsprechend Bild 3.14. Bei geeigneter optischer Weglänge ergibt sich am Ende des Wellenleiters gerade wieder linear polarisiertes Licht mit derselben Ausrichtung. Bringt man Polarisatoren am Eingang und am Ausgang des Wellenleiters in dieser Richtung an, so wird die oben beschriebene einfallende Lichtwelle ungehindert transportiert. Mit Hilfe von angebrachten Elektroden längs des doppelbrechenden Wellenleiters lässt sich die Brechzahldifferenz durch Anlegen einer elektrischen Spannung steuern und damit die Phasendifferenz der beiden Komponenten parallel zu den Hauptachsen, in die die einfallende Lichtwelle zerlegt werden kann. Im Transmissionsfall beträgt die Phasendifferenz gerade ein ganzzahliges Vielfaches von 2π entsprechend der Schwebungswellenlänge Λ (vergleiche Abschnitt 3.2). Beträgt die Phasendifferenz jedoch ein ungeradzahliges Vielfaches von $\pi/2$, so ergibt sich linear polarisiertes Licht am Ende des Wellenleiters mit einer Orientierungsänderung von 90° zum Transmissionsfall. Bei der obigen Stellung der Polarisatoren kommt es somit zur Unterdrückung der Transmission. Man erhält eine Polarisations-/Intensitätskonversion, also einen Intensitätsmodulator, der auf Polarisationseffekten beruht. Problematisch hierbei ist, wie auch beim integriert-optischen Mach-Zehnder-Interferometer, die Temperaturabhängigkeit. In Systemen werden daher Arbeitspunktstabilisierungen eingebaut (vergleiche Abschnitt 10.2.3). Im Beispiel des Mach-Zehnder-Interferometers wird der Arbeitspunkt A (vergleiche Bild 6.5) dadurch stabil gehalten, dass der unerwünschte Temperatureffekt durch zusätzliches Anlegen einer elektrischen Spannung an die Elektroden kompensiert wird.

Die hohe Doppelbrechung von Lithiumniobat bietet einen großen Vorteil. Koppelt man linear polarisiertes Licht in Richtung einer der beiden Hauptachsen in den Wellenleiter ein, so erhält man wie bei der polarisationserhaltenden Einmodenfaser einen polarisationserhaltenden Wellenleiter (vergleiche Abschnitt 3.2).

Lässt man eine Schallwelle eine Lichtwelle kreuzen, so kommt es zu einer räumlichen Ablenkung der Lichtwelle und einer Änderung der Lichtfrequenz (siehe **Bild 6.9**). Diesen akusto-optischen Effekt nennt man *Bragg-Effekt* [6.14]. Die auf-

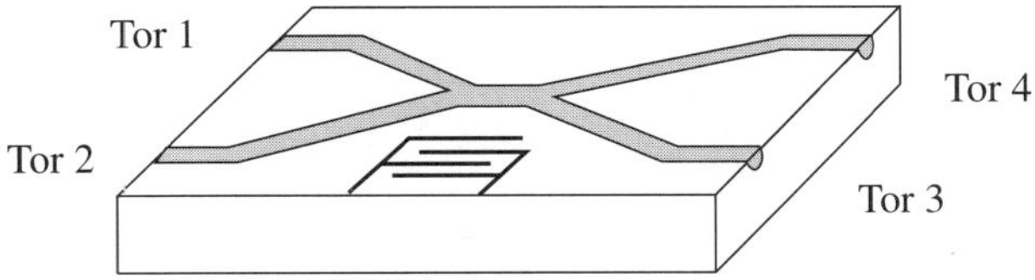

Bild 6.9 Integriert-optische Bragg-Zelle zur Frequenzmodulation und als optischer Schalter

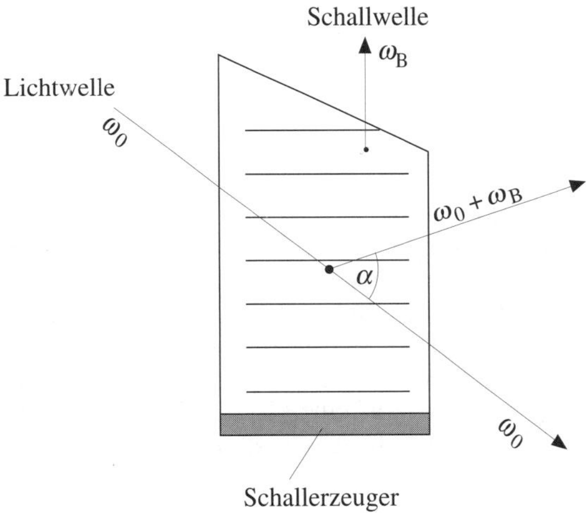

Bild 6.10 Wechselwirkung von Lichtwelle und Schallwelle
ω_0 Kreisfrequenz der Lichtwelle
ω_B Kreisfrequenz der Schallwelle

tretende Frequenzerhöhung ist gleich der Frequenz der Schallwelle, der Neigungswinkel α ist proportional zur Leistung der Schallwelle (siehe **Bild 6.10**). Man erhält einen *integriert-optischen Frequenzmodulator.* Kreuzt man zwei Wellenleiter in einem $LiNbO_3$-Substrat unter einem geeigneten Winkel und bringt einen Schallwellenerzeuger quer zur Lichtrichtung an, so lässt sich die Aufteilung einer vom Tor 1 kommenden Lichtwelle auf die Tore 3 und 4 steuern [6.15] (siehe Bild 6.9).

6.3 Integriert-optische Polarisatoren

Es ist auch möglich, integriert-optische Polarisatoren herzustellen. Dazu wird auf dem Wellenleiter, den Kernbereich tangierend, eine Pufferschicht aus Kalziumfluorid (CaF_2) oder Siliziumnitrit (Si_3N_4) und anschließend eine weitere Schicht aus

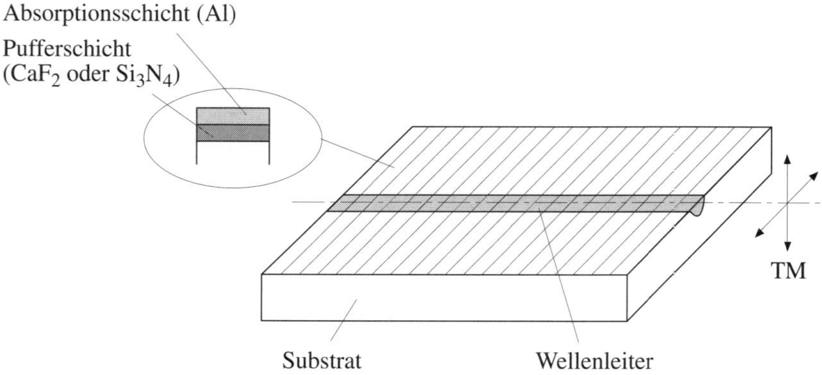

Bild 6.11 Integriert-optischer Polarisator

Aluminium aufgebracht (siehe **Bild 6.11**). Der in der Ebene des Substrats schwingende Vektor einer Welle (TE-Welle) dringt nicht in die Puffer- bzw. Aluminiumschicht ein. Die TE-Welle bleibt daher nahezu ungedämpft. Im Gegensatz dazu schwingt der Vektor der TM-Welle senkrecht zum Substrat und wird beim Eindringen in die Aluminiumschicht stark bedämpft. Es sind Dämpfungswerte von über 100 dB/cm realisierbar [6.16, 6.17]. Mit dieser Technik lassen sich auch Faserpolarisatoren realisieren, indem die o. g. Schichten auf eine bis zum Faserkern angeschliffene Glasfaser aufgebracht werden (vergleiche Abschnitt 5.2.3).

6.4 Integriert-optische Fabry-Perot-Interferometer

Bringt man eine Teilverspiegelung an beiden Endflächen eines $LiNbO_3$-Wellenleiters an, so erhält man ein *integriert-optisches Fabry-Perot-Interferometer.* Die Lichtwellen werden zwischen den Endflächen vielfach reflektiert, und es kommt je nach deren Phasendifferenz zu konstruktiver bzw. zu destruktiver Überlagerung. Variiert man die Wellenlänge des eingestrahlten Lichts, so ergibt sich folgende Transmissionsfunktion $\tau(\lambda)$ (siehe **Bild 6.12**):

$$\tau(\lambda) = \frac{\tau_{max}}{1 + \left(\frac{2F}{\pi}\right)^2 \sin^2\left(\frac{2\pi}{\lambda} nL\right)} \tag{6.3}$$

wobei:

τ_{max} maximale Transmission,

F Finesse (s. u.) und

L Resonatorlänge.

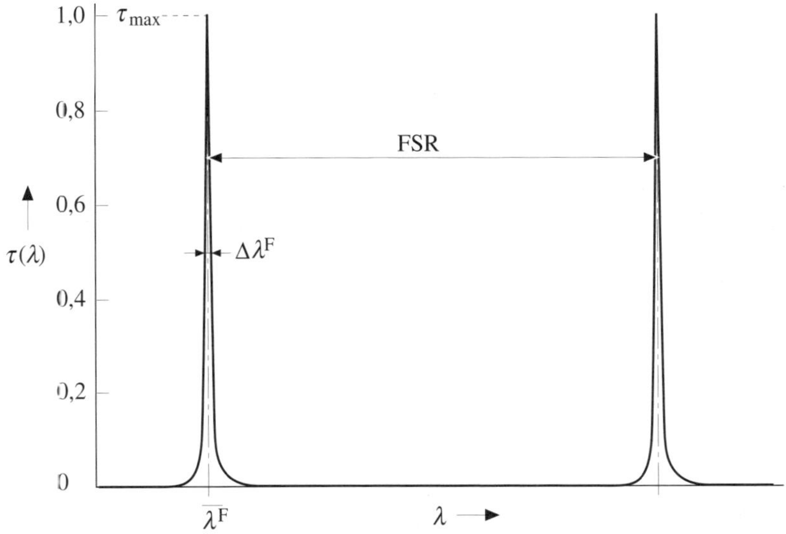

Bild 6.12 Transmissionsfunktion $\tau(\lambda)$ eines Fabry-Perot-Interferometers mit hoher Finesse F

FSR freier Spektralbereich
λ Wellenlänge
$\Delta\lambda^{F}$ Halbwertsbreite des Durchlassbereichs
$\overline{\lambda^{F}}$ Filtermittenwellenlänge

Man erhält ein *integriert-optisches Filter*, das nur bei ganz bestimmten Wellenlängen Licht transmittiert. Der Wellenlängen-$\Delta\lambda$ bzw. Frequenzabstand Δf ist gegeben durch die optische Länge des Fabry-Perot-Interferometers:

$$\Delta\lambda = \frac{\lambda^2}{2nL} \quad \text{bzw.} \quad \Delta f = \frac{c}{2nL} \tag{6.4}$$

$\Delta\lambda$ bzw. Δf nennt man auch den *freien Spektralbereich (FSR)*. Die Güte des Fabry-Perot-Interferometers wird beschrieben durch die *Finesse F*:

$$F = \Delta\lambda / \Delta\lambda^{F} \tag{6.5}$$

wobei:

$\Delta\lambda^{F}$ Halbwertbreite des Filters (siehe Bild 6.12).

Die Güte ist abhängig vom Reflexionsgrad an den Enden des Wellenleiters, von deren Ebenheit und von der Dämpfung im Wellenleiter. Auf Grund des großen

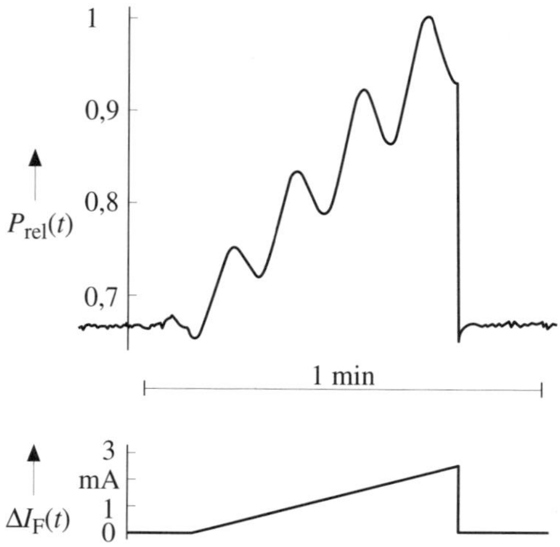

Bild 6.13 Durch das integriert-optische Fabry-Perot-Interferometer transmittierte Leistung $P_{rel}(t)$ (obere Kurve) bei rampenförmiger Ansteuerung des Laserstroms (untere Kurve)

$\Delta I_F(t)$ Stromänderung

t Zeit [7.34]

Brechzahlsprungs zwischen Luft und Lithiumniobat ($n_{LiNbO_3} \approx 2{,}2$) ergibt sich bereits ohne Verspiegelungsschichten eine Fresnel-Reflexion von etwa 14 % und somit ebenfalls ein Fabry-Perot-Interferometer.

Verwendet man anstelle eines einfachen Wellenleiters bereits einen Phasenmodulator, so lässt sich die Lage der Maxima der Filterfunktion $\underline{\lambda}^F$ in Bild 6.12 durch Anlegen einer elektrischen Spannung verschieben. Man erhält ein *ansteuerbares*, integriert-optisches Fabry-Perot-Interferometer [6.18]. Im nachfolgenden Experiment wird ein einfacher unmodifizierter Lithiumniobat-Phasenmodulator als Fabry-Perot-Interferometer benutzt. Mit Hilfe einer langsamen Stromrampe wird die Wellenlänge eines temperaturstabilisierten Halbleiterlasers variiert (vergleiche Abschnitt 7.2.2) und das Detektorsignal aufgezeichnet. Dies zeigt **Bild 6.13** (obere Kurve). Im unteren Teil des Diagramms ist die zugehörige Stromänderung ΔI_F eingetragen. Man erkennt mehrere Fabry-Perot-Moden, denen eine durch den Leistungszuwachs bedingte Rampe überlagert ist. Die auf den mittleren Gleichpegel bezogene Differenz zwischen einem Maximum und einem benachbarten Minimum beträgt etwa 10 %.

Das ansteuerbare integriert-optische Fabry-Perot-Interferometer kann zu Filterzwecken, Mess- und Stabilisierungsaufgaben eingesetzt werden. Hierbei muss die Temperaturproblematik beachtet werden und gegebenenfalls unter Einsatz entsprechender Arbeitspunktregelungen Abhilfe geschaffen werden.

6.5 Verluste in integriert-optischen Bauelementen

Die heute erzielbare Dämpfung in integriert-optischen Lithiumniobat-Bauelementen für gerade Wellenleiter ist praktisch vernachlässigbar klein, es wurden Werte von 0,03 dB/cm gemessen [6.19]. Die eigentlichen Dämpfungswerte kommen durch erforderliche Wellenleiterkrümmungen und durch die Kopplung des Lithiumniobat-Chips auf die anzuschließenden Fasern zu Stande. Die krümmungsbedingte Dämpfung wird durch große Radien auf etwa 1 dB begrenzt. Die Verluste pro Koppelstelle betragen ebenfalls etwa 1 dB, wenn eine Brechzahlanpassung vorgenommen wird [6.9]. Dies wird mit Klebetechniken erreicht, die auch gleichzeitig eine gute Temperatur- und Langzeitstabilität erlauben. Die Brechzahlanpassung ist auch häufig wegen des hohen Reflexionskoeffizienten von etwa 14 % erforderlich, um optische Rückwirkungen zu vermeiden. Darüber hinaus werden auch Schrägschliffe an Chip-Enden zu diesem Zweck angebracht.

7 Optische Sende- und Empfangsdioden

7.1 Grundlagen

Die optischen *Sende-* und *Empfangsdioden*, auch *elektro-optische* bzw. *opto-elektrische Wandler* genannt, konvertieren einen elektrischen Strom in eine optische Leistung bzw. umgekehrt, man spricht von *Lichtquellen* bzw. *Lichtsenken*.

Für die optische Nachrichtentechnik und die Fasersensortechnik kommen vorwiegend Halbleiterbauelemente als Lichtquellen bzw. -senken zum Einsatz. Halbleiterbauelemente gewährleisten auf Grund ihrer Größe eine gute geometrische Anpassung an die Faser. Darüber hinaus wird ein hoher Konversionswirkungsgrad erzielt, und nach der Überwindung anfänglicher Schwierigkeiten bieten die Bauelemente heute auch eine gute Betriebszuverlässigkeit. Im Labor werden für Messaufgaben als Lichtquellen manchmal auch Gas- bzw. Festkörperlaser verwendet, deren Größe und Gewicht in diesem Fall toleriert werden kann.

Die Erzeugung bzw. Absorption von Licht lässt sich für Halbleiterlichtquellen bzw. -senken mit dem *Bänderschema* in Halbleitern veranschaulichen [7.1, 7.2]. Die Beschreibung der Energiezustände erfolgt durch Leitungs- bzw. Valenzbänder, die durch eine Bandlücke voneinander getrennt sind. In der Bandlücke befinden sich keine Energiezustände. Oberhalb liegen die Leitungsbänder, unterhalb die Valenzbänder. Das absolute Energiemaximum der Valenzbänder nennt man Valenzbandkante, das absolute Energieminimum der Leitungsbänder heißt Leitungsbandkante. Bei N-dotierten Halbleitern befindet sich ein Überschuss von Elektronen im Leitungsband, bei P-dotierten ergibt sich entsprechend ein Überschuss von Löchern im Valenzband (vergleiche Bild 7.5). Die Elektronen befinden sich auf einem höheren Energieniveau, d. h. sie sind angeregt und hinterlassen im Valenzband Löcher. **Bild 7.1** zeigt das Energiebandschema mit dem am engsten benachbarten Leitungs- und Valenzband. Geht ein Elektron vom Leitungsband mit dem höheren Energieniveau E_2 in das Valenzband mit dem niedrigeren Energieniveau E_1 über, so wird die Energiedifferenz ΔE frei. Umgekehrt muss die Energiedifferenz ΔE zugeführt werden, wenn man ein Elektron vom Valenzband ins Leitungsband bringen will. Für die Energiedifferenz ΔE gilt nach *Einstein* die Formel:

$$\Delta E = hf = hc/\lambda \qquad (7.1)$$

wobei:

h *Planck'sches Wirkungsquantum* ($h = 6{,}626 \cdot 10^{-34}$ Js).

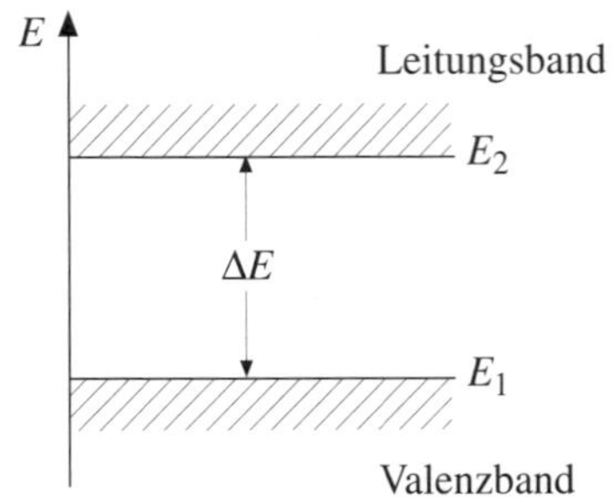

Bild 7.1 Energiebandschema eines Halbleiters

Beim Übergang eines Elektrons von E_2 nach E_1 kann ein *Photon* emittiert werden, umgekehrt kann die Absorption eines Photons zum Übergang eines Elektrons von E_1 nach E_2 führen. Die wichtigsten Elektronenübergänge zur Lichterzeugung bzw. Absorption sind in **Bild 7.2** dargestellt. Bild 7.2a zeigt den Vorgang, der bei einer Fotodiode vorkommt, die *Absorption* eines Photons, bei der ein Elektron vom Zustand E_1 in den Zustand E_2 gebracht wird. Fällt ein Elektron spontan vom höheren Energieniveau E_2 auf das niedrigere Energieniveau E_1 herab, so kann es zur *spontanen Emission* eines Photons kommen (siehe Bild 7.2b). Der spontane Übergang erfolgt ohne Einwirkung eines weiteren Verursachers. Dieser Vorgang kommt bei einer LED vor, tritt aber zu einem gewissen Teil auch beim Laser auf. Ist bereits ein Photon vorhanden, so kann dies in Wechselwirkung mit dem Halbleiter den Übergang eines Elektrons von E_2 nach E_1 bewirken und erneut zur Emission eines Photons führen (siehe Bild 7.2c). Dieser Vorgang wurde also vom bereits vorhandenen Photon ausgelöst, man spricht deshalb von *stimulierter* oder *induzierter Emission*.

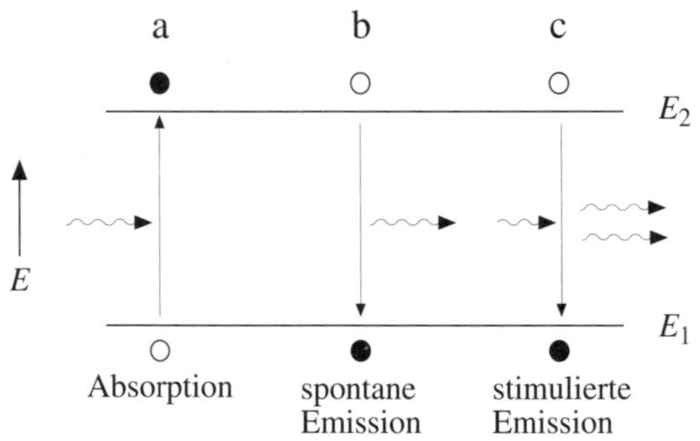

Bild 7.2 Emission und Absorption von Photonen bei Elektronenübergängen zwischen Valenz- und Leitungsband

Eine absolute Voraussetzung für das Zustandekommen einer stimulierten Emission ist die Existenz einer *Besetzungsinversion*: Beide Vorgänge, sowohl die stimulierte Emission als auch die Absorption von Photonen im Halbleitermaterial, besitzen eine bestimmte Wahrscheinlichkeit. Die Absorptionswahrscheinlichkeit eines Photons und damit die Übergangswahrscheinlichkeit eines Elektrons von E_1 nach E_2 ist proportional zur Anzahl der vorhandenen Elektronen, der Besetzungszahl N_1, des unteren Energieniveaus E_1. Umgekehrt ist die Emissionswahrscheinlichkeit und damit die Übergangswahrscheinlichkeit eines Elektrons von E_2 nach E_1 proportional zur Anzahl der vorhandenen Elektronen, der Besetzungszahl N_2, des oberen Energieniveaus E_2. In der Natur, im thermodynamischen Gleichgewicht, ist stets $N_1 > N_2$; die Absorptionsrate überwiegt stets die stimulierte Emissionsrate. Nur bei einer Besetzungsinversion $N_2 > N_1$ erhält man eine messbare stimulierte Emission. Da ein solcher Zustand bei unseren „natürlichen" Lichtquellen (Sonne, Kerze, aber auch Glühlampe und LED) nicht vorkommt, muss er künstlich herbeigeführt werden. Die Besetzungsinversion wird durch Zufuhr von Energie erzielt, man spricht von *Pumpen*. Dies kann grundsätzlich geschehen durch Zuführung von Wärme (thermisches Pumpen), von Licht (optisches Pumpen) oder durch Injektion eines Stroms (elektrisches Pumpen). Letzteres kommt bei den Halbleiterlichtquellen zum Einsatz.

Das stimulierte Photon hat die gleiche Wellenlänge und die gleiche Phase wie das stimulierende Photon. Man bezeichnet diesen Prozess, der beim Laser auftritt, auch als *kohärente Lichterzeugung*. Man erhält eine Lichtquelle mit schmaler spektraler Breite (vergleiche Abschnitt 7.2.2).

Halbleiterlichtquellen und -senken werden in ihrer einfachsten Form als PN-Dioden aufgebaut. Man erhält eine Grenzschicht aus P- bzw. N-dotiertem Halbleitermaterial. Lichtquellenbauelemente werden in Durchlassrichtung betrieben, es kommt zur *Rekombination von Ladungsträgern* und zur Erzeugung von Photonen. Lichtsenkenbauelemente werden in Sperr-Richtung betrieben, es kommt zur Absorption von Photonen und damit zur *Trennung von Ladungsträgern*. Letztere werden im auftretenden elektrischen Feld beschleunigt. Es ergibt sich ein Driftstrom. Licht hat in obiger Betrachtungsweise Teilchencharakter, man bezeichnet das Photon auch als *Lichtquant*.

Aus der Energiedifferenz erhält man nach Gl. (7.1) eine bestimmte Wellenlänge λ. Daraus ergibt sich für die Lichtquellen bzw. -senken eine Grenzbedingung. Lichtquellen können oberhalb dieser Wellenlänge betrieben werden – Lichtsenken unterhalb.

Im Teilchenbild ist es möglich, einem Photon einen Impuls $\boldsymbol{p}$ zuzuordnen; und für die Energiedifferenz lässt sich die *Einstein'sche Beziehung* aus der speziellen Relativitätstheorie heranziehen:

$$\Delta E = mc^2 \qquad (7.2)$$

wobei:

m Masse des Photons.

Für den Betrag des Impulses eines Teilchens gilt:

$$p = mc = \Delta E / c \tag{7.3}$$

und mit Gl. (7.1), $k = 2\pi / \lambda$ und $\hbar = h/(2\pi)$ folgt:

$$p = hf/c = h/\lambda = \hbar k \tag{7.4}$$

Nach *de Broglie* kann man einer physikalischen Materie auch Welleneigenschaften zuordnen. Somit besitzt ein Elektron in einem Festkörper auch eine Wellenzahl k entsprechend Gl. (7.4). Die Energie der Elektronen ist sowohl im Valenzband als auch im Leitungsband abhängig vom Impuls und damit von der Wellenzahl k. Beim Übergang von Elektronen zwischen Valenz- und Leitungsband muss sowohl Energie- als auch Impulserhaltung gelten; für die Energieerhaltung gilt:

$$E_2 = E_1 + E_p \tag{7.5}$$

wobei:

E_p Energie des Photons.

Für die Impulserhaltung und damit für die Erhaltung der Wellenzahl bzw. des Wellenvektors folgt:

$$k_2 = k_1 + k_p \tag{7.6}$$

wobei:

k_p Wellenvektor des Photons.

Der Impuls eines Elektrons und damit auch die Wellenzahl ist sehr viel größer als der eines Photons, so dass k_p in Gl. (7.6) vernachlässigbar ist. Sind außer Photonen und Elektronen keine weiteren Teilchen beim Übergang beteiligt, so folgt aus Gl. (7.6), dass derartige Übergänge nur möglich sind, wenn sich die Wellenzahl (Betrag des Wellenvektors, vergleiche Abschnitt 2.1) daher nicht ändert: $k_2 \approx k_1$. In einem Diagramm der Elektronenenergie E als Funktion der Wellenzahl k (siehe **Bild 7.3**) muss also die Übergangsstelle im Valenzband der Übergangsstelle im Leitungsband genau gegenüberliegen. Einen solchen Übergang nennt man deshalb einen direkten Übergang. Ein entsprechender Halbleiter wird als *direkter Halbleiter* bezeichnet. In diesem Fall muss das absolute Maximum der Energie im Valenzband genau dem absoluten Minimum der Energie im Leitungsband gegenüberliegen, d. h., bei der gleichen Wellenzahl (siehe Bild 7.3 durchgezogene Linie). Liegen diese beiden Extrema nicht gegenüber, so spricht man von einem *indirekten Halbleiter* (siehe Bild 7.3 gestrichelte Linien). Die Erzeugung eines Photons auf dem vorher beschriebenen direkten Weg ist nicht möglich, wenn Energie und Impuls erhalten bleiben sollen. Dies geht nur unter Beteiligung eines dritten Teilchens, eines *Phonons*. Es handelt sich dabei um eine Gitterschwingung, auch Schallquant

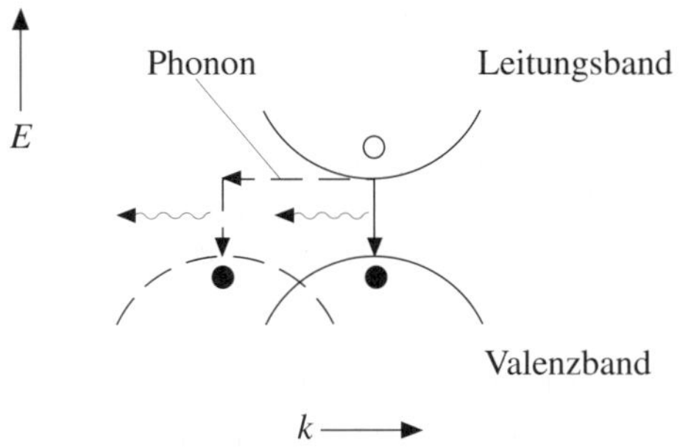

Bild 7.3 Direkte und indirekte Elektronenübergänge vom Leitungs- zum Valenzband

genannt. Das Phonon muss eine entsprechende Wellenzahl besitzen, um die Impulserhaltung zu gewährleisten. Da es zu diesem Prozess nur kommt, wenn drei Teilchen beteiligt sind, ist dieser sehr viel seltener als beim vorher beschriebenen Zwei-Teilchen-Prozess des direkten Übergangs. Ein strahlender Übergang, ein Übergang, bei dem ein Photon erzeugt wird, ist daher in indirekten Halbleitern sehr viel unwahrscheinlicher als in direkten Halbleitern.

Bei einem direkten Halbleiter erhält man im Wesentlichen *strahlende Rekombinationen*, während bei einem indirekten Halbleiter im Wesentlichen *nicht strahlende Rekombinationen* auftreten.

Unter bestimmten Umständen kommt es auch zu *Auger-Prozessen* [7.2, 7.3]: Ein rekombiniertes Elektron führt nicht zur Erzeugung eines Lichtquants, sondern überträgt einem weiteren freien Elektron im Leitungsband seine Energie. Letzteres gibt diese Energiedifferenz wieder ab, indem es Stöße mit dem Kristallgitter ausführt und dieses erwärmt. Die Energie wird also im Wesentlichen in thermische Energie umgewandelt und geht der Strahlungsenergie verloren. Für Lichtquellen auf Halbleiterbasis kommen daher nur direkte Halbleitermaterialen zum Einsatz. Für Lichtsenken können sowohl direkte als auch indirekte Halbleiter verwendet werden. Die wichtigsten direkten Halbleitermaterialien zur Herstellung von optischen Sendern und Empfängern sind Gallium-Arsenid (GaAs), Gallium-Aluminium-Arsenid (GaAlAs) und Indium-Gallium-Arsenid-Phosphid (InGaAsP), also Verbindungen der chemischen Elemente aus der Gruppe III und V. Die wichtigsten indirekten Halbleitermaterialien für Empfänger sind Silizium (Si) und Germanium (Ge). Silizium besitzt eine Bandlücke von 1,1 eV, dies entspricht einer Wellenlänge von etwa 1,1 µm; für Germanium liegen die Werte bei 0,7 eV bzw. 1,6 µm.

Silizium ist daher als Halbleitermaterial für Fotodioden *unterhalb* einer Wellenlänge von **1,1 µm** geeignet, *Germanium unterhalb* **1,7 µm**.

Während Silizium- und Germaniumdioden aus einheitlichem Halbleitermaterial aufgebaut sind, bestehen die ternären (bestehend aus drei chemischen Elementen) und quaternären (bestehend aus vier chemischen Elementen) Dioden aus verschiedenen Materialien. Auf einem Substrat werden meist mehrere Schichten aufgebracht. Für GaAlAs kommt GaAs Substratmaterial zum Einsatz, für InGaAsP wird entsprechend InP verwendet.

Für den Herstellungsprozess ist es wichtig, dass die Gitterkonstanten von Substratmaterial und den ternären bzw. quaternären Mischkristallen zusammenpassen. Dies ist für GaAs und GaAlAs in guter Näherung erfüllt [7.4, 7.5]. Durch Austausch von Ga durch Al lassen sich *GaAlAs/GaAs-Halbleiterlichtquellen* realisieren, deren Energielücke derart variiert werden kann, dass Wellenlängen von etwa **0,65 µm** bis **0,87 µm** erzielt werden können. Man stellt dies folgendermaßen dar:

$Ga_{1-x}Al_xAs$, wobei x der Anteil von Gallium ist, der durch Aluminium ersetzt wird.

Neuere Entwicklungen, bedingt durch das Aufkommen faseroptischer Verstärker (vergleiche Abschnitt 9.4), ermöglichen durch Verwendung von Indium die Realisierung von InGaAs/GaAs-Lichtquellen [7.6], mit denen man dann in der Lage ist, auch den Wellenlängenbereich über 900 nm hinaus zu erreichen.

Bei InP und InGaAsP passen nur bestimmte Konstellationen zusammen, damit die Gitterkonstanten übereinstimmen:

$In_{1-x}Ga_xAs_yP_{1-y}$, x gibt in diesem Fall den Anteil an, durch den Indium durch Gallium ausgetauscht wird, y bezeichnet den Anteil des Austausches von Phosphor durch Arsen [7.4, 7.5]. Die realisierbaren *InGaAs/InP-Halbleiterlichtquellen* können in einem Wellenlängenbereich von etwa **0,9 µm** bis **1,6 µm** betrieben werden. *InGaAs(P)/InP-Fotodioden* können im Wellenlängenbereich von etwa **0,88 µm** bis **1,7 µm** eingesetzt werden (vergleiche Bild 7.39).

7.2 Lichtquellen

Bei den für die optische Übertragungs- und Sensortechnik verwendeten Lichtquellen handelt es sich im Wesentlichen um *Lumineszenzdioden (LED)* und *Halbleiterlaser.* Elektrisch gesehen lassen sich diese Halbleiterlichtquellen als PN-Dioden betrachten, die in Flussrichtung betrieben werden. Eine typische Strom-Spannung-Charakteristik ist in Bild 7.11 mit eingezeichnet (gestrichelte Kurve); es gilt [7.7]:

$$I \sim e^{\frac{eU}{kT}} - 1 \tag{7.7}$$

wobei:

I Strom in Durchflussrichtung,

U Spannung zwischen Anode und Katode,

k Boltzmannkonstante ($k = 1{,}381 \cdot 10^{-23}$ J/K),

T Temperatur,

e Elementarladung ($e = 1{,}602 \cdot 10^{-19}$ As).

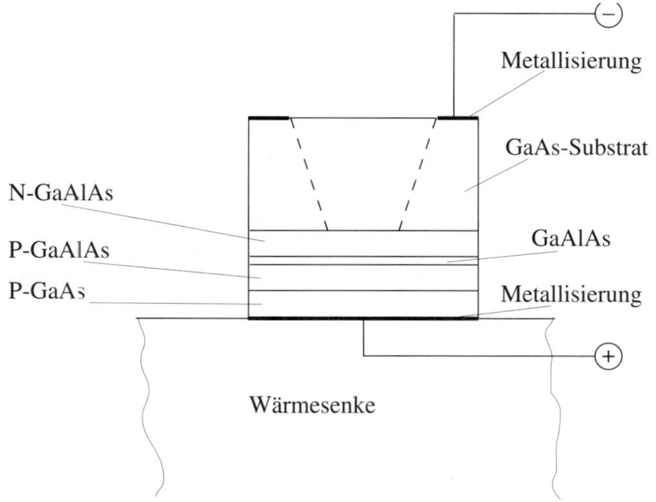

Bild 7.4 Aufbau und Anordnung der unterschiedlich dotierten Halbleiterschichten einer GaAs-Lichtquelle (Frontansicht)

Typische Ausführungsformen von Halbleiterlichtquellen für faseroptische Anwendungen sind in [7.8] dargestellt. **Bild 7.4** zeigt eine schematische Anordnung der Halbleiterschichten. Diese Halbleiterlichtquellen sind häufig als Dioden in *Doppelheterostruktur* aufgebaut [7.9]:

Die aktive Schicht, in der die Ladungsträger strahlend rekombinieren, ist umgeben von Schichten mit größerer Bandlücke. Das entsprechende Bänderschema einer in

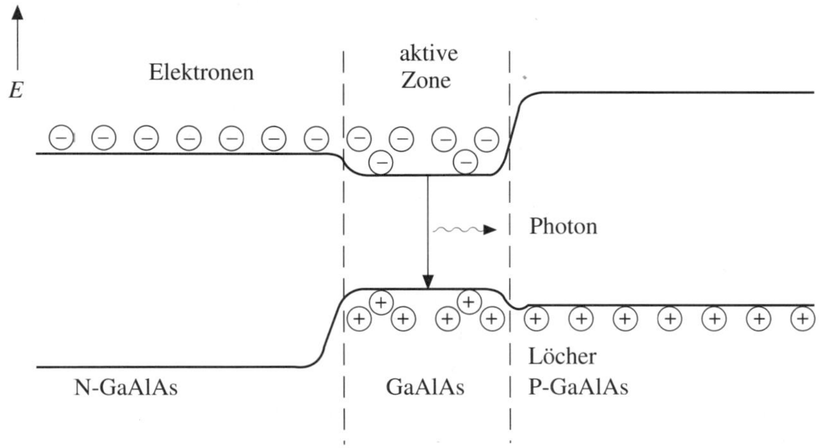

Bild 7.5 Bänderschema einer in Flussrichtung betriebenen GaAs/GaAlAs-Doppelheterostrukturdiode

Durchlassrichtung stromdurchflossenen Doppelheterostrukturdiode zeigt **Bild 7.5**. Die aus der N-GaAlAs-Zone kommenden Elektronen können ungehindert im Leitungsband die Grenze zur undotierten GaAlAs-Schicht passieren. Durch die im Leitungsband auftretende Energiebarriere am Ende der GaAlAs-Zone werden sie jedoch daran gehindert, in die P-GaAlAs-Schicht einzutreten. Entsprechend werden die aus der P-GaAlAs-Zone kommenden Löcher im Valenzband ungehindert bis zur Grenzfläche GaAlAs/N-GaAlAs durchgelassen. Dort jedoch stoßen sie auf die Energiebarriere im Valenzband. Sowohl Elektronen als auch Löcher bleiben daher in der GaAlAs-Zone, der so genannten aktiven Zone. Die Bandlücke weist dort den geringsten Wert auf, die Ladungsträger rekombinieren, es kommt zur Emission von Photonen in der aktiven Zone, die durch die oben genannten Maßnahmen begrenzt wird. Die Einengung der aktiven Zone ist besonders für Halbleiterlaser wichtig (vergleiche Abschnitt 7.2.2). Dieser Prozess wird noch verstärkt durch die Wellenführung in der aktiven Schicht. Letztere weist nicht nur einen niedrigeren Bandabstand, sondern auch eine höhere Brechzahl als die umgebenden Schichten auf. Es ergibt sich damit ein Wellenleiter (vergleiche Abschnitt 3.1).

7.2.1 Die Lumineszenzdiode

Die Lumineszenzdiode (LED = Light Emitting Diode), auch Leuchtdiode genannt, ist in ihrem Aufbau einfacher als ein Halbleiterlaser. Die Strahlungserzeugung erfolgt durch spontane Emission (vergleiche Abschnitt 7.1), eine wichtige Kennlinie ist die *P-I-Kennlinie*. Unter *P* versteht man hierbei die optische Leistung und unter *I* den Strom in Durchlassrichtung. Eine typische *P-I*-Charakteristik zeigt **Bild 7.6**.

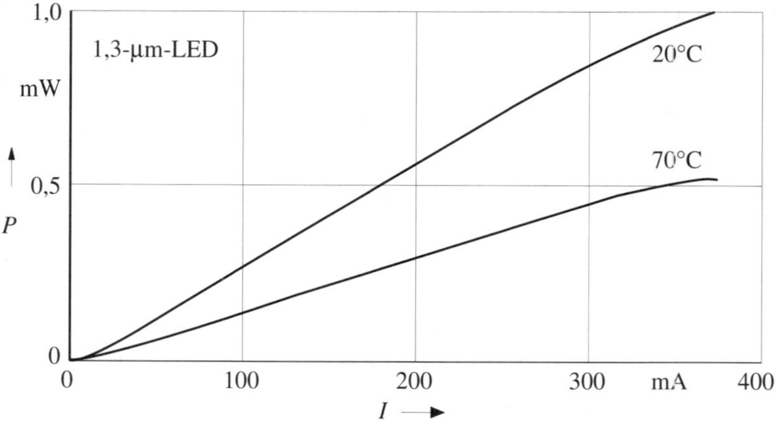

Bild 7.6 *P-I*-Kennlinie einer quaternären LED bei zwei verschiedenen Temperaturen

P optische Leistung

I Strom in Durchlassrichtung

Als Parameter tritt die Temperatur auf. Bei größeren Temperaturen ist die Wahrscheinlichkeit, dass es zu strahlungslosen Rekombinationen kommt, höher als bei kleineren Temperaturen (z. B. durch Auger-Prozesse). Dies hat zur Folge, dass sich die Steigung der *P-I*-Kennlinie verringert. Für einen vorgegebenen Strom verringert sich die optische Leistung bei Temperaturerhöhung. Außerdem erkennt man in Bild 7.6 einen Sättigungseffekt:

Bei größerem Strom entsteht eine größere Verlustleistung. Die Diode heizt sich auf, die Leistungszunahme verringert sich. Um ein solches Aufheizen möglichst gering zu halten, muss daher für eine gute Wärmeabfuhr gesorgt werden. Die Rekombinationszone muss möglichst nahe an eine Wärmesenke herangebracht werden. Das GaAs-Substrat (Unterschicht), auf dem die eigentlichen aktiven Schichten aufgebracht sind, muss daher oben angebracht werden. Die Diode wird auf den Kopf gestellt. Man spricht von der *Upside-Down-Montage* (vergleiche Bild 7.4).

Um das Licht einer LED für oben genannte Anwendungszwecke nutzen zu können, besteht noch die Notwendigkeit, es aus der Diode auszukoppeln. Eine Möglichkeit dafür ist, dass ein Teil des GaAs-Substrats weggeätzt wird (siehe gestrichelte Linien in Bild 7.4), so dass das Licht an der Oberfläche der Diode austreten kann (in Bild 7.4 nach oben). Man spricht daher von einem *Oberflächenstrahler* (auch *Burrus-LED*, nach deren Erfinder C. Burrus genannt [7.10]). Für eine langwellige InGaAsP/InP-LED ist dieses Wegätzen nicht erforderlich, da das Substratmaterial InP für Wellenlängen größer 1 µm transparent ist. Man bezeichnet einen solchen Flächenstrahler auch als *Lambert-Strahler*, dieser Strahler hat eine stark divergente Emissionscharakteristik:

Die Strahlstärke ist proportional zur Leuchtfläche *A*. Beobachtet man diese Fläche unter dem Winkel δ, so wird von der Leuchtfläche nur die Projektion $A \cos \delta$ wirksam (siehe **Bild 7.7**). Der Lichtstrom und damit die optische Leistung *P* ist proportional zur Strahlstärke, somit gilt:

$$P(\delta) = P(0) \cos \delta \qquad (7.8)$$

wobei:

δ Winkel zwischen Flächennormale und Blickrichtung.

Bild 7.7 zeigt einen Schnitt durch die rotationssymmetrische Abstrahlcharakteristik des Lambert-Strahlers. Die Länge der Pfeile veranschaulicht die Leistungsabnahme. Da es sich also um eine stark divergente Abstrahlcharakteristik handelt, ist die Einkopplung in eine Faser, insbesondere in eine Einmodenfaser, nicht besonders effektiv (vergleiche Abschnitt 5.2).

Unter diesem Aspekt ist es günstiger, eine *Kantenemitter-LED* zu verwenden [7.11, 7.12]. Bei dieser LED tritt die Strahlung nicht an der Oberfläche aus wie bei der Burrus-LED, sondern an der Seite (Front in Bild 7.4). Dieser LED-Typ hat vom Aufbau her bereits sehr viel Ähnlichkeit mit einem Halbleiterlaser und erfordert daher einen ähnlichen Aufwand bei der Herstellung. Deshalb kommt er nur für ganz spezielle

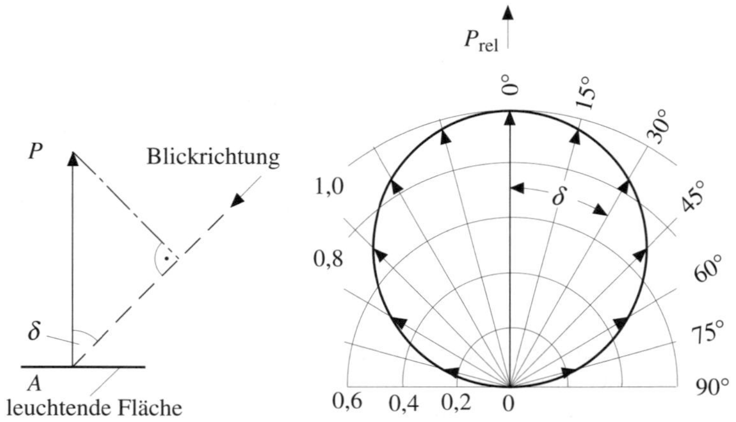

Bild 7.7 Abstrahlcharakteristik einer LED

P optische Leistung

P_{rel} optische Leistung, bezogen auf die Leistung bei senkrechter Abstrahlung

Anwendungen zum Einsatz. Ansonsten greift man gleich auf den Halbleiterlaser zurück.

Um eine ausreichend große optische Leistung (etwa 1 mW) zu erzielen, darf die Ladungsträgerlebensdauer τ_e nicht zu klein werden, da sonst der Quantenwirkungsgrad der LED zu gering wird (vergleiche Gln. (7.11) und (7.12)). τ_e ist eine effektive Lebensdauer, die sich aus der Lebensdauer der spontanen Emission und derjenigen der beteiligten, nicht strahlenden Rekombinationen ergibt. Eine große Lebensdauer τ_e bedingt aber eine geringe Modulationsbandbreite der LED [7.13]. Für die durch diesen Effekt bedingte Grenzfrequenz f_g gilt:

$$f_g \sim 1/\tau_e \tag{7.9}$$

Erzielbare Grenzfrequenzen einer solchen LED liegen bei etwa 100 MHz. **Bild 7.8** zeigt ein Beispiel der Übertragungsfunktion einer über den Injektionsstrom modulierten LED. Die Grenzfrequenz der LED ist definiert als diejenige Frequenz, bei der der Betrag der Übertragungsfunktion auf die Hälfte abgefallen ist (vergleiche Abschnitt 3.4.3). Man spricht auch von der Bandbreite der LED, in diesem Fall versteht man darunter den Frequenzbereich von 0 Hz bis zur Grenzfrequenz f_g.

Bild 7.9 zeigt das *optische Spektrum* einer LED. Die Halbwertsbreiten $\Delta\lambda$ liegen bei GaAs-LED bei etwa 30 nm bis 40 nm, bei InP-LED bei etwa 80 nm bis 130 nm. Diese großen Halbwertsbreiten sind im Zusammenhang mit der chromatischen Dispersion einer Faser problematisch für den Einsatz in der optischen Nachrichtentechnik. Mit diesem Bauelement lassen sich daher nur Systeme aufbauen mit kürzeren Übertragungslängen und niedrigeren Bitraten. Auch die geringere Ausgangsleistung

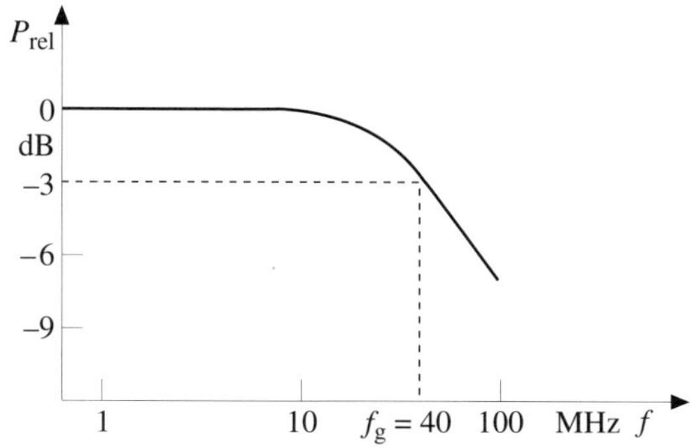

Bild 7.8 Modulationsübertragungsfunktion einer LED

f Frequenz

f_g Grenzfrequenz

P_{rel} modulierte optische Leistung, bezogen auf Werte für Modulationsfrequenzen gegen null

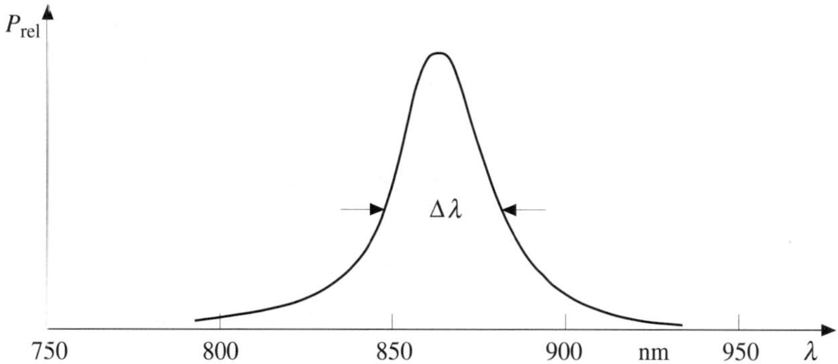

Bild 7.9 Relative optische Leistung P_{rel} einer LED in Abhängigkeit von der Wellenlänge λ

$\Delta\lambda$ Halbwertbreite

(im Vergleich zum Laser) trägt dazu bei. Günstig für die analoge Modulierbarkeit ist die in weitem Bereich lineare *P-I*-Charakteristik, die das Entstehen von Oberschwingungen verhindert. Eine LED ist daher insbesondere für den Einsatz in der Analogtechnik mit hohen Linearitätsanforderungen gut geeignet.

7.2.2 Der Halbleiterlaser

Neben der *Besetzungsinversion* als Voraussetzung für die stimulierte Emission (vergleiche Abschnitt 7.1) ist wie jeder Laser auch der Halbleiterlaser dadurch ausgezeichnet, dass er einen *optischen Resonator* besitzt (**Bild 7.10**). Am Anfang und am

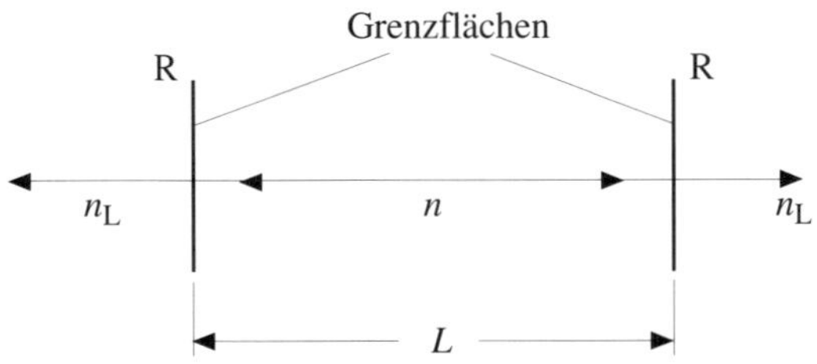

Bild 7.10 Optischer Resonator

n_L Brechzahl der umgebenden Luft

n Brechzahl des Halbleitermaterials

R Reflexionsfaktor

Ende des Laserbereichs befinden sich teildurchlässige Spiegel. Diese entstehen beim Halbleiterlaser durch Ritzen und Brechen des Halbleiterkristalls. Beim Übergang des Halbleitermaterials GaAs bzw. InP zur Umgebung, also zur Luft, kommt es zur Fresnel-Reflexion (vergleiche Abschnitt 2.5). Die Brechzahlen von GaAs und InP liegen bei etwa $n = 3{,}5$. Damit ergibt sich ein Reflexionsgrad (für Leistungen) von etwa 31 %. Man bezeichnet Halbleiterlaser, die nach dem oben beschriebenen Prinzip der Lichtreflexion arbeiten, auch als *Fabry-Perot-Laser,* da sie wie ein Fabry-Perot-Interferometer aufgebaut sind (vergleiche Abschnitt 6.4). Trifft eine Lichtwelle an die Grenzfläche GaAs – Luft (bzw. InP – Luft), so wird ein Teil transmittiert und ein weiterer Teil reflektiert. Die Reflexion wiederholt sich am gegenüberliegenden Laserspiegel, es kommt zur Vielfachreflexion. Bei jedem Umlauf im Laserresonator wird durch den Laserprozess die Lichtwelle verstärkt:

Light **A**mplification by **S**timulated **E**mission of **R**adiation = **LASER**.

Also Lichtverstärkung durch stimulierte Emission von Strahlung. Durch Strominjektion (Pumpen) werden Elektronen (vergleiche Abschnitt 7.1) auf ein höheres Energieniveau gebracht. Bei zunächst noch geringem Strom kommt es zur spontanen Emission durch Rekombination von Elektronen mit Löchern. Die dadurch vorhandenen Photonen stimulieren weitere Elektronenübergänge. Es kommt zur stimulierten bzw. zur induzierten Emission (vergleiche Bild 7.2). Für die Leistung im Laser gilt:

$$P \sim e^{gz - \alpha z} \qquad (7.10)$$

wobei:

g Verstärkung,

α Resonatorverluste und

z Ortskoordinate in Umlaufrichtung.

Die Resonatorverluste ergeben sich aus den Verlusten durch Streuung im Laser und aus den Spiegelverlusten. Letztere werden als Verluste bezeichnet, da sie vom Standpunkt eines Beobachters im Laser betrachtet werden. Für den Anwender sind dies natürlich keine Verluste, sondern dies ist gerade die Nutzleistung, die zum Beispiel in eine Faser eingekoppelt werden soll.

Ab einer bestimmten Stromstärke kompensiert die Verstärkung gerade alle Resonatorverluste: $g = \alpha$. Man spricht in diesem Fall davon, dass die Anschwingbedingung für den Laserbetrieb erfüllt ist. Die Zunahme der Ausgangsleistung des Lasers erhöht sich drastisch [7.14]. Es ergibt sich ein Knick in der *P-I*-Kennlinie. Der Strom, bei dem dieser Übergang eintritt, wird als *Schwellenstrom* bezeichnet. Da sich in der Praxis kein scharfer Knick einstellt, sondern sich je nach Lasertyp eine mehr oder weniger starke Verrundung ergibt (siehe **Bild 7.11**), definiert man die genaue Lage des Schwellenstroms am Schnittpunkt der nach unten verlängerten

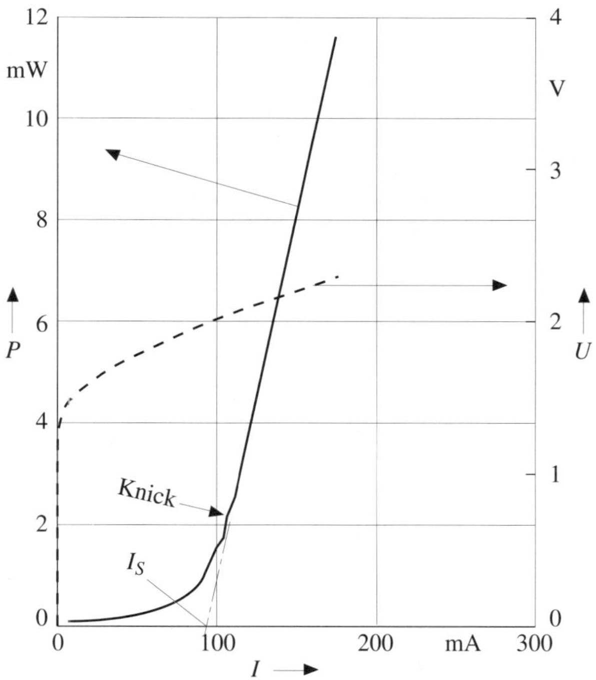

Bild 7.11 *P-I*- und *U-I*-Kennlinie eines Halbleiterlasers

P optische Ausgangsleistung an einer Laserfacette

I Strom in Durchlassrichtung

I_S Schwellenstrom

U Spannung zwischen Anode und Katode

Geraden in Bild 7.11 mit der I-Achse. Bei weiterer Stromerhöhung wird ein entsprechend höherer Leistungsanteil emittiert bzw. gestreut, so dass weiterhin $g = \alpha$ gilt. Die Ausgangsleistung steigt (annähernd linear) an. Wäre $g > \alpha$, so würde die Leistung ins Unendliche steigen und den Laser zerstören. Die Zunahme der optischen Ausgangsleistung mit dem Strom beschreibt man durch den *differentiellen Quantenwirkungsgrad:*

$$\eta_\mathrm{d} = \frac{\mathrm{d}P}{\mathrm{d}I} \cdot \frac{e}{h \cdot f} \tag{7.11}$$

Unter Einbeziehung der Verlustleistung gilt der Quantenwirkungsgrad:

$$\eta = \frac{P}{I} \cdot \frac{e}{h \cdot f} \tag{7.12}$$

Die Verlustleistung führt auch zur Eigenerwärmung des Lasers, es ergeben sich starke Auswirkungen auf die PI-Kennlinie. Dies gilt auch bei Änderung der Umgebungstemperatur. Die Temperaturabhängigkeit beim Halbleiterlaser ist weit größer als bei der LED. Mit zunehmender Temperatur erhöht sich der Schwellenstrom (siehe **Bild 7.12**). Stellt man einen festen Strom ein, so kann es bei starker Temperaturerhöhung dazu kommen, dass praktisch keine Ausgangsleistung mehr emittiert wird. Dagegen kann bei starker Temperaturerniedrigung die Ausgangsleistung so groß werden, dass die Leistungsdichte sehr hoch wird und es zur Selbstzerstörung des Lasers kommt. Für die Abhängigkeit des Schwellenstroms I_S von der Temperatur T gilt [7.15]:

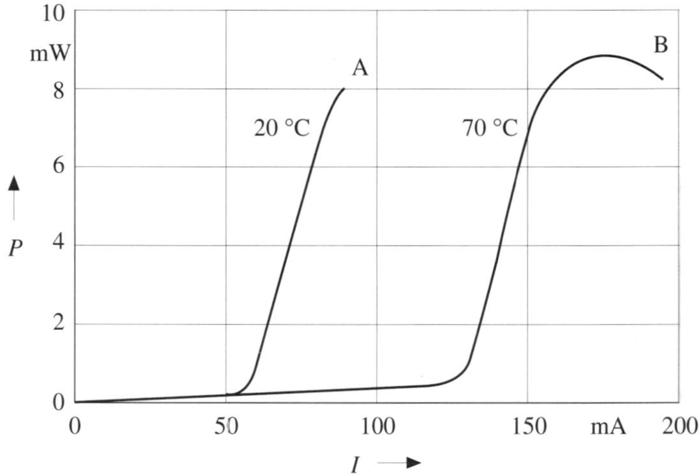

Bild 7.12 *P-I*-Kennlinie eines Halbleiterlasers bei zwei verschiedenen Temperaturen

$$I_S(T) \sim e^{\frac{T}{T_0}} \tag{7.13}$$

wobei:

T_0 charakteristische Temperatur.

T_0 ist ein Maß für die Stärke der Temperaturabhängigkeit, je größer T_0, desto geringer ist der Einfluss der Temperatur. Bei der Herstellung von Halbleiterlasern wird daher versucht, möglichst große T_0-Werte zu erzielen. Für GaAs-Laserdioden liegen die erzielten Werte zwischen 150 K und 250 K [7.15], bei InP sind sie ungünstiger, sie betragen etwa 50 K bis 100 K [7.16]. Bei zu starker Erhöhung des Stroms kommt es zu einer entsprechend großen Temperaturerhöhung, so dass der differentielle Quantenwirkungsgrad wieder abnimmt. Die *P-I*-Kennlinie wird am oberen Ende wieder nicht linear (siehe Bereich A in Bild 7.12). Dies kann so weit gehen, dass die strahlungslosen Rekombinationen so stark zunehmen, dass die Ausgangsleistung mit zunehmendem Strom sogar wieder abnimmt (siehe Bereich B in Bild 7.12).

Auch mit zunehmender Betriebsdauer nimmt der Anteil der nicht strahlenden Rekombinationen zu, man spricht von der *Alterung* des Lasers [7.17, 7.18]. **Bild 7.13** zeigt die Alterungscharakteristik eines GaAs-Lasers. Es kommt zu einer Verschiebung des Schwellenstroms zu höheren Werten und zu einer Verringerung des differentiellen Quantenwirkungsgrads (Verringerung der Steigung im linearen Teil der Kennlinie). Die Verlustleistung erhöht sich, dies wirkt sich insbesondere bei Modulation ungünstig aus, da es schwierig ist, große Amplituden des Injektionsstroms insbesondere bei hohen Frequenzen mit elektronischen Schaltungen zu

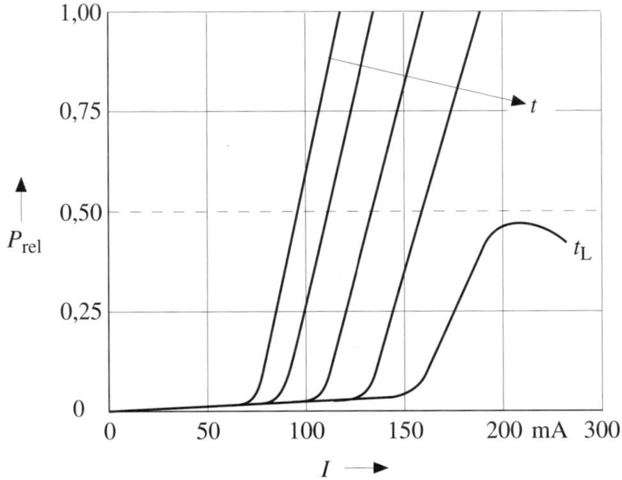

Bild 7.13 Alterung eines Halbleiterlasers, *P-I*-Kennlinie nach zunehmender Betriebsdauer t

t_L Lebensdauer

erzeugen. Darüber hinaus tritt der Effekt der Leistungsabnahme mit zunehmendem Injektionsstrom mit steigendem Alter bei immer niedrigeren Leistungen auf. Die Betriebsdauer, bei der die Leistung im Umkehrpunkt gerade unter die Hälfte seiner ursprünglichen Maximalleistung gefallen ist, bezeichnet man als Lebensdauer des Halbleiterlasers. Heutige Laserhersteller spezifizieren Lebensdauern von mehr als 10^5 Stunden; dies sind keine Zeitmessungen (man will nicht elf Jahre darauf warten), sondern äquivalente Zeiten, die durch künstliche Alterung bei Betrieb mit höheren Temperaturen ermittelt werden.

Eine definierte *P-I*-Kennlinie ist vor allem für die Modulation des Lasers von Bedeutung. Um dem Temperaturproblem entgegenzuwirken, werden zwei Lösungswege beschritten: Eine thermische Stabilisierung oder eine Arbeitspunktregelung. Bei einer *Temperaturregelung* wird der Schwellenstrom konstant gehalten. **Bild 7.14** zeigt eine schematische Darstellung einer solchen Regelung. Mit Hilfe eines Temperatursensors wird die Ist-Temperatur möglichst nahe am Laserchip gemessen. Dies geschieht z. B. mit Hilfe eines NTC-Widerstands oder eines Halbleitertemperatursensors. Eine geeignete Elektronik vergleicht diesen Ist-Wert mit einem vorgegebenen Soll-Wert und führt die Differenzinformation einem Regler zu. Es handelt sich dabei meist um *P-I*-Regler [7.19] (Proportional-Integral-Regler). Der *P-I*-Regler treibt einen Strom durch ein *Peltier-Element* [7.20] (Peltier-Kühler). Ein Peltier-Element ist ein Halbleiterbauelement, bei dem im Falle eines Stromdurchflusses eine Temperaturdifferenz zwischen seinen Enden erzeugt wird. Also eine Seite des Peltier-Elements wird abgekühlt (z. B. Seite A in Bild 7.14), die andere wird aufgeheizt (z. B. Seite B in Bild 7.14). Es wird also Wärme von A nach B umgepumpt und einer Wärmesenke zugeführt. Kehrt man die Stromrichtung um, so erfolgt auch eine Umkehr der Wärmeflussrichtung. Die Laserdiode lässt sich somit sowohl kühlen als auch heizen. Man erhält ein nahezu ideales Bauelement für eine Temperaturregelung. Der *P-I*-Regler treibt damit einen entsprechenden Strom nach Vorzeichen und Betrag durch das Element, bis die Abweichung des Temperatur-Istwerts vom -Sollwert zu null geregelt wird.

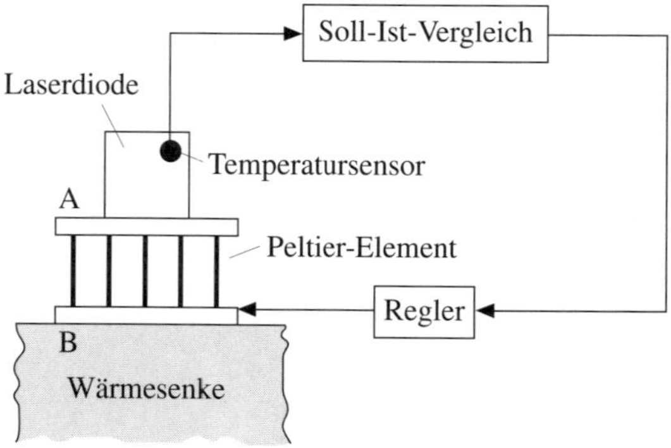

Bild 7.14 Temperaturregelung einer Laserdiode

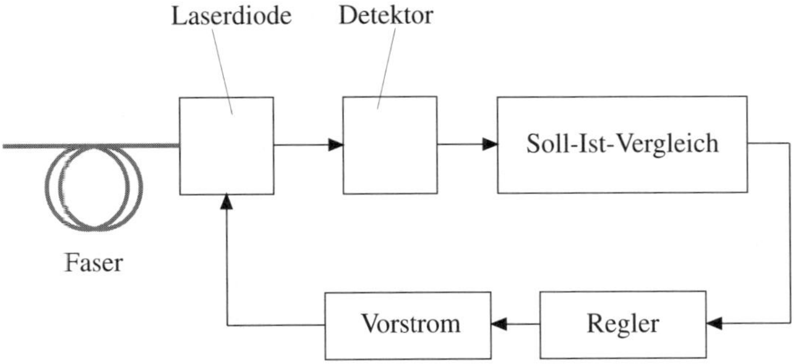

Bild 7.15 Arbeitspunktregelung einer Laserdiode mit Hilfe einer Rücklichtregelung

Die zweite Möglichkeit ist der Einsatz einer Arbeitspunktregelung bzw. *Rücklichtregelung*. Das zugehörige Blockschaltbild zeigt **Bild 7.15**. Da der Fabry-Perot-Laser immer zwei Ausgänge hat (vergleiche Bild 7.10), lässt sich der hintere Ausgang zu Monitorzwecken verwenden. Bringt man dort eine Rücklichtdiode (Monitordiode) an, so kann man die Laserausgangsleistung mit Hilfe des Stroms durch die Monitordiode (vergleiche Abschnitt 7.3) messen. Wie bei der Temperaturregelung kommen wieder ein Soll-Ist-Vergleich und ein Regler zum Einsatz. Der Regler wirkt nun direkt auf den Vorstrom (Unterlegstrom I_0, vergleiche Bild 7.16) des Halbleiterlasers. Erfolgt also z. B. durch Erhöhung der Umgebungstemperatur eine Verringerung der Laserausgangsleistung, so wird der Vorstrom gerade in dem Maße erhöht, dass sich wieder die ursprüngliche Leistung einstellt. Diese Regelung funktioniert allerdings nur, solange $\mathrm{d}P/\mathrm{d}I > 0$ ist, also nicht im Bereich B von Bild 7.12. Unter Modulation muss man noch beachten, dass die mittlere Leistung ausgeregelt wird. Die Messung bzw. Regelung muss entsprechend langsam sein, dass sie der Modulation nicht folgt. Dies ist im Allgemeinen kein Problem, es muss jedoch darauf geachtet werden, dass oberer und unterer Leistungspegel gleich häufig vertreten sind (vergleiche Bild 9.4), da sich sonst eine Veränderung der mittleren Leistung ergibt und der gewünschte Arbeitspunkt auf der *P-I*-Kennlinie nicht eingehalten wird. Für ein digitales Signal bedeutet dies eine Gleichverteilung von logischer Null bzw. Eins.

Die *Modulation* des Halbleiterlasers spielt vor allem eine große Rolle in der optischen Übertragungstechnik, aber auch in der Senortechnik wird sie häufig zur Signalauswertung benötigt. Die Anforderungen an die Geschwindigkeit sind allerdings stark unterschiedlich. Während in der Übertragungstechnik zeitlich veränderliche Signale bis in den GHz-Bereich hinein erforderlich sein können, kommt man in der Sensortechnik häufig mit MHz-Signalen und niedrigeren Frequenzen aus (einfache Sensoren arbeiten auch ohne Modulation). Die Modulation der Lichtleistung erfolgt in der Regel direkt über den Injektionsstrom (Ausnahmen siehe integriert-optische Anwendungen, vergleiche Abschnitte 6.2, 9.3 und 10.2). Sie enthält die Nachricht in analoger oder digitaler Form. Häufig vor allem in der optischen Übertragungstechnik wird digital gearbeitet. Dies liegt am nicht linearen Verhalten der Bauelemente, insbesondere an der *P*-*I*-Kennlinie eines Halbleiterlasers. Dieser weist an der Schwelle und im Sättigungsbereich bereits starke Nichtlinearitäten auf. Bei genauerer Betrachtung stellt man darüber hinaus fest, dass auch Knicke (kinks, vergleiche Bild 7.11) vorhanden sind. Die auch im linearen Teil der *P*-*I*-Kennlinie auftretenden Knicke stehen häufig in Verbindung mit Modensprüngen (s. u.). Diese Nichtlinearitäten führen bei analoger Modulation zu Oberschwingungen, die sich in Systemen störend auswirken [7.21, 7.22] vor allem dann, wenn mehrere optische Sender in eine Übertragungsstrecke eingekoppelt sind. Die Modulation in der Übertragungstechnik erfolgt also meist digital; Ausnahmen bilden Low-Cost-Systeme. Bis zu einem gewissen Grad lassen sich die Nichtlinearitäten durch Vorverzerrungs-

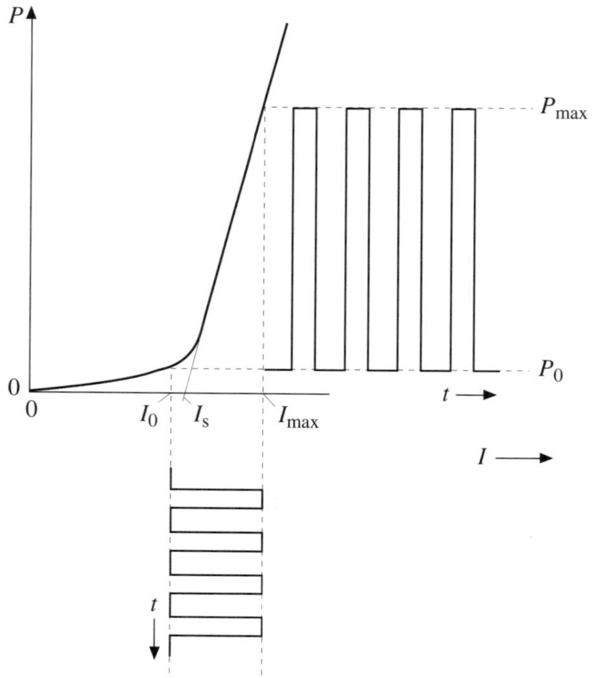

Bild 7.16 Modulation eines Halbleiterlasers über den Injektionsstrom

I_0 Vorstrom

I_S Schwellenstrom

I_{max} Maximalstrom

P_{max} Maximalleistung

t Zeit

netzwerke kompensieren [9.5, 9.6]. Kostengründe bei der Einführungsstrategie der Glasfaser zwingen zu solchen Entwicklungen (es wird angestrebt, die Glasfaser bis zum Teilnehmer zu bringen, Fiber-to-the-home [1.12]).

Da ein optisches Übertragungssystem, aber auch ein optisches Sensorsystem, in der Lage sein soll, möglichst kleine optische Signale fehlerfrei zu verarbeiten, wird ein hoher Störabstand, auch als *Signal-Rausch-Verhältnis S/N* bezeichnet, gefordert (vergleiche Abschnitt 9.1). Dies bedeutet für die Lasermodulation, dass die Leistung in Schwellennähe P_0 (siehe **Bild 7.16**) möglichst klein sein soll, während die Maximalleistung P_{max} möglichst groß gewählt werden sollte. Eine hohe Maximalleistung trägt außerdem zur schnelleren Modulierbarkeit bei. Bei sehr schneller Modulation unterbleibt das Verrunden der *P-I*-Kennlinie im Bereich A (vergleiche Bild 7.12), da die thermischen Zeitkonstanten zu groß sind, so dass es nicht zu entsprechender Aufheizung kommt. Die mögliche Maximalleistung ist allerdings begrenzt, durch die Gefahr der Zerstörung des Laserchips. Die Minimalleistung darf auch nicht zu klein werden, da sonst die Modulierbarkeit wieder verlangsamt wird:

Gibt man einen Stromsprung des Injektionsstroms von I_0 nach I_{max} auf den Halbleiterlaser, so führt die optische Leistung nicht unmittelbar diesen Sprung aus, sondern sie steigt erst nach einer *Zeitverzögerung* t_d an [7.23] (siehe **Bild 7.17**, Photonendichte $S(t)$):

$$t_d \sim \ln\left(\frac{I - I_0}{I - I_S}\right) \tag{7.14}$$

wobei:

I_0 Vorstrom und

I_S Schwellenstrom.

Lässt man I_0 gegen I_S gehen, so geht t_d gegen 0. Die Minimalleistung muss also so groß eingestellt werden, dass bei einer logischen Null die Leistung in etwa der Schwellenleistung entspricht. Dies bewirkt einen optischen Untergrund, der zu einem unerwünschten Rauschen (vergleiche Abschnitt 9.1) führt. Wählt man nach einem unvermeidlichen Kompromiss die Parameter entsprechend, so sind Modulationsfrequenzen über 10 GHz möglich. **Bild 7.18** zeigt den Betrag der Übertragungsfunktion (vergleiche Abschnitt 3.4.3) eines über den Injektionsstrom modulierten Halbleiterlasers; die 3-dB-Grenzfrequenz beträgt in diesem Fall 1,9 GHz.

Bild 7.17 zeigt außerdem, dass ein Einschwingvorgang stattfindet. Die abklingenden Schwingungen werden als *Relaxationsschwingungen* bezeichnet [7.23, 7.24]. Diese entstehen durch Wechselwirkung der dynamischen Ladungsträger mit den Photonen im Halbleitermaterial. Nach dem Stromsprung ist die Ladungsträgerdichte $n(t)$ am Anfang sehr hoch, da während der Zeit t_d noch keine strahlenden Rekombinationen stattgefunden haben. Die Photonendichte steigt verzögert an, bis nach dem Einsetzen der Rekombination nur noch so viele Ladungsträger wie nach dem Einschwingvorgang vorhanden sind (n_S zum Zeitpunkt A in Bild 7.17). Die

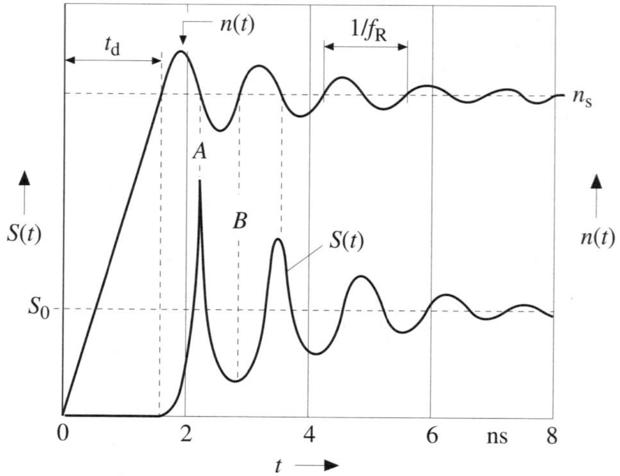

Bild 7.17 Relaxationsschwingungen beim Einschalten eines Stromimpulses

t_d Zeitverzögerung

f_R Relaxationsfrequenz

$n(t)$ Ladungsträgerdichte

$S(t)$ Photonendichte [7.24]

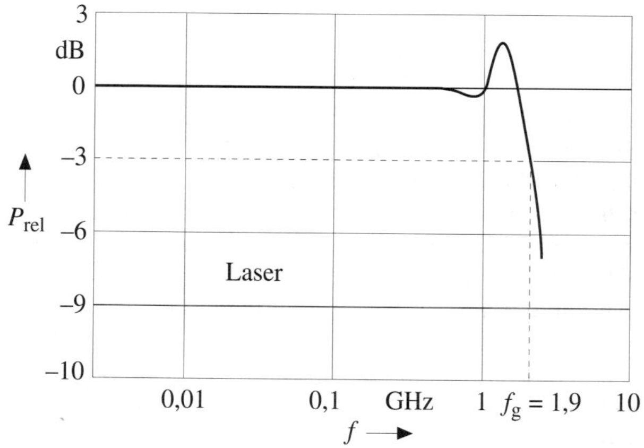

Bild 7.18 Modulationsübertragungsfunktion eines Halbleiterlasers

f Frequenz

f_g Grenzfrequenz

P_{rel} Amplitude der modulierten optischen Leistung, bezogen auf Werte für Modulationsfrequenzen gegen null

Photonendichte ist jetzt größer als nach dem Einschwingvorgang (S_0), da das ganze Reservoir an Ladungsträgern, das während t_d aufgebaut wurde, jetzt zur Verfügung steht. Die abgegebene Leistung geht über den Maximalwert im eingeschwungenen Zustand hinaus. Die vorhandene große Photonenanzahl ist nun in der Lage, viele stimulierte Emissionen auszulösen. Es rekombinieren mehr Ladungsträger, als dem eingeschwungenen Zustand entspricht, also mehr als durch den Injektionsstrom aufgefüllt werden. Die Ladungsträgerdichte sinkt unter den Endzustand, die Photonendichte nimmt wieder ab. Die abgegebene Leistung sinkt unter den Wert im eingeschwungenen Zustand (Zeitpunkt B in Bild 7.17). Der Vorgang wiederholt sich so lange, bis der Einschwingvorgang abgeklungen ist. Die genauen Verhältnisse werden durch die Bilanz- oder Ratengleichungen beschrieben. Es handelt sich dabei um ein Differentialgleichungssystem, bei dem die Ladungsträgerdichte mit der Photonendichte verkoppelt ist [7.25, 7.26].

Von großer Bedeutung ist die *Wellenführung* in Halbleiterlasern [7.14, 7.27, 7.28]. Um die Verstärkung der optischen Strahlung möglichst effizient zu machen, müssen die Lichtwelle und der Bereich, in dem die Rekombinationen stattfinden, auf einen engen Raum begrenzt werden. Die Führung der Lichtwelle muss daher wie bei der Faser in zwei Dimensionen eingegrenzt werden. Der Aufbau und die Schichtenfolge beim Halbleiterlaser sind ähnlich wie bei der LED (vergleiche Bild 7.4). Damit lässt sich senkrecht zur Richtung des Stromflusses eine Begrenzung erreichen (siehe **Bild 7.19**). Dies geschieht zum einen durch den Bandabstand ΔE; durch die Doppelheterostruktur (vergleiche Abschnitt 7.2) sind die Rekombinationen gerade auf Schicht I begrenzt. Außerdem ist zum andern durch die Dotierung die Brechzahl von Schicht I, der aktiven Schicht, größer als die Brechzahl der sie umgebenden Schichten: $n_1 > n_2, n_3$. Es entsteht also ein Schichtwellenleiter.

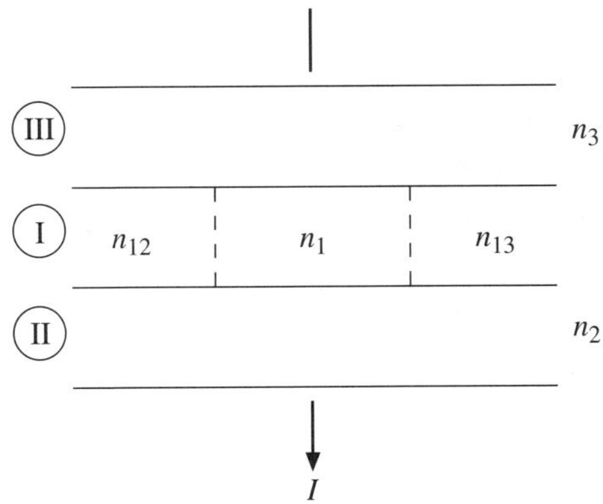

Bild 7.19 Wellenführung in Halbleiterlasern, I aktive Schicht, II und III umgebende Schichten mit zugehörigen Brechzahlen und Brechzahlfeinstruktur in der aktiven Schicht bei Indexführung

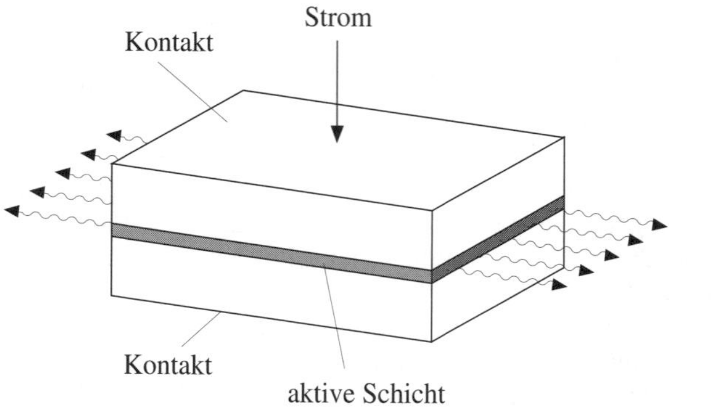

Bild 7.20 Halbleiterlaser ohne seitliche Begrenzung der aktiven Schicht

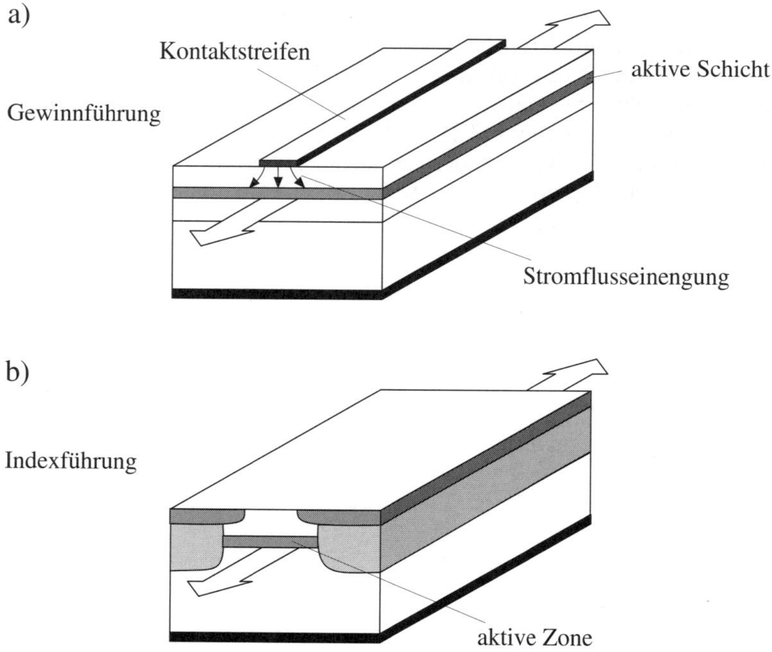

Bild 7.21 Halbleiterlaser mit seitlicher Begrenzung der aktiven Schicht
a) durch Gewinnführung
b) durch Indexführung

Die ersten Halbleiterlaser waren auf der gesamten Oberfläche kontaktiert, so dass der Stromfluss im gesamten Halbleitermaterial erfolgte (siehe **Bild 7.20**). Dies hatte zur Folge, dass so große Schwellenströme benötigt wurden, dass nur Pulsbetrieb möglich war, da dies sonst zur Zerstörung des Lasers führen würde. Dauerbetrieb, CW-Betrieb (continuous wave) wurde erst durch weitere Verbesserungen, durch Einengung des strahlenden Bereichs ermöglicht:

Die Begrenzung parallel zur Richtung des Stromflusses lässt sich in zwei Gruppen einteilen: In Laser mit *Gewinnführung* [7.27, 7.29] (gain-guiding) und solchen mit *Indexführung* [7.27, 7.30] (index-guiding). **Bild 7.21a** zeigt den schematischen Aufbau eines Oxidstreifenlasers, der nach dem Prinzip der Gewinnführung arbeitet. Die Kontaktierung bewirkt, dass der Stromfluss nur in einem engen Raum stattfinden kann, also dass es nur dort zu Rekombinationen von Ladungsträgern und damit zur Photonenemission kommt. **Bild 7.21b** zeigt den schematischen Aufbau eines indexgeführten Halbleiterlasers. Hierbei wird nicht nur senkrecht zur Stromflussrichtung, sondern auch parallel dazu eine Wellenführung erreicht, indem man auch in dieser Dimension durch Dotierung eine entsprechende Brechzahlvariation vornimmt und damit einen Wellenleiter realisiert: $n_1 > n_{12}, n_{13}$ (siehe Bild 7.19).

Dimensioniert man den aktiven Bereich entsprechend klein, so erhält man wie bei der Faser einen transversal und lateral einmodigen Wellenleiter. Man nennt Laser, die diese Eigenschaft aufweisen, vereinfacht *transversale Einmodenlaser*. Beim Laser ist hier im Gegensatz zur Faser der Zusatz „transversal" notwendig, um von longitudinalen Moden (s. u.) abzugrenzen. Die transversale Einmodigkeit ist eine

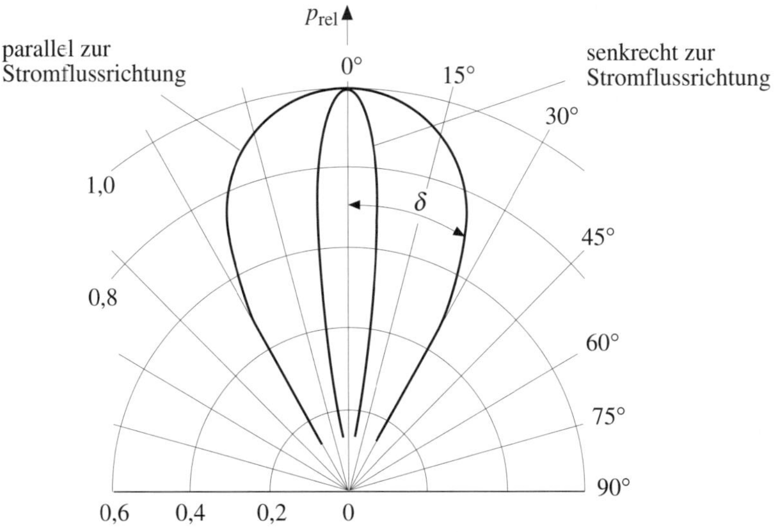

Bild 7.22 Abstrahlcharakteristik eines Halbleiterlasers

P_{rel} optische Leistung, bezogen auf die Leistung bei senkrechter Abstrahlung

Grundvoraussetzung für einen Halbleiterlaser, vor allem unter dem Aspekt der Einkopplung des Lichts in eine Faser.

Die *räumliche Abstrahlcharakteristik* eines Halbleiterlasers [7.31] zeigt **Bild 7.22**, sie ist schmaler als bei einer LED (vergleiche Bild 7.7). Es ergibt sich jedoch meist eine asymmetrische Abstrahlcharakteristik auf Grund der asymmetrischen Abstrahlfläche. Dies lässt sich verstehen, wenn man die Zusammenhänge zwischen dem Abstrahlwinkel δ und der Strahltaille eines Gauß'schen Strahls betrachtet (vergleiche Gl. (3.19)). Die Abstrahlfläche typischer Halbleiterlaser hat eine Breite von etwa 4 µm bis 10 µm und eine Dicke von weniger als 1 µm. **Bild 7.23** zeigt das Fernfeld eines indexgeführten Halbleiterlasers in zwei zueinander senkrechten Richtungen, als Parameter tritt die optische Absolutleistung auf.

Gewinngeführte Laser zeigen im Allgemeinen eine größere Divergenz des abgestrahlten Lichts und ein stärker astigmatisches Verhalten als indexgeführte. Durch die Strominjektion kommt es konkurrierend zur Wellenführung zu einer Erniedrigung der Brechzahl. Dies bewirkt auch eine starke Abweichung von der Gauß-Form des Fernfelds. Es kommt zu sogenannten Ohren im Fernfeld senkrecht zur Strom-

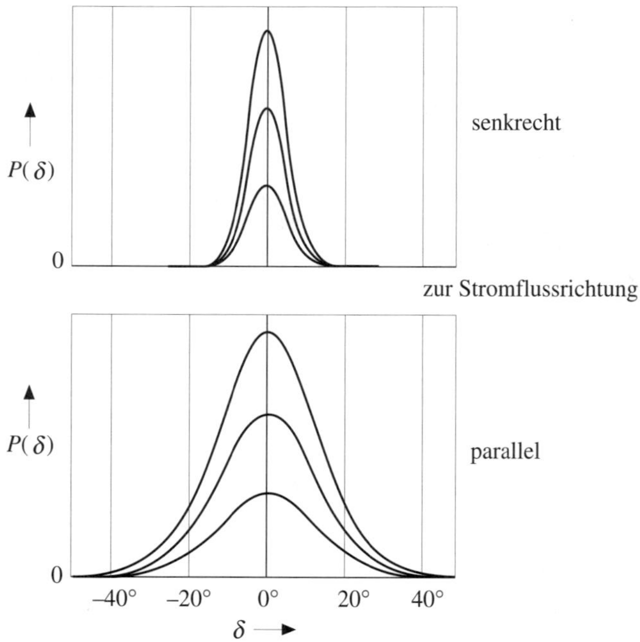

Bild 7.23 Fernfeld eines indexgeführten Halbleiterlasers;
optische Leistung P in Abhängigkeit vom Abstrahlwinkel δ in zwei zueinander senkrechten Richtungen bei drei verschiedenen Absolutleistungen

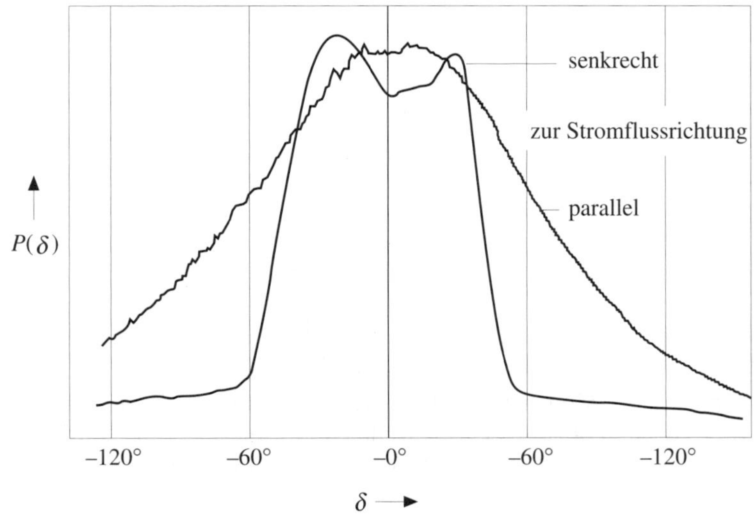

Bild 7.24 Fernfeld eines gewinngeführten Halbleiterlasers; optische Leistung P in Abhängigkeit vom Abstrahlwinkel δ in zwei zueinander senkrechten Richtungen

flussrichtung. **Bild 7.24** zeigt eine Messkurve des Fernfelds eines gewinngeführten Lasers in den beiden zueinander senkrechten Richtungen. Der sich im Laser ausbreitende Grundmodus stellt also keine ebene Welle dar, sondern es erfolgt eine divergente Abstrahlung. Am Laserspiegel ergeben sich keine senkrechten Reflexionen, darüber hinaus sind die Reflexionswinkel für die beiden zueinander senkrechten Richtungen unterschiedlich. Nach der Fresnel-Reflexion (vergleiche Abschnitt 2.5) ergibt sich somit ein unterschiedlicher Leistungs-Reflexionskoeffizient für eine TE- bzw. eine TM-Welle [7.32] (siehe **Bild 7.25**):

$R_{TE} > R_S$ bzw. $R_{TM} < R_S$ und somit $R_{TE} > R_{TM}$,

wobei:

R_S Leistungs-Reflexionskoeffizient für die Reflexion senkrecht zur Stirnfläche des Halbleiterlasers.

Die TE-Welle wird in höherem Maß an der Grenzfläche reflektiert als die TM-Welle und damit im Lasermaterial auch in höherem Maß verstärkt. Da der Verstärkungsprozess einer Exponentialfunktion unterliegt (vergleiche Gl. (7.10)), bedeutet dies, dass die Emission im Wesentlichen linear in TE-Richtung polarisiert ist. Durch spontane Emission, die zu einem geringen Teil auch beim Halbleiterlaser vorhanden ist, verbleibt ein Rest an unpolarisiertem Licht. Beim indexgeführten Laser liegt dieser Anteil bei etwa 10^{-3} bis 10^{-2} vom polarisierten Anteil, beim gewinngeführten Laser kann der unpolarisierte Anteil bis zu 10 % betragen. Dies liegt am wesentlich

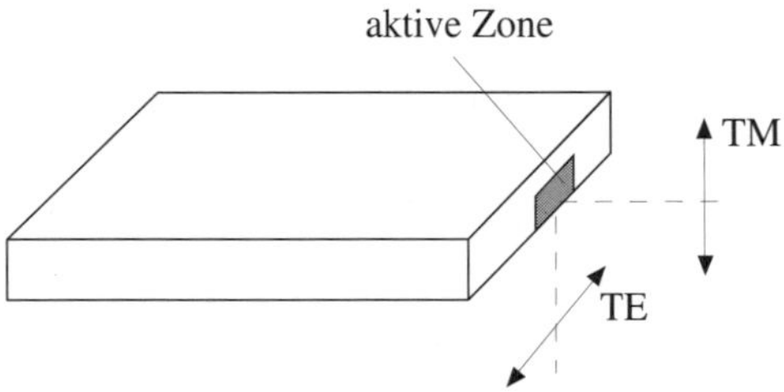

Bild 7.25 TE- und TM-Richtung in Bezug auf Laserchip und aktive Zone

höheren Anteil der spontanen Emission und äußert sich auch in einer stärkeren Verrundung der *P-I*-Kennlinie im Schwellenbereich [7.21] (siehe **Bild 7.26**).

Neben den transversalen Moden treten beim Halbleiterlaser auch longitudinale Moden auf [7.33]. Es kommt zu stehenden Wellen im Resonator (siehe **Bild 7.27**). Dazu muss gefordert werden, dass an den Spiegeln Schwingungsknoten existieren. Es gilt:

$$L = \frac{\mu\lambda}{2n}, \tag{7.15}$$

wobei:

μ ganze Zahl.

Geht man von einem GaAs-Laser aus mit einer Wellenlänge von 850 nm, einer Brechzahl von 3,5 und einer typischen Länge von etwa 300 µm, so ergeben sich etwa 3000 Moden.

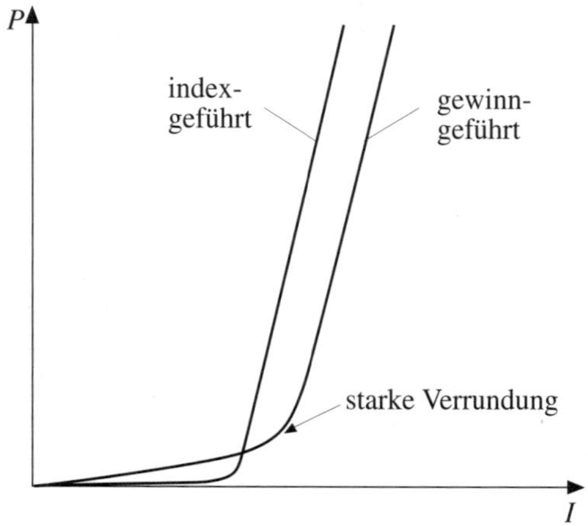

Bild 7.26 *P-I*-Kennlinien von gewinn- und indexgeführten Halbleiterlasern im Vergleich

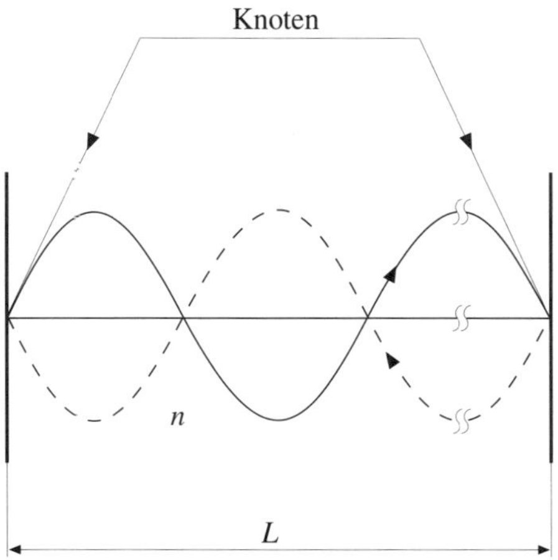

Bild 7.27 Stehende Wellen im Laserresonator
n Brechzahl
L Länge des Resonators

Für den *Modenabstand* $\Delta\lambda$ gilt unter Vernachlässigung der Dispersion:

$$\Delta\lambda = \frac{\lambda^2}{2nL} \tag{7.16}$$

Dies entspricht dem freien Spektralbereich eines Fabry-Perot-Interferometers (vergleiche Abschnitt 6.4). Der Modenabstand für den oben genannten Lasertyp beträgt etwa 0,3 nm. **Bild 7.28** zeigt Messkurven des zugehörigen Lasermodenspektrums. In Teilbild a liegt der Vorstrom nur knapp über dem Schwellenstrom, es ergibt sich das typische Spektrum eines *Vielmodenlasers* (Multimodelasers). Teilbild b ist etwa bei 1,4fachem Schwellenstrom aufgenommen, und c repräsentiert das letzte Drittel auf der *P-I*-Kennlinie. Die Nebenmodenunterdrückung im letzten Fall beträgt etwa 12 dB für die nächst benachbarten Moden. Bei dem verwendeten Lasertyp handelt es sich um einen indexgeführten Laser. Indexgeführte Laser sind eher Wenigmodenlaser, insbesondere bei hohem Anregungsstrom. Gewinngeführte Laser zeigen dagegen eher ein Vielmodenverhalten auch bei hohem Injektionsstrom (siehe **Bild 7.29**). Bei Modulation über den Injektionsstrom kommt es wieder zu einer Erhöhung der Modenzahl auch im indexgeführten Laser.

Für optische Übertragungssysteme sind für den Einsatz von Einmodenfasern Wenigmodenlaser, möglichst *Einmodenlaser,* erwünscht, um eine möglichst geringe Signalverzerrung durch chromatische Dispersion zu erhalten (vergleiche Abschnitt 3.4). Setzt man dagegen Vielmodenfasern ein, so sind Vielmodenlaser angebracht. Die Verbindung von Einmodenlaser und Vielmodenfaser ist problematisch, da sich durch

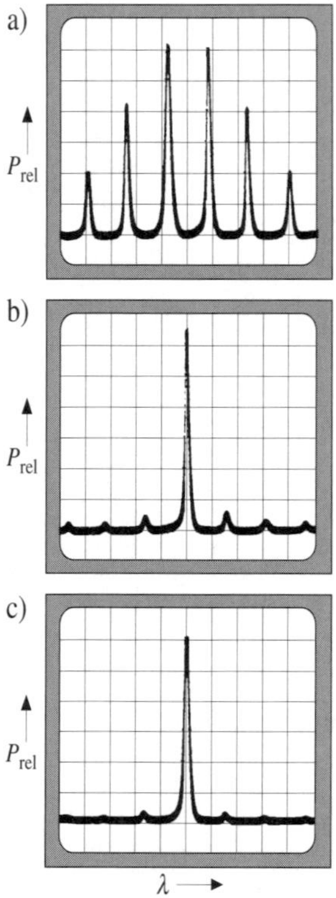

Bild 7.28 Modenspektrum eines indexgeführten GaAs-Halbleiterlasers

a) in Schwellenstromnähe

b) bei mittlerem Strom

c) bei hohem Strom, Modemabstand $\Delta\lambda \approx 0{,}3$ nm [7.34]

die geringe spektrale Breite beim Einmodenlaser eine hohe Kohärenz ergibt. Dies führt zu einer hohen Interferenzfähigkeit zwischen verschiedenen Fasermoden, auch bei bereits großen Laufzeitdifferenzen (vergleiche Abschnitt 2.2 und Abschnitt 2.3). Betrachtet man an einer willkürlichen Stelle der Faserstrecke die Stirnfläche einer Faser, so ergibt sich ein Speckle-Muster (siehe **Bild 7.30**). Durch äußere Einflüsse wie Temperatur und Vibration variiert das Speckle-Muster zeitlich. Dies ist unproblematisch, wenn das Feld des gesamten Speckle-Musters uneingeschränkt einem Detektor zugeführt wird. An bestimmten Stellen in der Faserstrecke, insbesondere an Steckern und Spleißen, kommt es jedoch dazu, dass ein Teil des Speckle-Musters ausgeblendet wird. Man spricht von einer Modenselektivität (vergleiche Bild 5.7). Dies führt zu einem Rauschen, dem *Modenrauschen* (modal noise) [7.35, 7.36]. Da

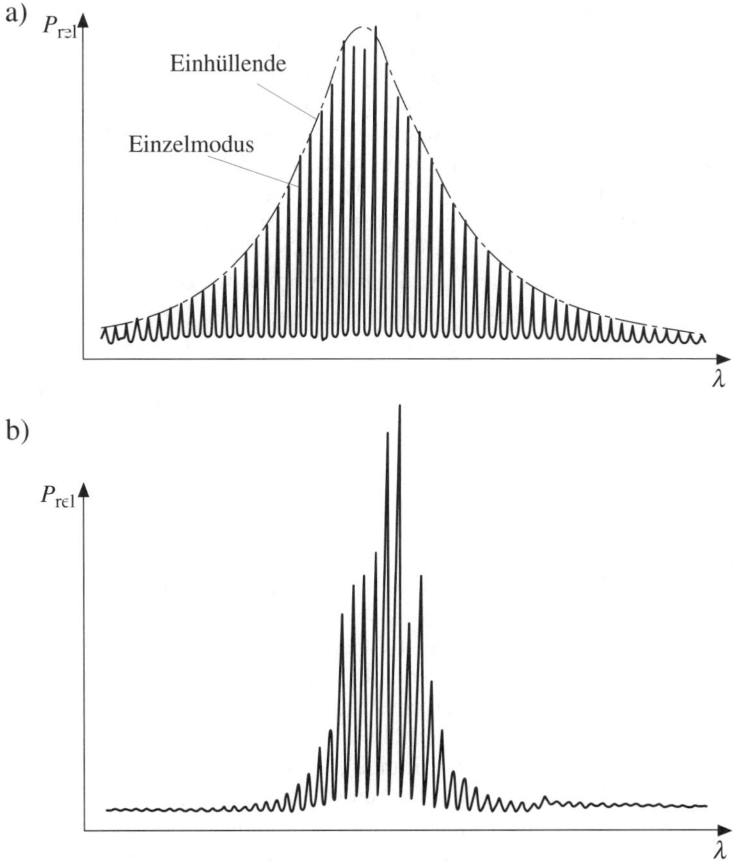

Bild 7.29 Modenspektrum eines gewinngeführten GaAs-Halbleiterlasers

a) bei niedrigem Strom

b) bei hohem Strom [4.18]

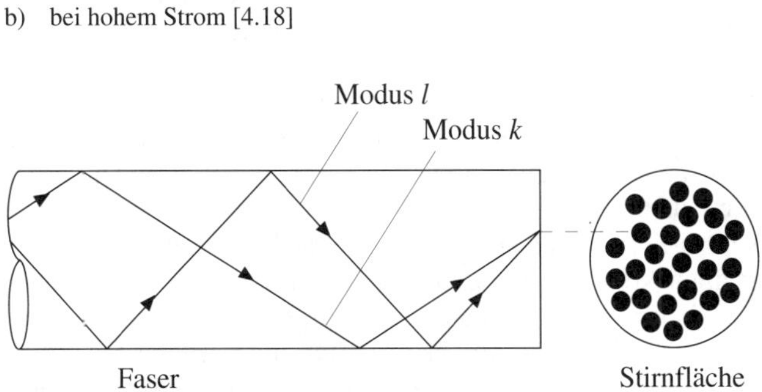

Bild 7.30 Interferenz transversaler Moden einer Vielmodenfaser beim Einsatz kohärenter Lichtquellen

die Faser verschiedene Moden unterschiedlich stark bedämpft, kommt es außer an Stoßstellen auch durch die Faser selbst zu diesem Effekt. Abhilfe schafft hierbei der Einsatz von Vielmodenlasern. Durch die große spektrale Breite und die damit verbundene geringe Kohärenz ist die Interferenzfähigkeit auf Grund der Dispersion der Faser bereits nach kurzer Streckenlänge so stark herabgesetzt, dass praktisch kein Modenrauschen entsteht. Allerdings handelt man sich damit Signalverzerrungen auf Grund der chromatischen Dispersion ein. Diese Vorgehensweise ist daher nur für geringe Übertragungskapazitäten (Bitrate × Länge) brauchbar. Für hohe Anforderungen an die Übertragungseigenschaften muss konsequenterweise der Einsatz von Einmodenfasern in Verbindung mit Einmodenlasern gefordert werden.

Auch für Sensorsysteme muss die Frage nach dem richtigen Laser vom entsprechenden Einsatz abhängig gemacht werden. Einmodenlaser sind wieder nur gefordert, wenn eine hohe Kohärenz vonnöten ist. Für viele Systemanwendungen, insbesondere mit Fasern, ist eine zu hohe Kohärenz nur störend [7.37, 7.38]: Die hohe Kohärenz führt durch Reflexionen an Stoßstellen zu unerwünschten Interferenzen (auch wenn die Stoßstellen weit auseinander liegen), die sich als Störung im Messsignal auswirken (vergleiche Abschnitt 10.2).

Sowohl für optische Übertragungssysteme als auch für Sensorsysteme kann die Temperaturabhängigkeit der spektralen Eigenschaften von Halbleiterlasern ein Problem sein [7.39, 7.40]. Der Schwerpunkt der Einhüllenden des Spektrums eines Vielmodenlasers (siehe Bild 7.29a) verschiebt sich mit zunehmender Temperatur zu höheren Wellenlängen, bedingt durch die Temperaturabhängigkeit der Verstärkungskurve. Sie beträgt für GaAs-Dioden etwa 0,3 nm/K. Für InP-Dioden ist sie größer, sie liegt bei etwa 0,5 nm/K. Die Verschiebung eines Einzelmodus (ebenfalls zu höheren Wellenlängen bei Temperaturerhöhung [7.41]) ist bedingt durch die Änderung der Resonatorlänge (Brechzahl × Länge), wobei die Hauptursache in der Brechzahländerung liegt. Die Abhängigkeit für beide Halbleitermaterialien liegt bei etwa 0,1 nm/K. Betrachtet man einen Einmodenlaser, so kommt es zunächst zu einer stetigen Verschiebung des Modus (siehe **Bild 7.31**), bis die Verstärkungskurve für den nächsthöheren Modus günstiger ist. Es kommt zu einem Wellenlängensprung. Der ursprüngliche Modus verschwindet, und der nächsthöhere schwingt an und verändert sich dann wieder stetig. Beim Übergang kann es auch dazu kommen, dass sich ein unstabiler Zustand einstellt, d. h., die Wellenlänge springt ständig zwischen zwei benachbarten Moden hin und her. Erhöht man zusätzlich den Injektionsstrom, so tritt die Sprungstelle früher ein (siehe Bild 7.31), insbesondere bei Modulation über den Injektionsstrom wird die Sprungneigung begünstigt. Bei Vielmodenlasern äußert sich eine Modulation dadurch, dass die Leistungsaufteilung zwischen den verschiedenen Lasermoden zeitlich fluktuiert. Da die zeitliche Variation sehr schnell sein kann, ist sie mit langsamen Messgeräten, z. B. mit einem mechanisch gesteuerten Monochromator, nicht zu beobachten. Es müssen zeitaufgelöste Messungen vorgenommen werden. Durch diesen Effekt kommt es in Verbindung mit der Faserdispersion zu einem weiteren Rauschen, dem *Modemverteilungsrauschen* (mode partition noise) [7.21, 7.42].

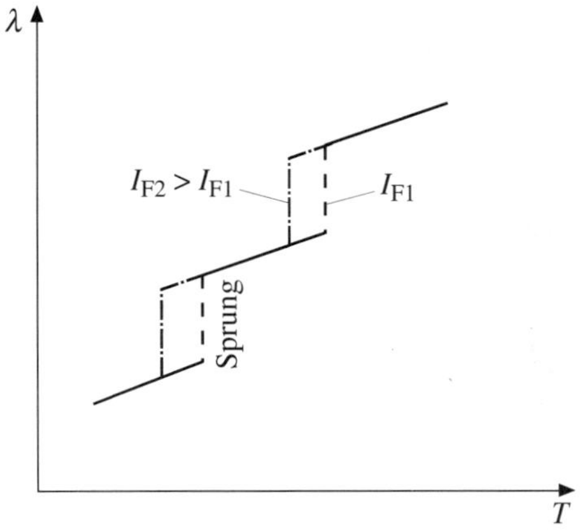

Bild 7.31 Abhängigkeit der Wellenlänge λ eines Einzelmodus (bei Einmodenlasern einziger Modus) von der Temperatur T mit dem Injektionsstrom I_F als Parameter

Untersucht man das Spektrum eines Einmodenlasers oder eines einzelnen Modus eines Vielmodenlasers genauer, so erkennt man, dass auch dieses nicht die Gestalt einer Delta-Funktion (vergleiche Abschnitt 2.3) besitzt, sondern dass das Leistungsdichtespektrum $p(f)$ eine *Lorentz-Funktion* mit einer endlichen Halbwertsbreite Δf aufweist:

$$p(f) = \frac{p_0}{1 + c'(f - f_0)^2} \tag{7.17}$$

wobei:

f_0 Mittenfrequenz und

c' Konstante.

Die Konstante c' beschreibt, wie stark der Leistungsdichteanteil mit zunehmender Abweichung von der Mittenfrequenz abnimmt.

Die spektrale Halbwertsbreite Δf ist abhängig von der optischen Leistung P des Lasers (*Schawlow-Townes-Formel* [7.43]) und dem *Linienverbreiterungsfaktor* α von Henry [7.44]:

$$\Delta f \sim \frac{1 + \alpha^2}{P} \tag{7.18}$$

Mit zunehmendem Injektionsstrom verschmälert sich somit nicht nur die Einhüllende des Modenspektrums (vergleiche Bild 7.28 und Bild 7.29), sondern auch die spektrale Breite des Einzelmodus. Durch Modulation bzw. durch Rauschen bewir-

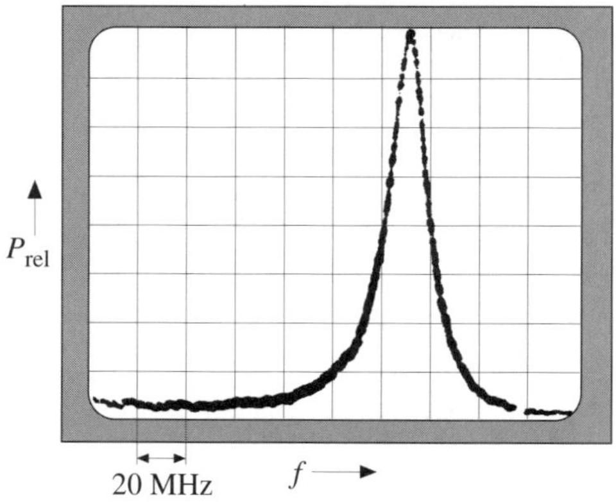

Bild 7.32 Hoch aufgelöste Messung des zentralen Modus des Laserspektrums entsprechend Bild 7.28 c
f Laserfrequenz [7.34]

ken Ladungsträgeränderungen Variationen des Imaginärteils der Brechzahl n'' (vergleiche Abschnitt 3.3). Dies bewirkt auch eine Änderung des Realteils n' und führt zu einer Linienverbreiterung (chirping) [7.45]:

$$\alpha = \Delta n' / \Delta n'' \tag{7.19}$$

Bild 7.32 zeigt eine hoch aufgelöste Messung des zentralen Modus eines GaAs-Lasers bei hohem Injektionsstrom mit einem Fabry-Perot-Interferometer. Die Linienbreite (FWHM) beträgt (nach Eliminierung des Messgeräteinflusses) etwa 10 MHz. Quaternäre Laserdioden weisen in der Regel noch größere Breiten auf. Diese hohen Werte können unter bestimmten Umständen nicht toleriert werden, so dass Maßnahmen zur Linienbreitenreduktion ergriffen werden müssen (siehe Abschnitt 9.3.2).

In einigen Fällen ist ein Einmodenlaser mit hoher Nebenmodenunterdrückung Voraussetzung für das Funktionieren eines Systems. Dies ist insbesondere bei langwelligen Fabry-Perot-Lasern nicht erfüllt. Bringt man an einem solchen Laser einen *externen Resonator* an, so kann die Nebenmodenunterdrückung drastisch verbessert werden. **Bild 7.33** zeigt das Wirkungsprinzip. Dazu muss die optische Länge des externen Resonators etwa 10 % bis 20 % über oder unter der optischen Länge des Lasers liegen. Es bilden sich longitudinale Moden sowohl des Lasers als auch des externen Resonators. Eine Übereinstimmung der spektralen Lage eines Lasermodus mit einem Modus des externen Resonators ergibt sich bei einer Konstellation wie in Bild 7.33 außer beim Zentralmodus erst wieder bei Modus 5 des Lasers (entsprechend Modus 4 des externen Resonators). Dieser Modus liegt jedoch bereits schon außerhalb der Verstärkungskurve des Lasers. Somit erfolgt eine starke Anhebung des Zentralmodus, während die anderen Moden unterdrückt werden. **Bild 7.34a** zeigt das Spektrum eines InP-Lasers ohne externen Resonator, in **Bild 7.34b** ist ein

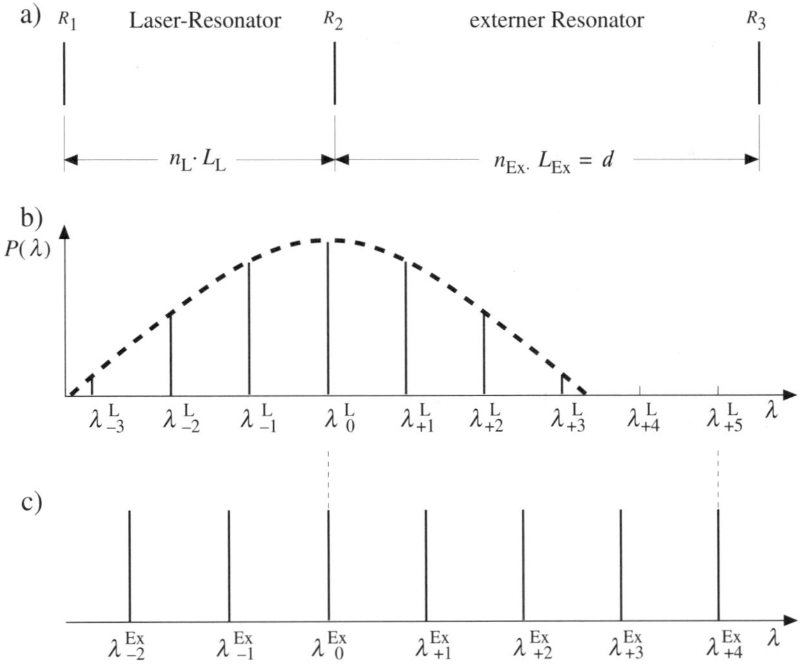

Bild 7.33 Schematische Darstellung eines Lasers mit externem Resonator

a) Anordnung von Laser und externem Resonator

b) Modenstruktur des Laserresonators

c) Modenstruktur des externen Resonators

$R_1 = R_2$ Reflexionskoeffizient der Facetten des Fabry-Perot-Lasers

R_3 Reflexionskoeffizient des externen Spiegels

n_i, L_i, λ_i Brechzahl, Länge und Wellenlänge des Lasers bzw. des externen Resonators [7.46]

externer Resonator angebracht. In beiden Fällen ist der gleiche Injektionsstrom und die gleiche Temperatur eingestellt worden. Die erzielte Nebenmodenunterdrückung ist größer als 20 dB. Darüber hinaus ist es auch möglich, durch Veränderung der Lage des externen Spiegels die Laserwellenlänge zu variieren [7.46].

Modernere Konzepte zur Nebenmodenunterdrückung setzen im Halbleiterlaser selber an. Ähnlich wie oben beschrieben arbeitet der *C^3-Laser* (cleaved-coupled-cavity) [7.47], der aus zwei gekoppelten aktiven Resonatoren besteht, die über den Injektionsstrom abgestimmt werden können (siehe **Bild 7.35a**). Der *DBR-Laser* (distributed bragg reflection) [7.48] vermeidet die Fabry-Perot-Reflexion an den Laserenden durch zwei Gitterreflektoren außerhalb der aktiven Schicht (siehe

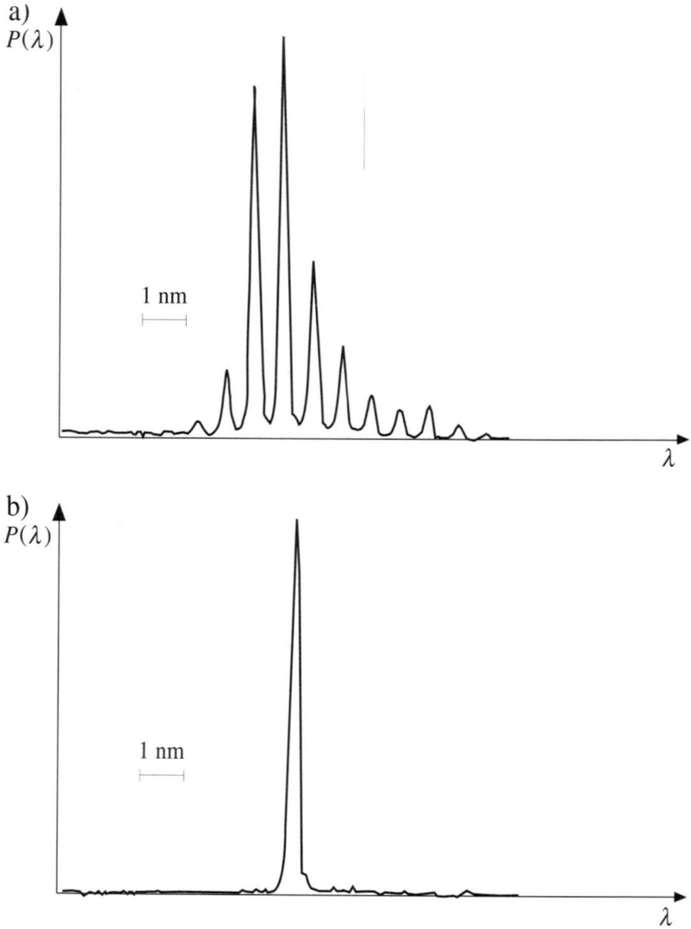

Bild 7.34 Modenspektrum eines InGaAs-Fabry-Perot-Halbleiterlasers

a) Vielmodenzustand ohne externen Resonator

b) Einmodenzustand mit externem Resonator [7.46]

Bild 7.35b). Am weitesten entwickelt ist jedoch der *DFB-Laser* (distributed feedback) [7.48, 7.49], bei dem die Rückwirkung über den gesamten aktiven Bereich durch Aufbringen eines Gitters verteilt ist (siehe Bild 7.35c).

Der DFB-Laser zeigt im Vergleich zum Fabry-Perot-Laser noch weitere günstige Eigenschaften. Er ist dynamisch einmodig, d. h., auch unter Modulation wird nur ein einziger longitudinaler Modus emittiert, und er weist eine geringe Linienverbreiterung auf. Darüber hinaus ist seine *P-I*-Kennlinie in hohem Maß linear.

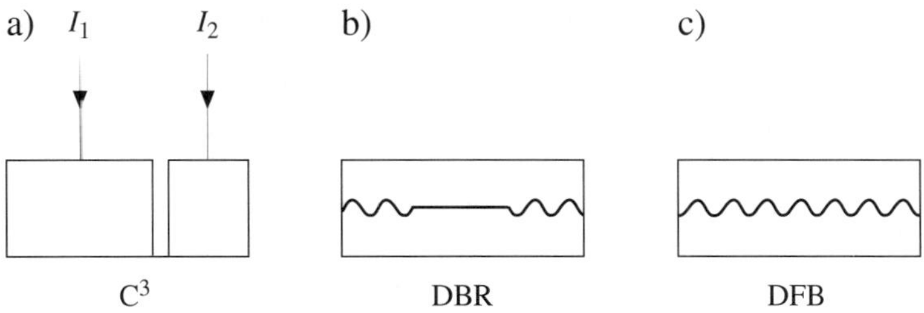

Bild 7.35 Weiterentwicklungen von Halbleiterlasern

a) Cleaved Coupled Cacity Laser (C^3)

   I_1 Modulationsstrom

   I_2 Strom zur Abstimmung des zweiten Resonators

b) Distributed Bragg Reflection Laser (DBR)

c) Distributed Feedback Laser (DFB)

Eine neue, viel versprechende Lichtquelle für den Einsatz in der optischen Nachrichtentechnik bzw. in der Sensorik ist der VCSEL (*Vertical Cavity Surface Emitting Laser*) [1.12, 7.70]. Im Gegensatz zu den vorher beschriebenen Lasertypen handelt es sich beim VCSEL nicht um einen Kantenemitter, sondern um eine oberflächen-

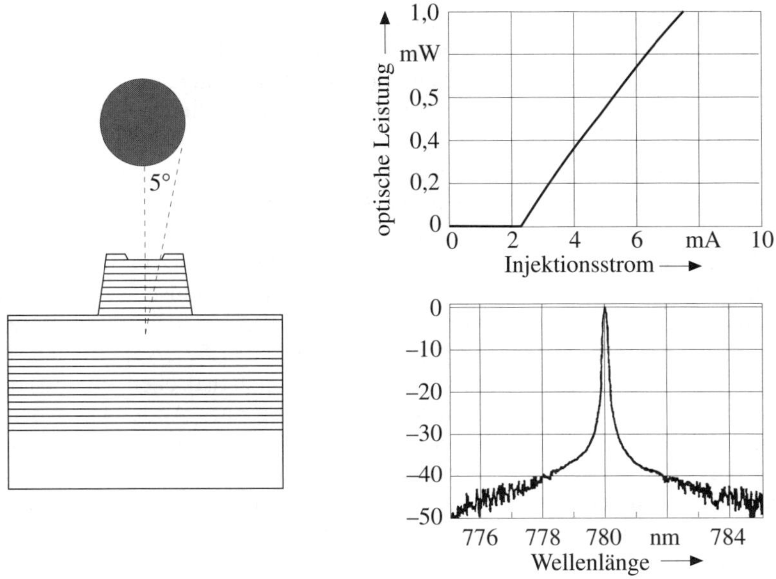

Bild 7.35d Vertical Cavity Surface Emitting Laser (VCSEL)

emittierende Laserdiode. Die Resonatorkonstruktion arbeitet deshalb vertikal mit Multi-Quantentopfstrukturen (Multiple Quantum Well Laser, MQW) [7.70]. Vorteile dieses Typs liegen vor allem darin, dass auf Grund der Oberflächenemission eine günstige Faserkopplung möglich ist. Letztere wird weiter erleichtert durch eine geringe und symmetrische Abstrahlcharakteristik (siehe **Bild 7.35d**). Außerdem erhält man sehr geringe Schwellenströme und eine longitudinale Einmodenstruktur.

In einigen Anwendungsfällen, sowohl für optische Übertragungssysteme als auch für Sensorsysteme, spielt auch die Stabilität der Wellenlänge bzw. der Frequenz eine große Rolle [7.39] (vergleiche Abschnitte 9.3 und 10.2). Dazu besteht die Möglichkeit, externe Referenzelemente einzusetzen, mit denen die Wellenlänge gemessen wird. Als Referenzelemente können z. B. externe Fabry-Perot-Interferometer oder Ringresonatoren eingesetzt werden. Abweichungen von einem vorgegebenen Sollwert lassen sich durch Einsatz von Reglern über den Injektionsstrom ausregeln [6.18] (siehe **Bild 7.36a**). Bild 7.36 b zeigt die stabilisierte Frequenz eines GaAs-Lasers, die Stabilität beträgt etwa 1 MHz (etwa 10^{-9} des Nominalwerts).

Wellenlängen- bzw. Frequenzfluktuationen können auch als Rauschgrößen interpretiert werden. Bei langsamen Änderungen mit Zeitkonstanten im Minutenbereich spricht man von einer Drift (siehe **Bild 7.36b** nicht stabilisierter Zustände), hochfrequente Änderungen werden als *Frequenzrauschen* bezeichnet [7.51]. Unter Einbeziehung der Bandbreite, mit der die Fluktuationen gemessen werden, gibt man dieses Rauschen in Einheiten der Lichtfrequenz/$Hz^{0,5}$ an. Dabei werden die Fluktuationen der Frequenz mit endlicher Halbwertsbreite betrachtet. Diese können mit Hilfe von FM-AM-Wandlern gemessen werden, z. B. mit einem Michelson-Interferometer (vergleiche Abschnitt 10.2.2). Es könnte aber auch ein Fabry-Perot-Interferometer verwendet werden, bei dem die zentrale Laserwellenlänge sich an einem Arbeitspunkt auf der Flanke der Transmissionsfunktion befindet (vergleiche Abschnitt 10.2.4).

Auch die endliche Laserlinienbreite kann man als Rauschprozess ansehen, nämlich als einen idealen Oszillator, dessen relativer spektraler Leistungsteil nur in einem unendlich schmalen Bereich von 0 verschieden ist (Delta-Funktion, vergleiche Abschnitt 2.3), dessen statistischer zeitlicher Aufenthalt einer Lorentz-Funktion entspricht [7.43, 7.44]. Leistungsfluktuationen, auch als Intensitätsrauschen bezeichnet, können als Quadrat des *Amplitudenrauschens* angesehen werden. Ihre untere Grenze ist durch das Quantenrauschen der Photonen gegeben [7.52]. Auf Grund der Tatsache, dass beim Halbleiterlaser auch die Verstärkung statistischen Prozessen unterliegt, kommt weiteres Rauschen hinzu [7.53]. Langsame Änderungen der Amplitude im Hz-Bereich sind durch langsame Temperaturänderung der Laserwärmesenke oder durch langsame Fluktuation des Injektionsstroms bedingt. Höherfrequente Rauschanteile sind in erster Linie durch den Injektionsstrom verursacht, Fluktuationen der Ladungsträgerdichte in der aktiven Zone des Halbleiterlasers bewirken außer der Änderung des Realteils der Brechzahl auch Änderungen des Imaginärteils [7.44] und damit des Verstärkungsfaktors des Lasers. Das Amplitudenrauschen erreicht in Schwellenstromnähe seinen Maximalwert und nimmt bei

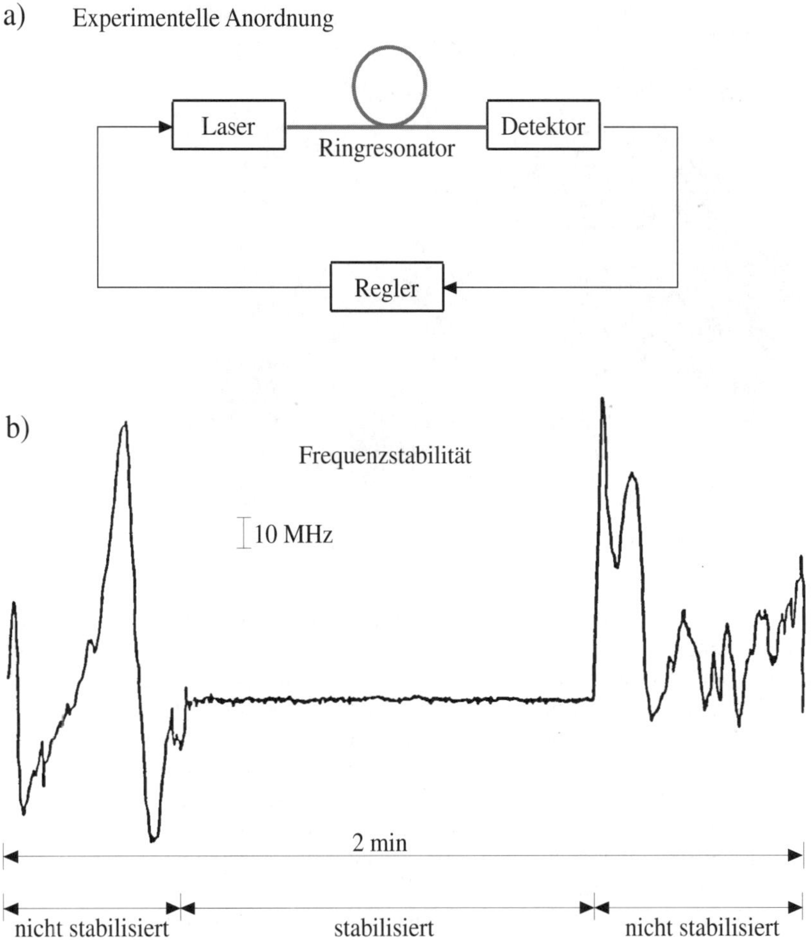

Bild 7.36 Wellenlängenstabilisierung eines Halbleiterlasers

a) experimenteller Aufbau

b) Wellenlänge im stabilisierten und nicht stabilisierten Zustand [7.50]

höherem Injektionsstrom wieder ab [7.54]. Spektral betrachtet, tritt das Maximum bei der Relaxationsfrequenz f_R (vergleiche Bild 7.17) auf. Eine ausführliche Darstellung über Rauschen von Halbleiterlasern findet sich in [7.55].

Bild 7.37 zeigt ein geöffnetes Lasermodul mit angekoppelter Anschlussfaser sowie mit Peltier-Kühlung zur Temperaturstabilisierung und Monitordiode zur Rücklichtleistungsmessung.

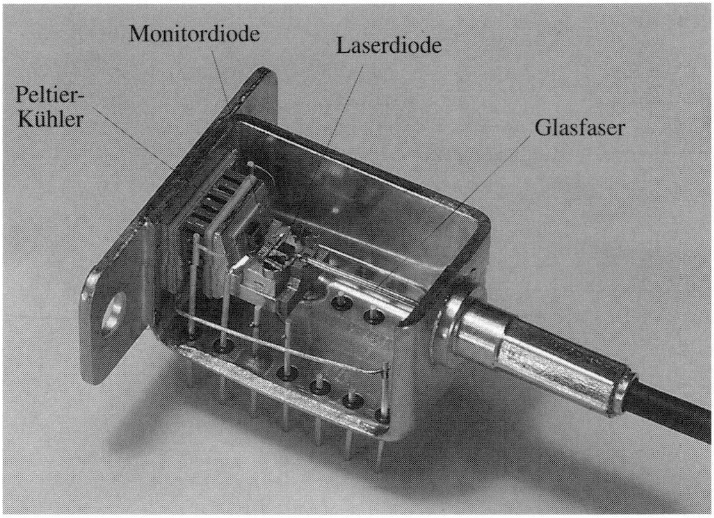

Bild 7.37 Lasermodul für die optische Übertragungstechnik [Foto: Siemens]

Auf der Basis von Halbleiterlasern lassen sich auch Verstärker realisieren. Ebenso wie beim Halbleiterlaser weisen diese Bauelemente eine geringe Verlustleistung auf und sind auch von der Geometrie gut an die Glasfaser angepasst [1.12, 7.56, 7.57]. Man unterscheidet zwei Ausführungsformen, *Fabry-Perot-Verstärker* und *Wanderwellenverstärker.* Der Fabry-Perot-Verstärker verstärkt nur in einem spektral schmalen Bereich, während der Wanderwellenverstärker breitbandig einsetzbar ist und damit die gleichzeitige Verstärkung vieler Lichtwellen verschiedener Sender mit benachbarter optischer Frequenz ermöglicht. Problematisch bei Halbleiterlaserverstärkern ist zusätzliches Rauschen durch Verstärkung der spontanen Emission sowie das Auftreten einer Sättigung durch die Vielzahl der Kanäle. Außerdem reagieren diese Bauelemente auf Grund der hohen Kohärenz wie beim Laser sehr empfindlich auf rückreflektiertes Licht.

7.3 Lichtsenken

Durch Photoneneinstrahlung und -absorption im Halbleiter kommt es zur Freisetzung von Ladungsträgern (vergleiche Abschnitt 7.1) [7.58, 7.59]. Die Dioden werden im Allgemeinen in Sperr-Richtung betrieben. Photonen, deren Energie hf größer als die Bandlücke (ΔE) ist, sind in der Lage, im Halbleitermaterial Elektronen-Loch-Paare zu generieren. Diese werden von dem in Sperr-Richtung angelegten elektrischen Feld abgesaugt und zur Anode bzw. Katode transportiert. Ladungsträgertransport bedeutet, es fließt ein Strom über den äußeren geschlossenen Stromkreis (siehe **Bild 7.38**). Die

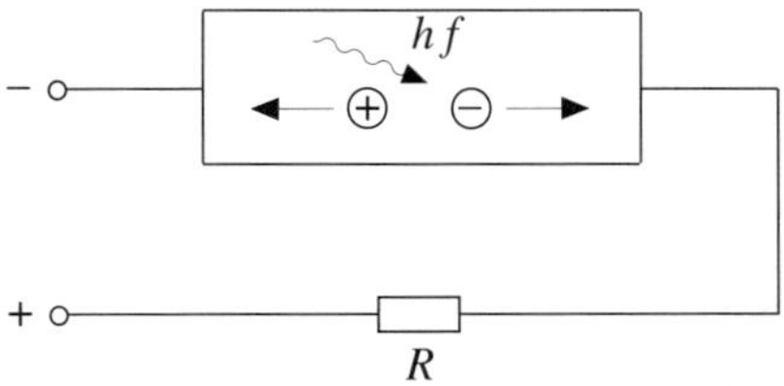

Bild 7.38 Photonenabsorption und Ladungsträgergeneration im Halbleitermaterial
R äußerer Widerstand

Wahrscheinlichkeit, dass einfallende Photonen Ladungsträgerpaare erzeugen, ist abhängig von der *Eindringtiefe* der Photonen [7.60 – 7.62] Die Eindringtiefe wird auch als *Absorptionslänge* l bezeichnet; sie ist definiert als diejenige Tiefe z, bei der die Photonenzahl gerade auf den Teil 1/e abgefallen ist:

$$P = P_0 \, e^{-\alpha z} \tag{7.21}$$

$$l = 1/\alpha \tag{7.20}$$

wobei:

α Absorptionskoeffizient und

P an der Stelle z noch vorhandene Leistung.

Die Eindringtiefe bzw. der Absorptionskoeffizient ist abhängig vom Halbleitermaterial und von der Wellenlänge der verwendeten Lichtquelle (siehe **Bild 7.39**). Die langwellige Funktionsgrenze (vergleiche Abschnitt 7.1) befindet sich knapp oberhalb der Kurvenschnittpunkte mit der λ-Achse; oberhalb dieses Werts ist das jeweilige Halbleitermaterial nahezu transparent. Durch Variation der Anteile von In und Ga bzw. durch Zugabe von P lässt sich der Verlauf von InGaAs verändern.

Nicht jedes einfallende Photon führt jedoch zur Generation von Ladungsträgerpaaren, die dann über den äußeren Stromkreis einen Strom ergeben. Die Wahrscheinlichkeit für das Entstehen nutzbarer Ladungsträger drückt man durch den *Quantenwirkungsgrad* η aus, dem Verhältnis der Anzahl der nutzbaren erzeugten Ladungsträgerpaare zur Anzahl der einfallenden Photonen. Für η gilt:

$$\eta = (1 - R)(1 - e^{-\alpha z}) \tag{7.22}$$

wobei:

R Fresnel-Reflexionskoeffizient.

Damit der Quantenwirkungsgrad möglichst groß wird, muss die Dicke d der Absorptionsschicht ($z = d$) ebenfalls groß sein. Dies bedeutet allerdings, dass die Ladungsträger sich sehr lange in diesem Gebiet aufhalten. Dadurch wird die Diode langsam. Eine weitere Maßnahme zur Erhöhung des Quantenwirkungsgrads ist die Verringerung des Fresnel-Reflexionskoeffizienten R (vergleiche Abschnitt 5.2).

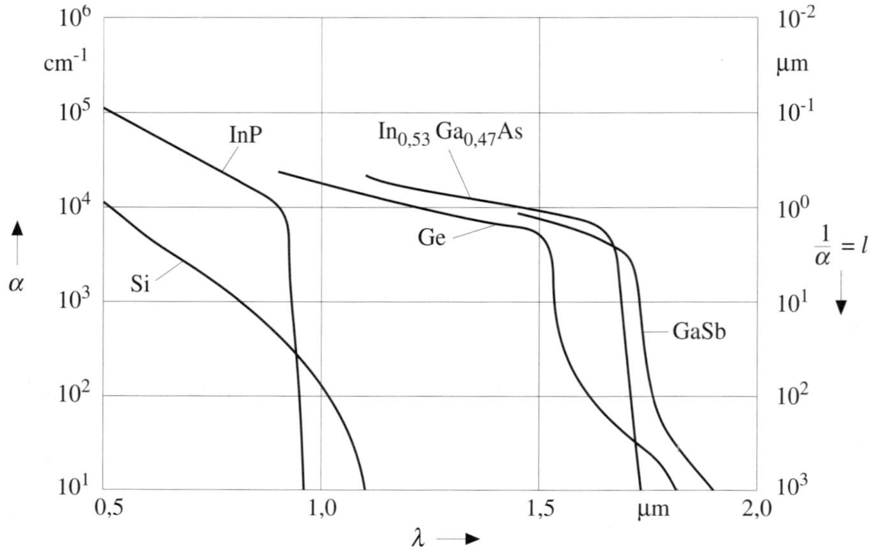

Bild 7.39 Absorptionskoeffizient α und Eindringtiefe $l = 1/\alpha$ als Funktion der Wellenlänge λ für einige Halbleitermaterialien [7.65]

R beträgt bei InP etwa 30 %. Durch Aufbringen von Entspiegelungsschichten lässt sich der Reflexionsgrad auf etwa 1 % erniedrigen.

Typische erzielbare Quantenwirkungsgrade liegen bei etwa 0,8. Bezieht man den erzielbaren Fotostrom auf die Elementarladung: I_P/e und die einfallende optische Leistung auf die Energie eines Lichtquants: $P/(hf)$, so erhält man die Anzahl der erzeugten Ladungsträgerpaare N_L bzw. die Anzahl N_{Ph} der einfallenden Photonen pro Zeiteinheit Δt, daraus folgt:

$$N_L = \left(I_P/e\right)\Delta t \tag{7.23}$$

$$N_{Ph} = \left(P/(hf)\right)\Delta t \tag{7.24}$$

Somit folgt für den Quantenwirkungsgrad:

$$\eta = N_L/N_{Ph} = \frac{I_P/e}{P/(hf)} \tag{7.25}$$

Für die Praxis definiert man die *Empfindlichkeit* S^*. Diese gibt an, welchen Strom I_P man erhält bei vorgegebener einfallender Lichtleistung P auf die Fotodiode:

$$S^* = I_P/P = \eta \frac{\lambda}{1{,}24\ \mu m} \frac{A}{W} \tag{7.26}$$

Man erhält man S^* in A/W.

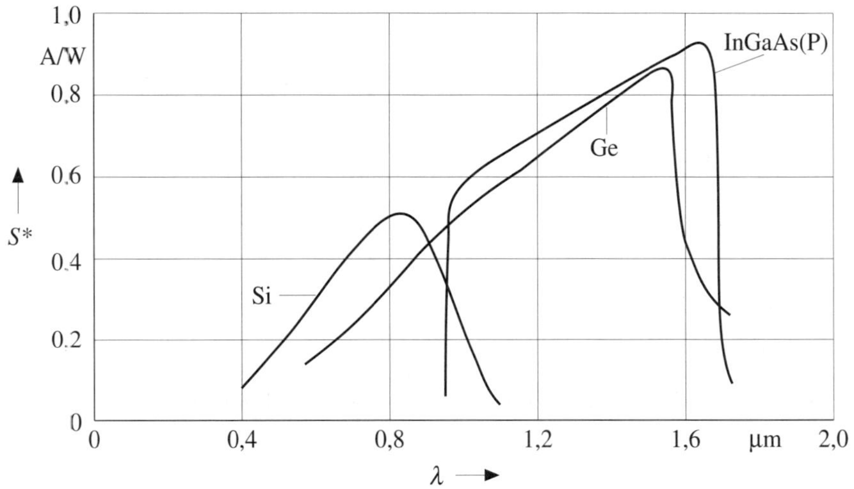

Bild 7.40 Spektrale Empfindlichkeit von Fotodioden aus den Halbleitermaterialien Si, Ge und InGaAs/InP [7.63]

S^* Empfindlichkeit

λ Wellenlänge

Typische Werte für Siliziumdioden bei einer Wellenlänge von 0,85 µm liegen bei $S^* = 0{,}5$ A/W. Bei Germanium-Dioden erhält man etwa 0,7 A/W (1,3 µm) bzw. 0,9 A/W (1,5 µm). Für InGaAs-Dioden können bei 1,5 µm ebenfalls Werte bis 0,9 A/W erzielt werden. **Bild 7.40** zeigt die Empfindlichkeit von Fotodioden als Funktion der Wellenlänge für die entsprechenden Halbleitermaterialien.

7.3.1 Ausführungsformen von Fotodioden

Im Halbleitermaterial besteht die Gefahr, dass die durch Photonenabsorption erzeugten Elektronen-Loch-Paare zum Teil wieder rekombinieren, also wieder vernichtet werden und damit nicht mehr zum Fotostrom beitragen können. Man baut daher in das Halbleitermaterial einen PN-Übergang ein und legt eine Sperrspannung an. Man erhält eine einfache *PN-Diode* (siehe **Bild 7.41**). Die größte elektrische Feldstärke, bedingt durch die angelegte Sperrspannung, entsteht am PN-Übergang. Die Ladungsträger werden dort stark beschleunigt und aus diesem Bereich abgesaugt. Sie driften in Richtung Anode bzw. Katode mit relativ hohen Driftgeschwindigkeiten. Es tritt eine Verarmung von Ladungsträgern in diesem Gebiet auf. Außerhalb dieses Gebiets ist die Feldstärke klein. Die Ladungsträgerpaare bewegen sich dort mit relativ kleinen Diffusionsgeschwindigkeiten. Da die Absorption der Photonen zum großen Teil außerhalb des Driftgebiets stattfindet, sind derartige Fotodioden relativ langsam.

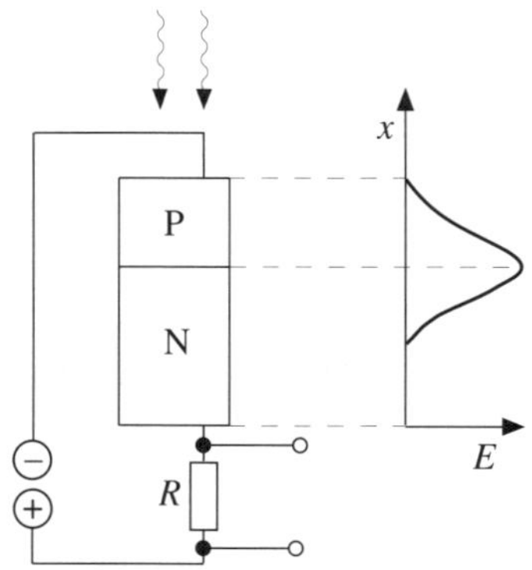

Bild 7.41 Fotodiode mit einfachem PN-Übergang und zugehörige Feldstärkeverteilung $E(x)$ der Fotodiode

Günstiger ist der Einsatz von *PIN-Dioden* [7.64]. Hierbei wird zwischen dem P- und dem N-dotierten Bereich eine eigenleitende (intrinsische) Schicht eingebaut. In dieser I-Zone ist der Grad der N-Dotierung gleich groß wie derjenige der P-Dotierung. Dadurch ergibt sich eine konstante Feldstärke entlang der gesamten I-Zone (siehe **Bild 7.42**). Das Verarmungsgebiet fällt im Wesentlichen mit dem Absorptionsgebiet zusammen. Langsame Diffusionsströme werden vermieden. Man erhält eine relativ schnelle Fotodiode. Anstelle der I-Zone baut man in Fotodioden auch schwach P-dotierte Zonen (π-Zonen) oder schwach N-dotierte Zonen (ν-Zonen) ein. Die Bezeichnung schwach ist im Verhältnis zur Dotierung der umgebenden Schichten zu verstehen. Ein Ausführungsbeispiel einer PIN-Fotodiode zeigt **Bild 7.43**.

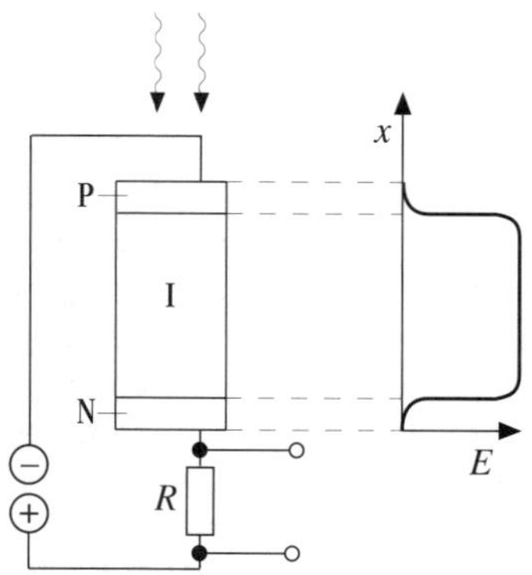

Bild 7.42 PIN-Fotodiode und zugehörige Feldstärkeverteilung $E(x)$ der Fotodiode
I intrinsische Schicht

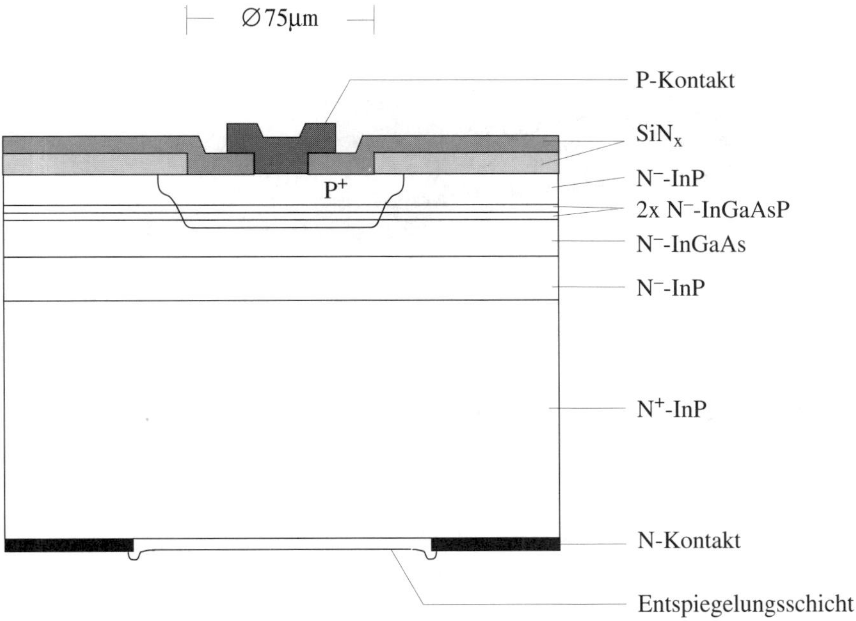

Bild 7.43 Aufbau einer InGaAs-PIN-Fotodiode [7.66]

Ein weiterer Typ, der häufig zum Einsatz kommt, ist die *Lawinen-Fotodiode*, auch als *Avalanche-Fotodiode* (APD) bezeichnet [7.67, 7.68]. Bei dieser Fotodiode liegt die I-Zone zwischen zwei unterschiedlich dotierten P-Zonen (P^+: stark P-dotiert). Die angelegte Sperrspannung ist wesentlich größer als bei PIN-Dioden. Am PN-Übergang entsteht ein sehr hohes elektrisches Feld (siehe **Bild 7.44**). Dies führt zu

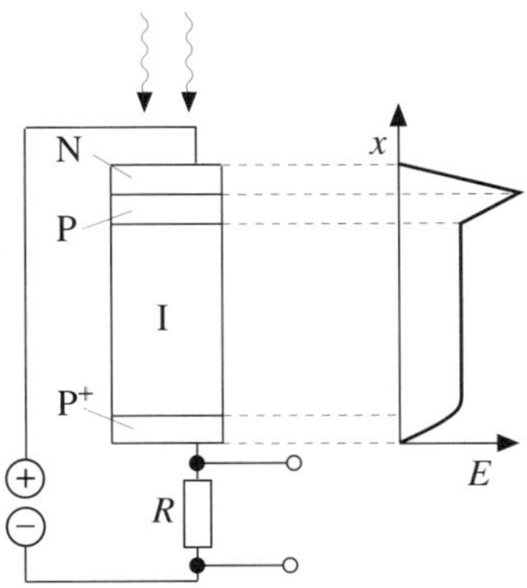

Bild 7.44 Lawinen-Fotodiode (APD) und zugehörige Feldstärkeverteilung *E(x)* der Fotodiode

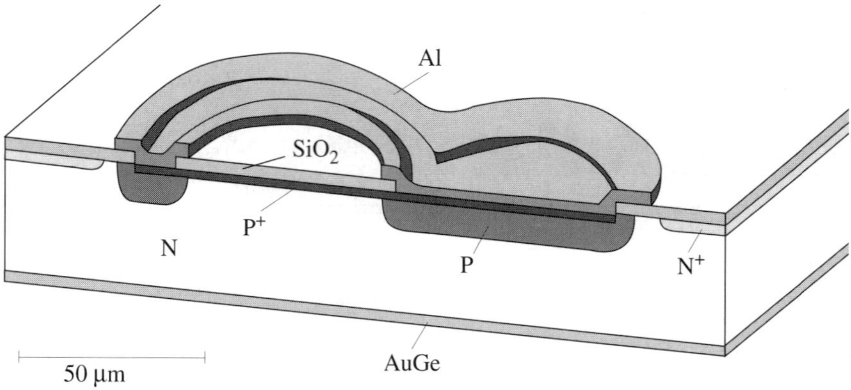

Bild 7.45 Aufbau einer Ge-Lawinen-Fotodiode [7.69]

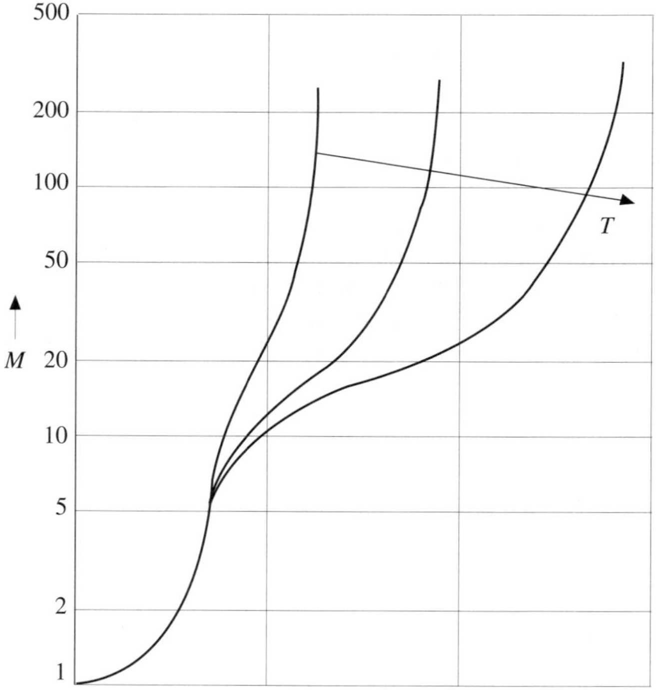

Bild 7.46 Multiplikationsfaktor *M* einer Si-Lawinen-Fotodiode in Abhängigkeit von der angelegten Hochspannung bei verschiedenen Temperaturen

einer starken Beschleunigung der Ladungsträger in diesem Gebiet. Diese bewegen sich mit hohen Geschwindigkeiten und führen Stöße mit den Atomen des Halbleitermaterials aus. Es kommt zur Herauslösung neuer Ladungsträger aus dem Atomverband; man spricht von *Stoßionisation*. Letztere üben wieder neue Stöße aus, es kommt zu einer Multiplikation, es wird eine Ladungsträgerlawine erzeugt. Die Diode besitzt eine innere Verstärkung. Die für Lawinendioden erforderlichen Sperrspannungen liegen bei Si-Dioden bei etwa 160 V, bei Ge-Dioden sind etwa 30 V erforderlich. Ein Ausführungsbeispiel einer Lawinen-Fotodiode zeigt **Bild 7.45**. **Bild 7.46** zeigt den *Multiplikationsfaktor* als Funktion der angelegten Spannung einer Siliziumdiode. Da die Temperatur die Stoßionisation beeinflusst, wirkt sie sich auch auf den Multiplikationsfaktor aus. Es kommt zu einer Vervielfachung des Fotostroms, es sind Multiplikationsfaktoren bis $M = 10^4$ möglich. Allerdings sind nur Werte unter $M = 100$ sinnvoll, da die Diode sonst wieder langsam wird. Dies ist dadurch bedingt, dass hohe Multiplikationsfaktoren durch eine entsprechend große Lawine erzielt werden. Dazu bedarf es einer relativ langen Prozessdauer, die Diode ist nur noch für niedrige Frequenzen geeignet:

$$M(f) = \frac{M(0)}{\sqrt{1 + \left(\frac{f}{f_g}\right)^2}} \tag{7.27}$$

wobei:

$M(0)$ Multiplikationsfaktor für unmoduliertes Licht und

f_g Grenzfrequenz der Diode.

$$f_g = \frac{1}{2\pi M(0)\, t_M}, \tag{7.28}$$

wobei:

t_M Laufzeit in der Multiplikationszone.

Als Gütemaß für eine APD definiert man daher das *Verstärkungs-Bandbreite-Produkt* $M(0)\, f_g$.

Bei Siliziumdioden werden typische Werte von 300 GHz erzielt, bei Germaniumdioden erreicht man 60 GHz und bei quaternären Dioden etwa 80 GHz.

8 Optische Sender und Empfänger

Nimmt man zur Lichtquelle die Ansteuerschaltung (Treiberschaltung) hinzu, so spricht man von einem optischen Sender; ergänzt man die Fotodiode durch einen nachfolgenden Vorverstärker, so erhält man einen optischen Empfänger.

8.1 Optische Sender

Als Lichtquellen in optischen Sendern kommen die in Kapitel 7 beschriebenen Bauelemente zum Einsatz, also Laser und LED. Beide verhalten sich elektrisch wie PN-Dioden, die in Durchlassrichtung betrieben werden. Die optische Leistung beider Lichtquellen ist abhängig vom Injektionsstrom I_F. Die elektrische Ansteuerung bezeichnet man als *Treiber*; sie muss so aufgebaut werden, dass sie den Injektionsstrom einprägt, d. h., der von der Treiberschaltung gelieferte Strom soll möglichst unabhängig vom Lastwiderstand sein. Dies bedeutet, dass der Ausgangswiderstand des Treibers sehr viel größer sein muss als der dynamische Widerstand des Lasers bzw. der LED. Der dynamische Widerstand beträgt ungefähr 3 Ω. Da insbesondere der Halbleiterlaser (vergleiche Kapitel 7), aber auch eine APD, stark nicht lineares Verhalten zeigen, wird in der optischen Nachrichtentechnik häufig eine digitale Modulation vorgenommen (es kommt zu nicht linearen Verzerrungen und Intermodulationen [7.21, 7.22]).

Für einfache Treiberschaltungen genügt es, einen Transistor als Schalter zu verwenden (siehe **Bild 8.1**). Die Eingangsspannung (U_E) liegt entsprechend dem digitalen Signal zwischen 0 V und einem Maximalwert (z. B. 5 V). Bei hohem Pegel fließt ein großer Basis-Emitterstrom I_{BE}. Die Kollektor-Emitterspannung (U_{CE}) wird sehr klein (z. B. kleiner 0,6 V für Silizium oder kleiner 0,2 V für Germanium), je nach

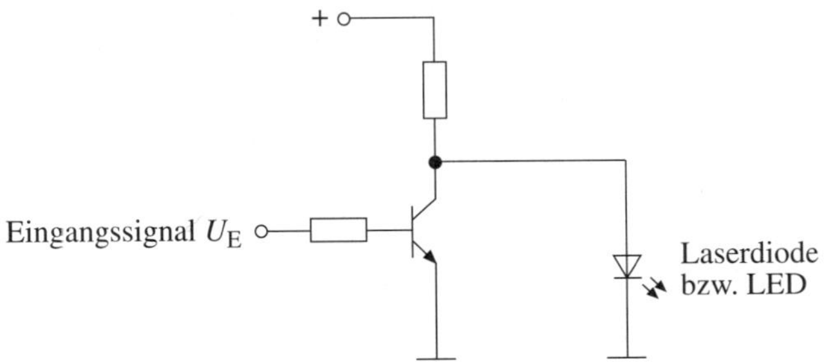

Bild 8.1 Treiberschaltung mit einem Transistor als Schalter für Halbleiterlichtquellen

Bild 8.2 10-Gbit/s-Lasermodul mit 1,55-µm-DFB-Laser [Foto: SEL-Alcatel]
1 50-Ω-Streifenleiter-Submount
2 Laserdiode mit angekoppelter Glasfaser
3 Monitordiode

verwendetem Halbleitermaterial. Der Transistor schaltet schnell durch. Der Strom fließt im Wesentlichen über den Transistor und nicht über die Lichtquelle. Der durchgeschaltete Transistor kommt in die Sättigung, aus der er bei niedrigem Eingangspegel (0 V) nur langsam herauskommt. Er kann also nur langsam abschalten, damit der Strom über die Lichtquelle fließt. Die Ansteuerschaltung insgesamt ist daher langsam.

Da insbesondere beim Laser eine Modulation bis zu hohen Frequenzen möglich sein soll (siehe **Bild 8.2**), muss gefordert werden, dass die Transistoren der Treiberschaltung nicht in Sättigung betrieben werden. Betrachtet man noch den Aspekt der digitalen Modulierbarkeit, so ist es günstig, Differenzverstärkerschaltungen zu verwenden [7.19]. **Bild 8.3** zeigt eine solche Schaltung. Der Transistor T3 stellt eine Stromquelle dar, er wird nicht geschaltet. Bei T1 und T2 werden die Potentiale so gewählt, dass U_{CE} entsprechend groß ist (z. B. U_{CE} größer 0,6 V), so dass keine Sättigung möglich ist. Die Ansteuerschaltung insgesamt ist daher schnell. Die Höhe der Differenz zwischen maximalem und minimalem Strom ($I_{max} - I_{min}$) wird direkt am Transistor T3 eingestellt. Durch Wahl einer geeigneten Spannung U_{B3} fließt ein entsprechender Basis-Emitterstrom I_{BE3}, der den Kollektorstrom $I_{CE3} = I_{max} - I_{min}$ einstellt. Dieser Strom wird zwischen den Transistoren T1 und T2 hin und her geschaltet. Für eine logische Null wird $U_{CE1} \approx 0{,}6$ V, der Transistor T1 schaltet

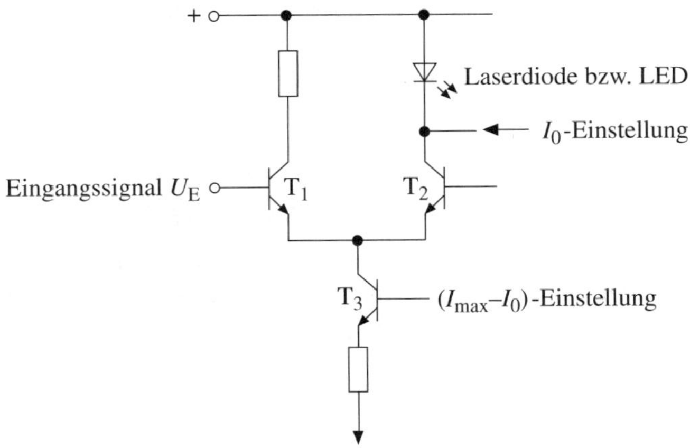

Bild 8.3 Verbesserte Treiberschaltung mit einer Differenzverstärkerstufe als Schalter für Halbleiterlichtquellen

$I_0 = I_{min}$ Unterlegstrom

$I_{max} - I_0$ Modulationsamplitude

durch ($U_{CE2} \approx U_{12} \gg U_{CE1}$), und der Transistor T2 sperrt. Für eine logische Eins tauschen sich die Funktionen von Transistor 1 und 2 gerade aus, der Strom fließt über die Lichtquelle. Die Einstellung des Vorstroms (Unterlegstroms) $I_0 = I_{min}$ wird direkt an der Lichtquelle vorgenommen (z. B. durch eine Rücklichtregelung, vergleiche Abschnitt 7.2.2). Die Kopplung der Transistoren T1 und T2, die das Hin- und Herschalten bewirken, geschieht an den Emittern. Man spricht von einer *ECL-Schaltung* (emitter coupled logic [7.19]). Es handelt sich hierbei um eine sehr schnelle Logik, es sind Modulationsfrequenzen bis in den GHz-Bereich hinein möglich.

Für besonders hochbitratige Übertragungssysteme [8.1, 8.2] ist der Aufbau einer Treiberschaltung nicht nur in Bezug auf den Halbleiterlaser allein zu betrachten, sondern es muss das Gesamtsystem, insbesondere die Dispersion der Glasfaser, berücksichtigt werden (vergleiche Abschnitt 9.4). Es wird eine speziell optimierte Strompulsformung, mit dem der Halbleiterlaser angesteuert wird, vorgenommen [8.3].

8.2 Optische Empfänger

Ein optischer Empfänger besteht aus der Fotodiode und einem nachfolgenden Vorverstärker. Weil dieser Teil den nachfolgenden elektronischen Schaltungen zur weiteren Signalverarbeitung vorangestellt ist, bezeichnet man ihn auch als *Front-End*. Die wichtigsten Forderungen an einen optischen Empfänger sind eine hohe *Bandbreite*, eine hohe *Empfängerempfindlichkeit* und ein großer *Dynamikbereich* [8.4 – 8.6]. Unter der Empfängerempfindlichkeit versteht man den kleinsten optischen Signalpegel P_{min}, bei dem das elektrische Ausgangssignal des Empfängers den geforderten Signal-Rausch-Abstand gerade noch einhält. Die Angabe erfolgt in der Regel in dBm:

$$P_{min} = 10\,\text{dBm}\,\lg\left(P/P_0\right),\; P_0 = 1\,\text{mW}, \tag{8.1}$$

wobei:

P minimale optische Eingangsleistung in mW, z. B. 0 dBm = 1 mW.

Der Dynamikbereich des Empfängers ist die Differenz (in dB) zwischen dem kleinsten noch detektierbaren Signalpegel und dem maximal erlaubten Eingangspegel, bei dem die Eingangsstufe gerade noch nicht in Sättigung kommt. Unter der Bandbreite versteht man wie bei optischen Sendern den gesamten Frequenzbereich vom Gleichstrom bis zur Grenzfrequenz f_g, bei der der Betrag der Übertragungsfunktion um 3 dB erniedrigt ist.

Das Grundschaltbild einer optischen Empfängerschaltung zeigt **Bild 8.4a**. Am Eingang des Vorverstärkers erhält man den Spannungsfall:

$$U_E = R_{eff}\, I_P \tag{8.2}$$

Der Widerstand R_{eff} setzt sich zusammen aus der Parallelschaltung des Lastwiderstands R_L und dem Eingangswiderstand R_E des Vorverstärkers. Die Ersatzschaltung der Fotodiode mit dem Eingangswiderstand des Vorverstärkers zeigt **Bild 8.4b**. Der durch die einfallenden Lichtquanten erzeugte Fotostrom I_P stellt eine Stromquelle dar. Als Kapazität C_D dominiert die Sperrschichtkapazität der Fotodiode. Diese trägt insbesondere zur Grenzfrequenz des Front-Ends bei (s. u.). Der Serienwiderstand (Bahnwiderstand) R_S der Fotodiode beträgt wenige Ohm. Der Querleitwert der Fotodiode σ_D ist so gering, dass er vernachlässigt werden kann.

Verwendet man eine PIN-Diode, so ist der Zusammenhang zwischen der einfallenden optischen Leistung und dem Fotostrom und damit auch dem Spannungsfall U_E über mehrere Dekaden linear [8.7]. Beeinträchtigungen der Linearität treten nur bei sehr hohen optischen Leistungsdichten auf [8.8]. Dies kann zu Problemen führen bei analogen Übertragungssystemen.

Verwendet man jedoch eine APD, so kommt es zu starken Beeinträchtigungen der Linearität: Es fließt insbesondere bei hoher Verstärkung ein großer Fotostrom:

$$I_V = M\, I_P,\; \text{mit}\; I_P = I_V\; \text{für}\; M = 1 \tag{8.3}$$

Dadurch entsteht ein nicht mehr zu vernachlässigender Spannungsfall am Serienwiderstand R_S. Die angelegte Hochspannung U_H wird um den Spannungsfall $I_V R_S$ vermindert und entsprechend die elektrische Feldstärke im Multiplikationsgebiet reduziert; der Multiplikationsfaktor M ist abhängig vom Fotostrom. Bei hoher einfallender optischer Leistung ergibt sich ein kleinerer Multiplikationsfaktor als bei niedriger optischer Leistung. Es kommt zu einer Nichtlinearität [8.9].

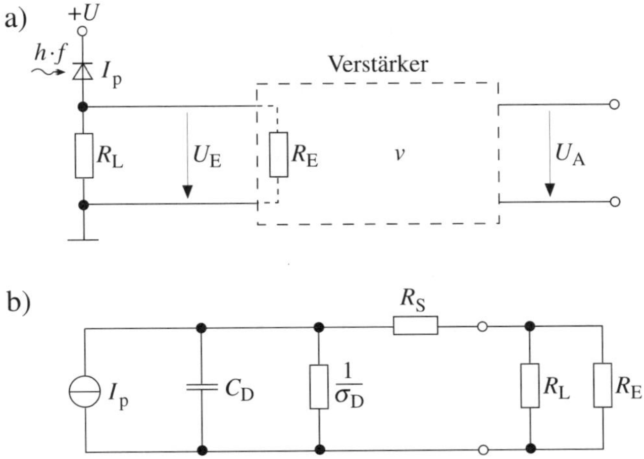

Bild 8.4 Grundschaltbild (a) und Ersatzschaltbild (b) eines optischen Empfängers

hf einfallende Photonenenergie	U_A Ausgangsspannung
I_P Fotostrom	v Verstärkungsfaktor
R_L Lastwiderstand	C_D Sperrschichtkapazität
R_E Eingangswiderstand	R_S Serienwiderstand
U_E Eingangsspannung	σ_D Querleitwert

Der Einsatz einer PIN-Diode ist daher sowohl für Analog- als auch für Digitalsysteme geeignet, während die APD insbesondere für hohe Linearitätsanforderungen in Analogsystemen nur eingeschränkt tauglich ist.

Für die Grenzfrequenz f_g eines Empfängers gilt:

$$f_g = \frac{1}{2\pi R_{eff}\, C_{eff}} \tag{8.4}$$

Der Serienwiderstand R_S kann dabei vernachlässigt werden, da er sehr viel kleiner ist als der der Parallelschaltung aus Lastwiderstand und Verstärkereingangswiderstand. Die Gesamtkapazität C_{eff} ergibt sich aus der Streukapazität der Zuleitungen und der Sperrschichtkapazität C_D der Diode. Letztere ist proportional zur Fläche der Diode. Will man hohe Grenzfrequenzen erzielen, so muss die Diodenfläche möglichst klein sein. Typische Durchmesser für schnelle Dioden liegen bei etwa 30 µm bis 50 µm. **Bild 8.5** zeigt einen schnellen optischen Tastkopf; es handelt sich dabei um eine PIN-Diode mit 50-Ω-Streifenleiter und SMA-Buchse ohne weitere nachfolgende Elektronik.

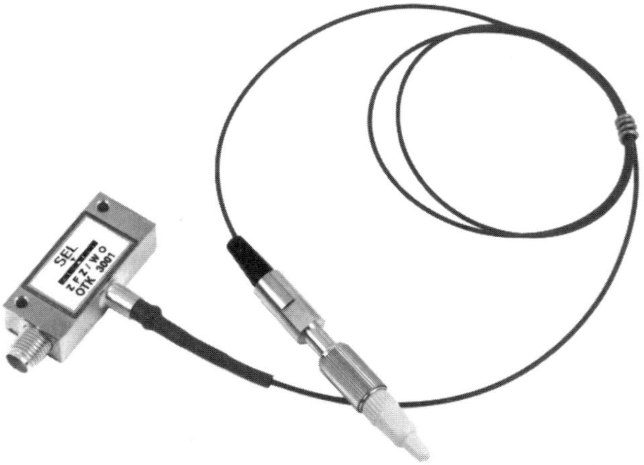

Bild 8.5 (0 … 19)-GHz-Optischer-Tastkopf mit InGaAs-PIN-Diode (Durchmesser 50 μm) und angekoppelter Glasfaser mit optischem Stecker [Foto: SEL-Alcatel]

8.2.1 Empfängerkonzepte

Bild 8.6 zeigt das Prinzipschaltbild eines *Niedrig-Impedanz-Verstärkers (low-impedance-amplifier* [8.10]). Für diesen Verstärkertyp gilt:

$$f_g \geq f \tag{8.5}$$

wobei f die Frequenz des zu übertragenden Signals ist und f_g die 3-dB-Grenzfrequenz, die der Empfänger in der Lage ist zu verarbeiten. Für den effektiven Widerstand R_{eff} muss daher nach Gl. (8.4) gefordert werden:

$$R_{eff} \approx R_L \leq \frac{1}{2\pi f C_{eff}} \tag{8.6}$$

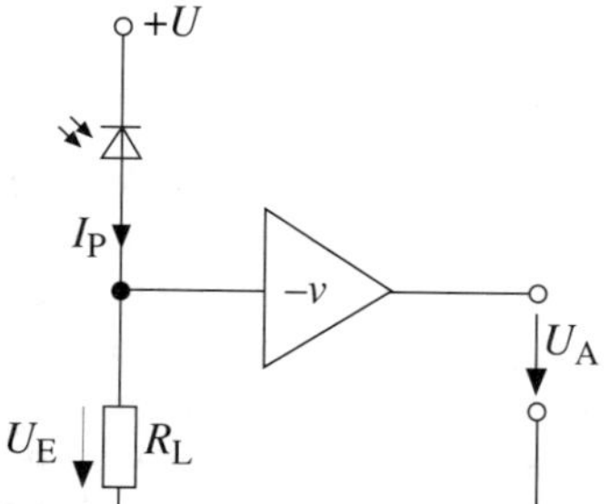

Bild 8.6 Prinzipschaltbild eines Niedrig-Impedanz-Verstärkers

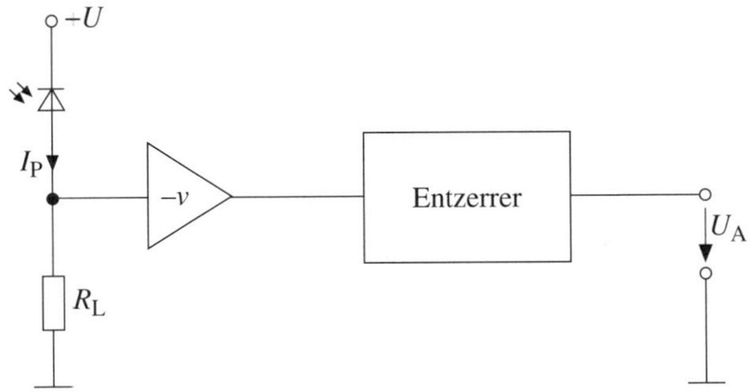

Bild 8.7 Prinzipschaltbild eines Hoch-Impedanz-Verstärkers mit nachfolgendem Entzerrer

Da in diesem Fall der Lastwiderstand wesentlich kleiner ist als der Eingangswiderstand des Verstärkers, ergibt die Parallelschaltung aus diesen Widerständen praktisch den Wert des Lastwiderstands. Der niederohmige Lastwiderstand – der auch dem Verstärkertyp seinen Namen gibt – bewirkt eine hohe Grenzfrequenz und damit eine große Bandbreite. Dieser Vorteil ist jedoch mit dem Nachteil eines starken thermischen Rauschens des Lastwiderstands erkauft (vergleiche Abschnitt 8.2.2). Dies bewirkt eine geringe Empfängerempfindlichkeit, die minimale optische Eingangsleistung P_{min} muss daher relativ groß sein.

Der Niedrig-Impedanz-Typ ist somit geeignet für die Detektion von optischen Signalen mit *hoher Bandbreite* bzw. Bitrate und *hoher* zur Verfügung stehender *Leistung* an der Fotodiode.

Bild 8.7 zeigt das Prinzipschaltbild des *Hoch-Impedanz-Verstärkers (high-impedance-amplifier* [8.10, 8.11, 8.12]). In diesem Fall gilt:

$$f_g << f \qquad (8.7)$$

In Umkehrung der Überlegungen beim Niedrig-Impedanz-Typ folgt somit, dass der Lastwiderstand groß sein muss. Der hohe Eingangswiderstand R_E des Verstärkers kann daher den Lastwiderstand überflüssig machen. Der große Vorteil dieses Verstärkertyps liegt in der hohen Empfängerempfindlichkeit, bedingt durch das niedrige thermische Rauschen des hohen Eingangswiderstands (vergleiche Abschnitt 8.2.2). Nachteilig ist die niedrige erzielbare Grenzfrequenz, die ohne weitere Maßnahmen nur zu übertragende Signale mit geringer Bandbreite zulassen würde. Die große Zeitkonstante $\tau = R_E C_{eff}$ bewirkt ein integrierendes Verhalten. Niedrige Frequenzanteile ergeben eine hohe Aussteuerung, die den Verstärker in Sättigung bringt, die Dynamik des Verstärkers wird damit gering. Den schematischen Verlauf des Frequenzgangs zeigt **Bild 8.8a**. Um dieses Problem zu verringern, wird daher eine *Frequenzgangkorrektur* vorgenommen. Dies erfolgt mit Hilfe eines

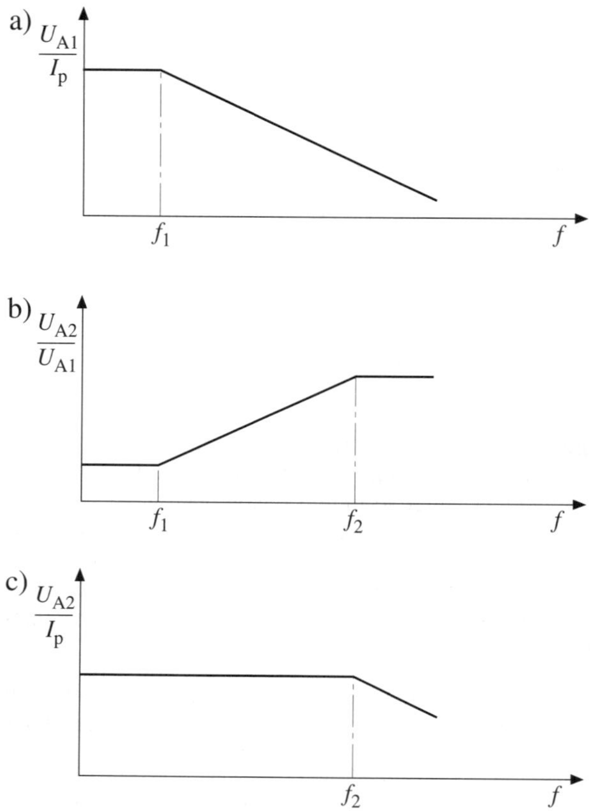

Bild 8.8 Frequenzgangkorrektur durch den Entzerrer beim Hoch-Impedanz-Verstärker

U_{A1} Ausgangsspannung des Hoch-Impedanz-Verstärkers

U_{A2} Ausgangsspannung des Entzerrers (vergleiche Bild 8.7)

f_1 Eckfrequenz von Hoch-Impedanz-Verstärker und Entzerrer

f_2 Frequenz der Gesamtschaltung, bei der Tiefpasscharakter auftritt

Entzerrers; das vereinfachte Ersatzschaltbild zeigt **Bild 8.9**. Der Frequenzgang des Entzerrers stellt einen Hochpass dar, der den Abfall der Übertragungsfunktion des Hoch-Impedanz-Verstärkers bis zu einem gewissen Grad kompensiert (siehe **Bild 8.8b** und **Bild 8.8c**). Die erzielbare Grenzfrequenz der Gesamtschaltung ist somit zu höheren Werten verschoben. Ein ebener Frequenzgang bis zum verschobenen Abfall ergibt sich aber nur, wenn die Eckfrequenzen f_1 von Verstärker und Entzerrer genau zusammenfallen und die jeweiligen Steigungen sich entsprechen. Dies erfordert einen genauen Abgleich des Entzerrers für jeden individuellen Verstärker.

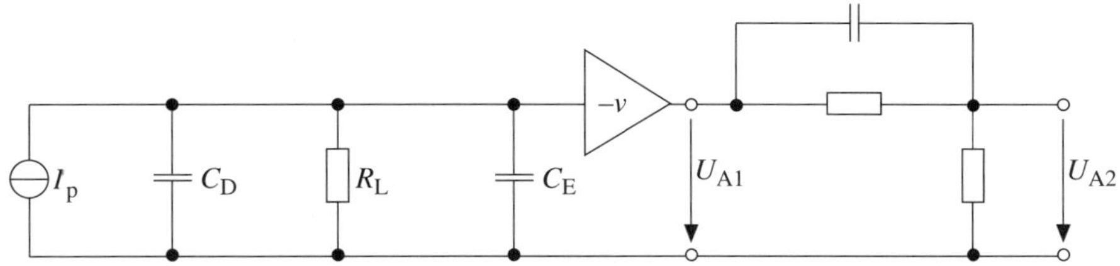

Bild 8.9 Ersatzschaltbild eines optischen Empfängers mit Hoch-Impedanz-Verstärker und nachfolgendem Hochpass als Entzerrer, C_E Eingangskapazität des Hoch-Impedanz-Verstärkers

Der Hoch-Impedanz-Verstärker ist somit geeignet für die Detektion optischer Signale mit *mittleren* bis *hohen Bandbreiten* bzw. Bitraten und *kleiner* zur Verfügung stehender *Leistung* an der Fotodiode.

Der *Trans-Impedanz-Verstärker (trans-impendance-amplifier)* [8.2, 8.10, 8.13] stellt einen günstigen Kompromiss zwischen den beiden vorgenannten Verstärkertypen dar (siehe **Bild 8.10**), für diesen Typ gilt:

$$f_g \geq f, \text{ mit } f_g = \frac{1+v}{2\pi R_F\, C_{eff}}, \tag{8.8}$$

wobei:

R_F Rückkopplungswiderstand und

v Leerlaufverstärkung der Schaltung

Der Rückkopplungswiderstand erscheint am Eingang des Trans-Impedanz-Verstärkers um den Faktor $1/(1 + v)$ verkleinert gegenüber dem physikalischen Widerstandswert R_F. Dieser Widerstand kann daher im Vergleich zum Niedrig-Impedanz-

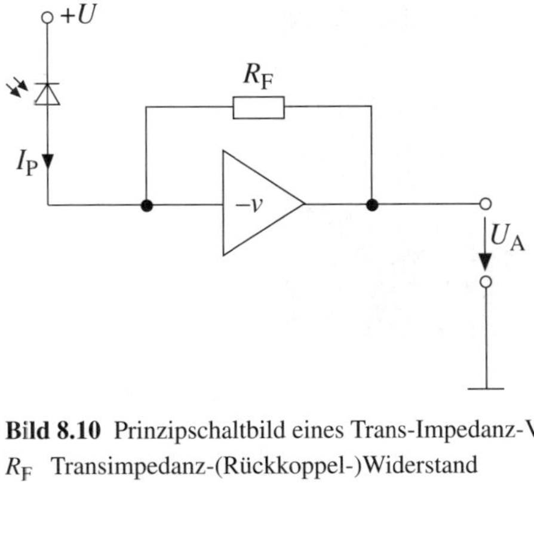

Bild 8.10 Prinzipschaltbild eines Trans-Impedanz-Verstärkers
R_F Transimpedanz-(Rückkoppel-)Widerstand

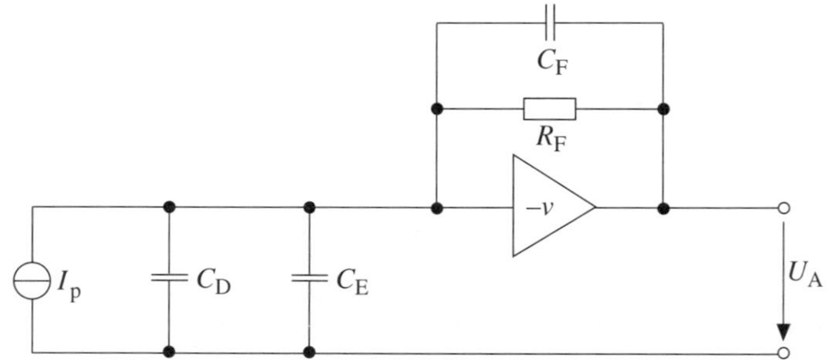

Bild 8.11 Ersatzschaltbild eines optischen Empfängers mit Trans-Impedanz-Verstärker
C_F Streukapazität des Rückkopplungswiderstands R_F

Verstärker zur Erzielung der gleichen Grenzfrequenz um den Faktor $1 + v$ größer gewählt werden. **Bild 8.11** zeigt das Ersatzschaltbild des Trans-Impedanz-Verstärkers, für die Grenzfrequenz ergibt sich für hohe Verstärkungen v:

$$f_g \approx \frac{v}{2\pi R_F (C_D + C_E + v C_F)}, \tag{8.9}$$

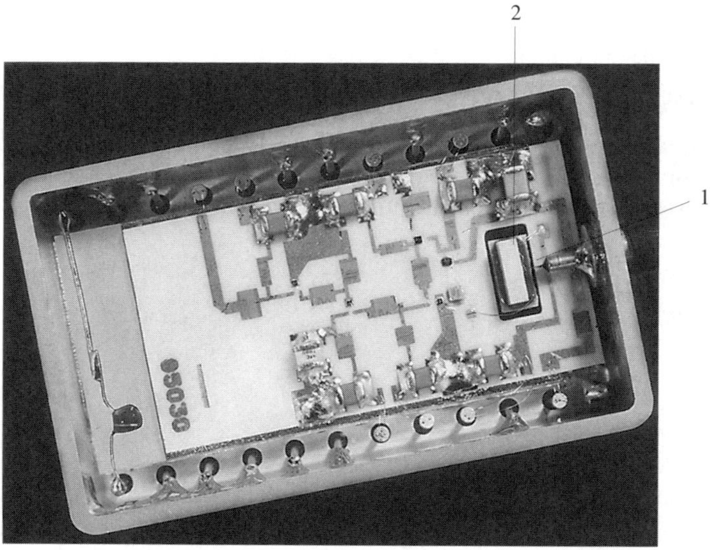

Bild 8.12 Trans-Impedanz-Vorverstärker mit Ge-Lawinenfotodiode und angekoppelter Glasfaser [Foto: ANT Bosch Telecom]
1 Glasfaser 2 Ge-Lawinenfotodiode

wobei:

C_E Eingangskapazität des Verstärkers und

C_F Streukapazität des Rückkopplungswiderstands R_F

Für das thermische Rauschen ist der hohe physikalische Widerstand R_F verantwortlich. Die nutzbare Bandbreite, die beim Trans-Impedanz-Verstärker ohne Entzerrer verwertbar ist, hat sich damit gegenüber dem Hoch-Impedanz-Verstärker bei gleichem Rauschbeitrag des Widerstands ($R_F = R_E$) um den Faktor der Verstärkung erhöht.

Der Trans-Impedanz-Verstärker ist somit für die Detektion von optischen Signalen mit *hoher Bandbreite* bzw. Bitrate und *kleinen Leistungen* an der Fotodiode geeignet. Daher wird er beim Aufbau von Empfängern für die optische Nachrichtentechnik bevorzugt eingesetzt. **Bild 8.12** zeigt einen Trans-Impedanz-Vorverstärker für ein Datensignal von 678 Mbit/s.

8.2.2 Rauschen in optischen Empfängern

Rauschgrößen sind statistische Größen, man definiert deshalb einen Rauschstrom als Wurzel aus dem *mittleren Rauschstromquadrat:*

$$\overline{I_R^2} = \left(I_1^2 + I_2^2 + I_3^2 + \ldots + I_N^2\right) / N \tag{8.10}$$

Die statistisch auftretenden Komponenten werden erst quadriert und dann gemittelt. Eine der wichtigsten Rauschquellen in elektronischen Schaltungen ist das thermische Rauschen eines Widerstands R, definiert über das mittlere Rauschstromquadrat [7.19]:

$$\overline{I_{Rth}^2} = 4\,k\,T\,B / R, \tag{8.11}$$

wobei:

k Boltzmann-Konstante $k = 1{,}38 \cdot 10^{-23}$ J/K,

T Temperatur und

B Bandbreite.

Dieser Rauschstrom ist umso größer, je größer die Detektor-Bandbreite und umso kleiner, je größer der Widerstandswert ist.

Da die optische Strahlung aus einer Vielzahl statistisch aufeinander folgender Photonen besteht, kommt es zu einer Quantelung des Lichts. Dies führt zu einem *Quantenrauschen* an der Fotodiode – auch als *Schrotrauschen* bezeichnet [8.14]. Dieses Rauschen ist also bereits im Licht selbst vorhanden, macht sich aber erst bemerkbar durch Wechselwirkung des Lichts mit der Fotodiode. Der Stromfluss in der Fotodiode erfolgt daher in diskreten, voneinander unabhängigen, statistisch aufeinander folgenden Elektronen. Es ergibt sich ein mittleres Schrotrauschstromquadrat:

$$\overline{I_{\mathrm{RS}}^2} = 2eI_{\mathrm{P}}B \tag{8.12}$$

Zusätzlich zum Schrotrauschen kommen bei der Fotodiode noch weitere Rauscheffekte hinzu [8.15, 8.16]. Man erhält folgendes mittlere Gesamtrauschstromquadrat der Fotodiode:

$$\overline{I_{\mathrm{RP}}^2} = 2e\left[\left(I_{\mathrm{P}} + I_{\mathrm{DV}}\right)M^2F + I_{\mathrm{DO}}\right]B \tag{8.13}$$

wobei:

I_{DV} Raumladungsdunkelstrom,
I_{DO} Oberflächenleckstrom und
F Zusatzrauschfaktor.

Der *Dunkelstrom* entsteht durch thermisch erzeugte Ladungsträger, auch wenn kein Licht vorhanden ist. Er setzt sich aus dem *Raumladungsdunkelstrom* und dem *Oberflächenleckstrom* zusammen. Letzterer kann meist vernachlässigt werden. Bei einer APD werden Raumladungsdunkelstrom und Fotostrom entsprechend dem Multiplikationsfaktor M verstärkt; der Oberflächenleckstrom dagegen bleibt unverstärkt.

Nicht jedes Elektron erzeugt pro Zeiteinheit immer die gleiche Anzahl von neuen Ladungsträgern, es handelt sich bei der Verstärkung ebenfalls um einen statistischen Prozess. Daher wird das mittlere Rauschstromquadrat nicht nur mit M^2 verstärkt, sondern es kommt ein zusätzlicher Rauschfaktor hinzu. Dadurch nimmt der Rauschstrom stärker zu als der nutzbare Fotostrom; dies wird in Gl. (8.13) durch den *Zusatzrauschfaktor F* berücksichtigt:

$$F = M^x, \tag{8.14}$$

x ist hierbei eine materialabhängige Größe.

Experimentell ermittelte Werte liegen für eine Si-APD bei $x = 0{,}2 \ldots 0{,}5$, bei einer Ge-APD ist $x = 0{,}9 \ldots 1$ und bei einer quaternären APD (InGaAs(P)) liegt x bei etwa 0,7. Eine langwellige APD zeigt daher ungünstigere Rausch-Eigenschaften als eine kurzwellige. Dieser Effekt ist gegen die niedrigere Faserdämpfung bei langen Wellenlängen abzuwägen. Die Verstärkung kann somit aus Rauschgründen nicht beliebig erhöht werden, da der Nutzstrom zwar mit dem Verstärkungsfaktor M verstärkt wird, der Rauschstrom aber mit der Wurzel aus M^{2+x} überproportional zunimmt. Es muss also eine Optimierung dieser gegenläufigen Effekte in Verbindung mit dem thermischen Rauschen des Empfängers stattfinden.

9 Optische Übertragungssysteme

Betrachtet man mit Hilfe von **Bild 9.1** alle drei Hauptkomponenten einer optischen Übertragung mit Glasfasern, so erkennt man einen ersten Bereich bei etwa **0,85 µm**, bei dem GaAs-Lichtquellen und Si-Lichtsenken sowie die Glasfaser eingesetzt werden können (ältere Fasern hatten bei etwa 0,9 µm einen starken Dämpfungsanstieg). Ein zweiter günstiger Bereich ergibt sich bei etwa **1,3 µm** durch den Einsatz von InGaAsP-Lichtquellen und Ge- bzw. InGaAs(P)-Lichtsenken. Ein dritter Bereich existiert bei **1,55 µm**, bei dem die Glasfaser ihr absolutes Dämpfungsminimum von weniger als 0,2 dB/km aufweist mit den Sende- bzw. Empfangsbau-

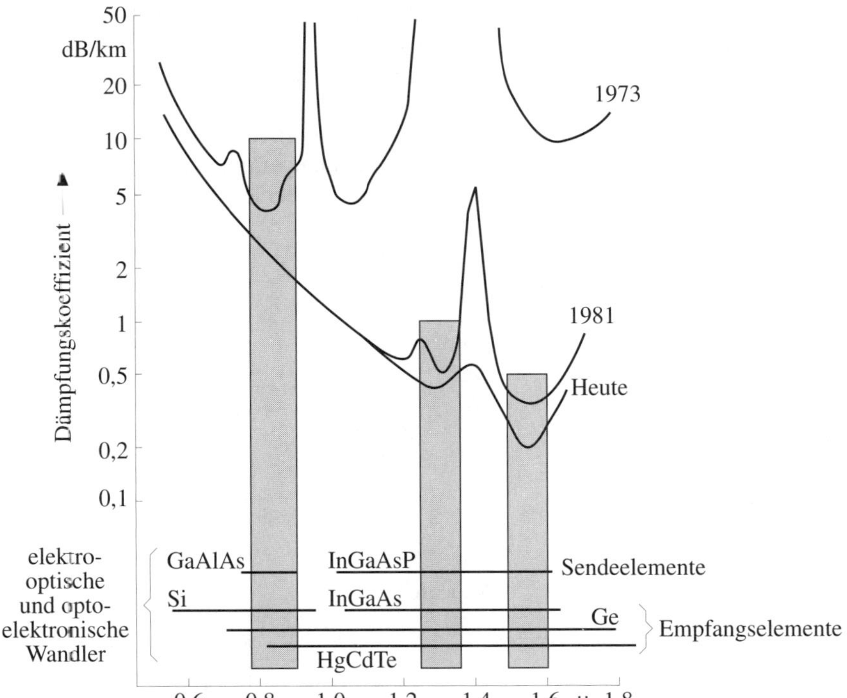

Bild 9.1 Spektrale Einsatzbereiche von Glasfasern sowie von Sende- und Empfangsbauelementen

elementen aus den gleichen Halbleitermaterialien wie im zweiten Bereich. Man bezeichnet diese drei Bereiche auch als die *drei Fenster*, bei denen sinnvollerweise eine optische Übertragung stattfinden sollte (schraffierte Bereiche in Bild 9.1). Man erkennt außerdem, dass Germaniumdioden auch für den 0,85-µm-Bereich geeignet wären. Aus Empfindlichkeits- und Rauschgründen (vergleiche Abschnitt 7.3) wird jedoch Silizium in diesem Wellenlängenbereich bevorzugt. Eine Ausnahme hiervon kommt in der Messtechnik vor, wenn man zum Beispiel eine Faser über den gesamten interessierenden Bereich von 800 nm bis 1600 nm untersuchen will, ohne die Fotodiode zu wechseln.

Eine faseroptische Übertragungsstrecke ist im Wesentlichen aus den in Kapitel 2, 7 und 8 beschriebenen Komponenten aufgebaut: der Glasfaser und dem optischen Sender und Empfänger am Anfang bzw. am Ende der Übertragungsstrecke (siehe **Bild 9.2a**). Reicht die realisierbare Faserlänge nicht aus, um die gewünschte Streckenlänge zu überbrücken, so setzt man hinter den Empfänger einen zweiten Sender mit anschließender Glasfaserstrecke und wiederholt den Vorgang so lange, bis die zu übertragende Strecke erzielt wird. Die Kombination von Empfänger und Sender und einem zwischengeschalteten *Regenerator* nennt man *Repeater*. Im Regenerator wird das durch die Faserdispersion verzerrte Signal verstärkt, wieder aufbereitet (regeneriert) und dann dem nachfolgenden Sender zugeführt (siehe **Bild 9.2b**). Diese Komponenten gehören im engen Sinne zu einem optischen Übertragungssystem. Um ein solches System insbesondere für eine digitale Übertragung mit hohen Datenraten und großen Streckenlängen nutzen zu können, sind allerdings weitere elektronische Bausteine vor der Treiberschaltung bzw. nach dem Vorverstärker notwendig (siehe Bild 9.7).

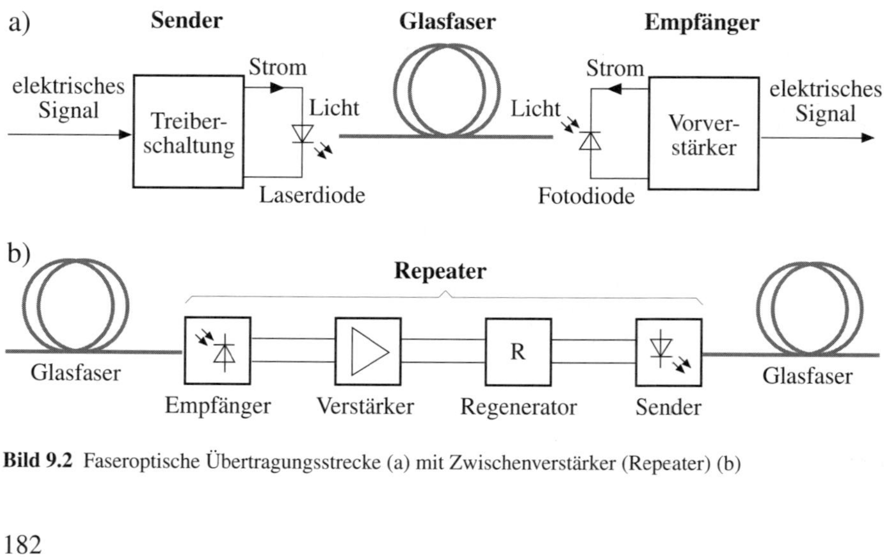

Bild 9.2 Faseroptische Übertragungsstrecke (a) mit Zwischenverstärker (Repeater) (b)

9.1 Direktübertragungssysteme als Punkt-zu-Punkt-Verbindung

Entscheidend für die Güte einer optischen Übertragungsstrecke ist das *Signal-Rausch-Verhältnis* (*S/N*, signal to noise ratio [9.1, 9.2]). Die elektrische Signalleistung S am Eingang des jeweiligen Verstärkers ergibt sich aus dem effektiven Eingangswiderstand und dem Fotostrom (vergleiche Gl. (7.26) und Gl. (8.3) beim Einsatz einer APD):

$$S = R_{\text{eff}} M^2 I_{\text{P}}^2 = R_{\text{eff}} M^2 S^{*2} P^2 \tag{9.1}$$

Für die Rauschleistung N_{P} der Fotodiode folgt mit Gl. (8.13):

$$N_{\text{P}} = R_{\text{eff}}\; 2e\left(I_{\text{P}} + I_{\text{DV}}\right)M^2\; F\, B \tag{9.2}$$

Für das thermische Rauschen des Lastwiderstands R_{L} ergibt sich mit Gl. (8.11) eine Rauschleistung:

$$N_{\text{Rth}} = R_{\text{eff}}\; 4kTB / R_{\text{L}} \tag{9.3}$$

Hinzu kommt noch das thermische Rauschen des Vorverstärkers N'_{V} (Eingangswiderstand R_{E} inbegriffen):

$$N'_{\text{V}} = kTBF_{\text{t}}, \tag{9.4}$$

wobei:

F_{t} Rauschzahl des Vorverstärkers.

Bei der Berechnung der Grenzempfindlichkeit fasst man häufig die Rauschleistung des Lastwiderstands und des Verstärkers zusammen ($N_{\text{V}} = N'_{\text{V}} + N_{\text{Rth}}$) und betrachtet das reine Diodenrauschen gesondert. Somit folgt für das Signal-Rausch-Verhältnis:

$$\frac{S}{N} = \frac{S}{N_{\text{P}} + N_{\text{V}}} \tag{9.5}$$

Rechnet man die Rauschleistung N_{V} in einen Strom um und bezieht den Wert auf die Bandbreite, die der Empfänger verarbeiten kann, so kommt man zur *spektralen Rauschstromleistungsdichte I**:

$$I^* = \sqrt{\frac{N_{\text{V}}}{R_{\text{eff}}\, B}} \tag{9.6}$$

Die Angabe auf einem Datenblatt erfolgt in pA/$\sqrt{\text{Hz}}$.

Auf diese Art charakterisiert man das Rauschen eines Vorverstärkers und bewertet es im Vergleich mit anderen Verstärkern.

Bei Verwendung einer PIN-Diode lässt sich das Verstärkerrauschen auf einfache Weise abschätzen [9.3]. Man betrachtet zunächst ohne Lichteinfall die spektrale Rauschleistungsdichte mit Hilfe eines Spektrumanalysators über den interessierenden Frequenzbereich (von 0 bis zum Abfall bei der Grenzfrequenz des Vorverstärkers). Nach dem Abspeichern dieses Frequenzgangs wird eine zweite Spur erzeugt, deren Pegel am Messgerät elektronisch um 3 dB gedämpft wird. Anschließend wird Licht einer Glühlampe auf den Empfänger gebracht. Das Rauschen dieses Lichts kann als weiß angesehen werden (frequenzgleichverteilt). Die Leistung der Glühlampe wird so lange erhöht, bis die neue Spur bei der Messfrequenz mit dem abgespeicherten Pegel zusammenfällt. Der zugehörige Fotogleichstrom der PIN-Fotodiode wird gemessen.

Bei guten PIN-Dioden ist das Dunkelstromrauschen so klein, dass es gegenüber dem Verstärkerrauschen, das in diesem Fall dem durch die Glühlampe erzeugten Schrotrauschen gleichzusetzen ist, vernachlässigt werden kann. Man kann auch sagen, die spektrale Rauschleistungsdichte von breitbandigen Vorverstärkern ist so groß, dass dieses Messverfahren zulässig ist. Entsprechend Gl. (9.2) und Gl. (9.6) lässt sich somit die spektrale Rauschstromleistungsdichte des Vorverstärkers ermitteln. Dabei gilt dann:

$$I_{\mathrm{DV}} \rightarrow 0, \quad M = 1 \quad \text{und} \quad N_{\mathrm{P}} = N_{\mathrm{V}}$$

Typische Werte für einen Trans-Impedanz-Verstärker mit 1 GHz Bandbreite liegen bei etwa 5 bis 10 pA/$\sqrt{\mathrm{Hz}}$.

Für das Signal-Rausch-Verhältnis ergibt sich aus Gln. (9.1) bis (9.6):

$$\frac{S}{N} = \frac{M^2 S^{*2} P^2}{\left[2e\left(I_{\mathrm{P}} + I_{\mathrm{DV}}\right) M^2 F + I^{*2}\right] B} \tag{9.7}$$

Für Analogsysteme ist das Signal-Rausch-Verhältnis neben der Unterdrückung nicht linearer Verzerrungsprodukte [9.4 – 9.6] direkt ein Maß für die Güte der Übertragungsstrecke. Für digitale Systeme ist die *Bitfehlerrate* (BER: bit error rate) eine vorgegebene Größe, die eingehalten werden muss. Sie definiert die Güte eines digital übertragenen Signals, das der Anwender letzten Endes nutzt – z. B. die Güte eines Ton- oder Bildsignals. Bei der Bitfehlerrate handelt es sich um störungsbedingte Fehlentscheidungen bei der Abtastung des Empfangssignals: Eine logische Eins wird als logische Null interpretiert bzw. umgekehrt. Die zum Test übertragene Bitfolge mit vorgegebener Statistik ist genormt und dem Empfänger bekannt. Dieser vergleicht sie mit dem ankommenden Signal. Bezieht man die Anzahl der Fehlentscheidungen auf die Gesamtbitzahl, so erhält man die Bitfehlerrate. Ein *Bitfehlermessplatz* (siehe **Bild 9.3**) ist somit ein wichtiges Messgerät für die Bewertung eines digitalen optischen Übertragungssystems. Er besteht aus einem Bitmuster-Sender und einem Bitmuster-Empfänger. Im Entwicklungsstadium eines optischen Übertragungssystems wird der Bittakt häufig direkt elektrisch vom Bitmuster-Sender

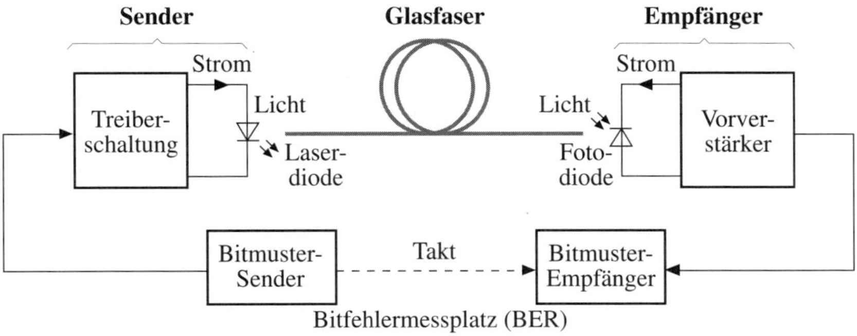

Bild 9.3 Faseroptische Übertragungsstrecke mit Bitfehlermessplatz

zum Bitmuster-Empfänger übertragen. Der *Takt* ergibt sich aus der Grundfrequenz der zu übertragenden Datenrate. Er muss beim Empfänger bekannt sein, damit der Abtastzeitpunkt, an dem die Entscheidung gefällt werden soll, bekannt ist. Im praktischen Einsatz muss das System dann selbst in der Lage sein, eine Taktableitung aus dem übertragenen Signal vorzunehmen, man spricht von einer Taktregeneration. Bei hohen Datenraten und großen Faserlängen muss auch für die Bitfehlermessung mit einer *Taktregeneration* gearbeitet werden, da es sonst zur Verschiebung des Abtastzeitpunkts durch temperaturbedingte Laufzeitänderungen in der Faser kommt. Die oben beschriebenen optischen Übertragungssysteme bezeichnet man auch als direkte Übertragungssysteme, um sie von kohärenten Übertragungssystemen zu unterscheiden (vergleiche Abschnitt 9.3).

Für direkte Übertragungssysteme gilt folgender Zusammenhang zwischen Bitfehlerrate und Signal-Rausch-Verhältnis [9.7, 9.8]:

$$BER = \frac{1}{2}\,\mathrm{erfc}\,\sqrt{\frac{1}{8}\left(\frac{S}{N}\right)} \tag{9.8}$$

Für sehr kleine Bitfehlerraten ($BER \ll 1$) lässt sich die folgende Näherung anwenden:

$$\mathrm{erfc}(x) \approx \frac{\mathrm{e}^{-x^2}}{x\sqrt{\pi}}$$

Somit folgt für die Bitfehlerrate:

$$BER = \sqrt{\frac{2}{\pi}} \cdot \frac{1}{\sqrt{\frac{S}{N}}} \cdot \mathrm{e}^{-\frac{1}{8}\left(\frac{S}{N}\right)} \tag{9.9}$$

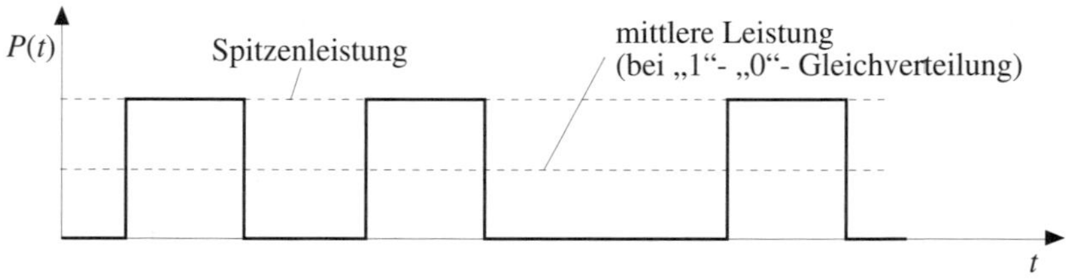

Bild 9.4 Spitzenleistung und mittlere Leistung eines digital-optischen Signals

Typische Anforderungen an die Bitfehlerrate einer optischen Übertragungsstrecke sind: $\boldsymbol{BER = 10^{-9}}$. Bei dieser Fehlerrate kann man z. B. bei einem Fernsehbild mit dem Auge keinen Fehler mehr erkennen. Bei Rauschleistungen handelt es sich entsprechend der Definition der Rauschströme (vergleiche Abschnitt 8.22) um mittlere Leistungen; für die Signalleistung wählt man dagegen häufig die Spitzenleistung. Daher muss in den Gleichungen, in denen das Signal-Rausch-Verhältnis steht, entsprechend die optische Spitzenleistung eingesetzt werden (siehe **Bild 9.4**). Unter obiger Bedingung folgt für das Signal-Rausch-Verhältnis aus Gl. (9.9):

$$\boldsymbol{S/N \approx 144}, \text{ entsprechend } \approx \mathbf{21\ dB} \tag{9.10}$$

Dieser Wert muss für alle optischen Übertragungssysteme eingehalten werden; er ist eine wichtige Größe in der optischen Nachrichtentechnik!

In der Literatur findet man manchmal auch die Angabe von $S/N = 36$ entsprechend 15,6 dB, in diesem Fall ist nicht die optische Spitzenleistung, sondern die mittlere Leistung, die halbe Spitzenleistung, eingesetzt worden. Dabei ist über einen längeren Zeitraum eine Gleichverteilung von logischen Nullen und logischen Einsen vorausgesetzt. Unter der Voraussetzung einer Bitfehlerrate $< 10^{-9}$ folgt mit Gl. (9.7) und Gl. (9.10) für die minimale optische Leistung die *Empfängerempfindlichkeit* P_{min} an der Empfängerdiode (Spitzenleistung):

$$P_{min} = \frac{12}{MS^*}\sqrt{\left(2e\left(I_P + I_{DV}\right)M^{2+x} + I^{*2}\right)B} \tag{9.11}$$

Setzt man typische Werte für die Empfindlichkeit, für das Schrotrauschen, das Dunkelstromrauschen sowie das Verstärkerrauschen an, so erhält man eine grobe Abschätzung für die praktische Anwendung [9.9]:

$$P_{min} \text{ in dBm} = -34 + 10\lg BR \text{ in Gbit/s}, \tag{9.12}$$

wobei:

BR Bitrate.

Um ein digitales Signal mit der Bitrate *BR* verarbeiten zu können, benötigt man einen Empfänger mit etwa folgender Bandbreite *B* [9.10]:

$$B \approx (0{,}7 \text{ bis } 0{,}8)\, BR \tag{9.13}$$

Hierbei handelt es sich ebenfalls um eine Abschätzung. Der genaue Zusammenhang wird im Wesentlichen bestimmt durch den zeitlichen Verlauf des Pulses [9.11].

Dunkelstromrauschen und Verstärkerrauschen sind Grenzen, die durch Verbesserung der Bauelemente bis zu einem gewissen Grad immer weiter unterschritten werden können. Das Schrotrauschen jedoch stellt die absolute Grenze physikalischen Rauschens in einem optischen Übertragungssystem dar. Bei der Erzeugung von Ladungsträgern handelt es sich um einen statistischen Prozess. Dieser gehorcht der *Poisson-Verteilung* $w(q)$:

$$w(q) = N_{\mathrm{L}}^{q}\, \frac{\mathrm{e}^{-N_{\mathrm{L}}}}{q!}, \tag{9.14}$$

wobei:

$w(q)$ Wahrscheinlichkeit dafür, dass zu einem bestimmten Zeitpunkt q Ladungsträgerpaare erzeugt werden,

N_{L} Anzahl der im Mittel über einen langen Zeitraum erzeugten Ladungsträgerpaare.

Für den Fall, dass keine Ladungsträger erzeugt werden, obwohl Lichtquanten auf die Empfängerdiode fallen, ist $q = 0$, und somit folgt nach Gl. (9.14):

$$w(0) = \mathrm{e}^{-N_{\mathrm{L}}} \tag{9.15}$$

Für $N_{\mathrm{L}} = 20$ folgt: $w(0) \approx 2{,}1 \cdot 10^{-9}$,
Für $N_{\mathrm{L}} = 21$ folgt: $w(0) \approx 7{,}6 \cdot 10^{-10}$.

Die Wahrscheinlichkeit einer Falschinformation ist somit beim Vorhandensein von 21 Ladungsträgerpaaren $< 10^{-9}$, dem typischen Wert der geforderten Bitfehlerrate einer Übertragungsstrecke. Aus den Gln. (7.23) bis (7.25) folgt für die minimale Leistung eines optischen Pulses P während der Dauer Δt eines Bits:

$$P = \frac{N_{\mathrm{L}} h f}{\eta \Delta t} \tag{9.16}$$

Somit ergibt sich mit der Bitrate BR ($\Delta t = 1/BR$):

$$P = 21\, hf\, BR/\eta \tag{9.17}$$

Da, wie oben erwähnt, manchmal statt der Spitzenleistung die mittlere Leistung angegeben ist, findet man in der Literatur auch den halben Wert von Gl. (9.17).

Experimentell erzielte Ergebnisse der minimalen Empfängerempfindlichkeit sowie die theoretisch erreichbaren Empfängerempfindlichkeiten nach Gl. (9.17) sind in

Bild 9.16 [9.12] als Funktion der Bitrate mit eingetragen; hierbei wurde von der mittleren Leistung ausgegangen und ein Quantenwirkungsgrad von $\eta = 1$ angesetzt. Bei vorgegebener Sendeleistung im Faserschwanz der Lichtquelle lässt sich eine bestimmte Dämpfung der Übertragungsfaser überbrücken, bis man mit der Leistung am Streckenende an die Grenze der Empfängerempfindlichkeit kommt. Daraus ergibt sich die erzielbare Maximallänge der Übertragungsstrecke und somit die Reichweite des Systems (siehe **Bild 9.5a**). Ist dies die alleinige Ursache für die Begrenzung der Systemreichweite, so bezeichnet man das System damit als *dämpfungsbegrenzt*. Sind dagegen die Dispersionen die alleinige Ursache für die Begrenzung, so spricht man von einer *Dispersionsbegrenzung* (siehe **Bild 9.5b**). Für die übertragbare Bitrate folgt aus Dispersionsgründen nach Gl. (3.48), Gl. (3.50) und Gl. (9.13):

$$BR^2 \approx \frac{4}{9} \cdot \frac{1}{(M_{\text{mod}} L^{\gamma})^2 + (M_{\text{chr}} L\, \Delta\lambda)^2} \tag{9.18}$$

Neben der Berechnung der Systemreichweite auf Grund der Dämpfungsbegrenzung muss man daher prüfen, ob die Faserdispersion und die spektrale Breite der Lichtquelle bei der berechneten Streckenlänge ausreichend klein sind, um eine Bitrate entsprechend Gl. (9.18) zu gewährleisten. Außerdem muss der Sender die notwendige Modulationsbandbreite verarbeiten können. Entsprechendes gilt für die Demodulationsbandbreite des Empfängers.

Bild 9.6 zeigt eine Fotografie eines optischen Übertragungssystems für den Industrieeinsatz im lokalen Bereich, das wahlweise mit einer Kunststoff-Faser oder einer Gradientenindex-Glasfaser 50/125 µm betrieben werden kann. Mit der Kunststoff-Faser wird bei einer Datenrate bis 20 kbit/s eine Entfernung bis 125 m überbrückt, bei der Glasfaser reicht die Entfernung bis 4,4 km.

Im Labor wird der Frequenzgang der gesamten Übertragungsstrecke (auch derjenige von einzelnen Komponenten) mit Hilfe eines Netzwerkanalysators aufgenom-

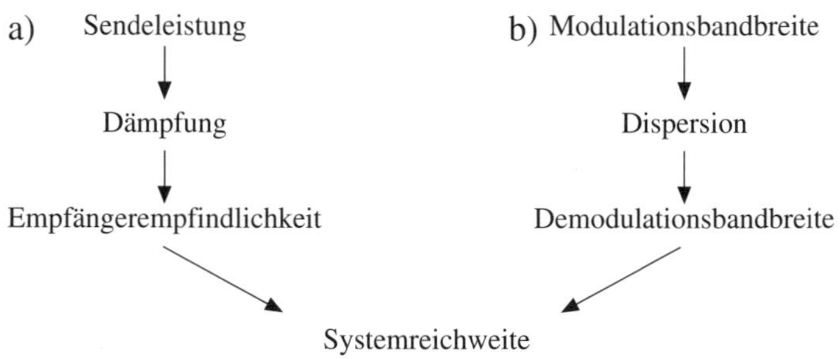

Bild 9.5 Dämpfungs- und Dispersionsbegrenzung in optischen Übertragungssystemen [3.29]

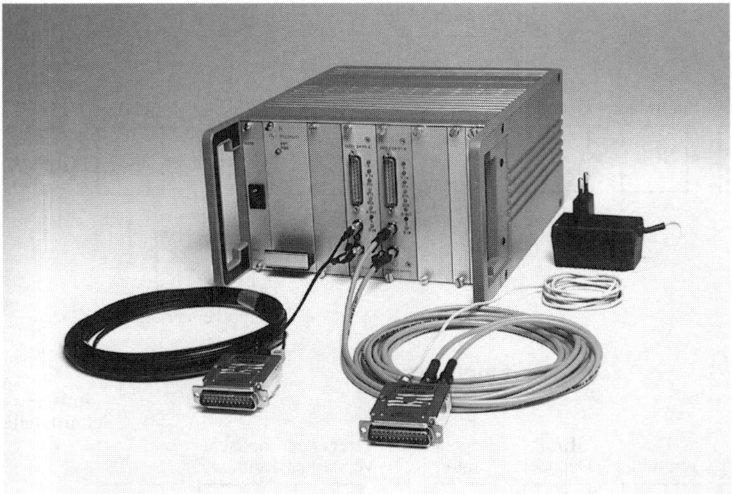

Bild 9.6 Optisches Übertragungssystem für den lokalen Bereich mit V. 24-Schnittstelle, wahlweise mit Kunststofffaser (links) oder Glasfaser (rechts) [Foto: Hirschmann]

men, um festzustellen, ob die notwendige Bandbreite gewährleistet wird. Darüber hinaus können auch Einbrüche oder Überschwinger auf dem Frequenzgang analysiert werden.

In Bild 9.20 [9.12] sind experimentell erzielte Systemreichweiten und Bitraten von intensitätsmodulierten Direktübertragungssystemen für den Weitverkehr mit eingezeichnet.

Bild 9.7 zeigt die elektronischen Teile eines digitalen optischen Weitverkehr-Übertragungssystems etwas ausführlicher. Diese Übertragungssysteme arbeiten mit Leitungscodierung, damit das Signal optimal an die Leitung, die Übertragungsstrecke, angepasst werden kann [9.15]. Dies ermöglicht während der Datenübertragung gleichzeitig eine Leitungsüberwachung und Fehlerkorrektur. An der elektrischen Schnittstelle liege das Signal bereits in digitaler Form vor, z. B. als CMI-Code (siehe Teilbild a). Dieser wird in einem Code-Wandler in einen binären Code umgewandelt und einem *Scrambler* (Verwürfler) zugeführt. Die Verwürfelung ist notwendig, um zu verhindern, dass eine lange Folge von „Nullen“ oder „Einsen“ zur Übertragung kommt (vergleiche Abschnitt 7.22). Als besonders geeignet für die optische Nachrichtentechnik hat sich der 5B/6B-Code herausgestellt [9.15], insbesondere was das zu übertragende Leistungsdichtespektrum des Signals anbetrifft.

Es folgt die Treiberschaltung für die Lichtquelle, in die ein Regelverstärker zur Arbeitspunktregelung (vergleiche Abschnitt 7.22) mit einbezogen wird. Die Lichtquelle, also der Halbleiterlaser oder die LED, wird dann über den Injektionsstrom moduliert.

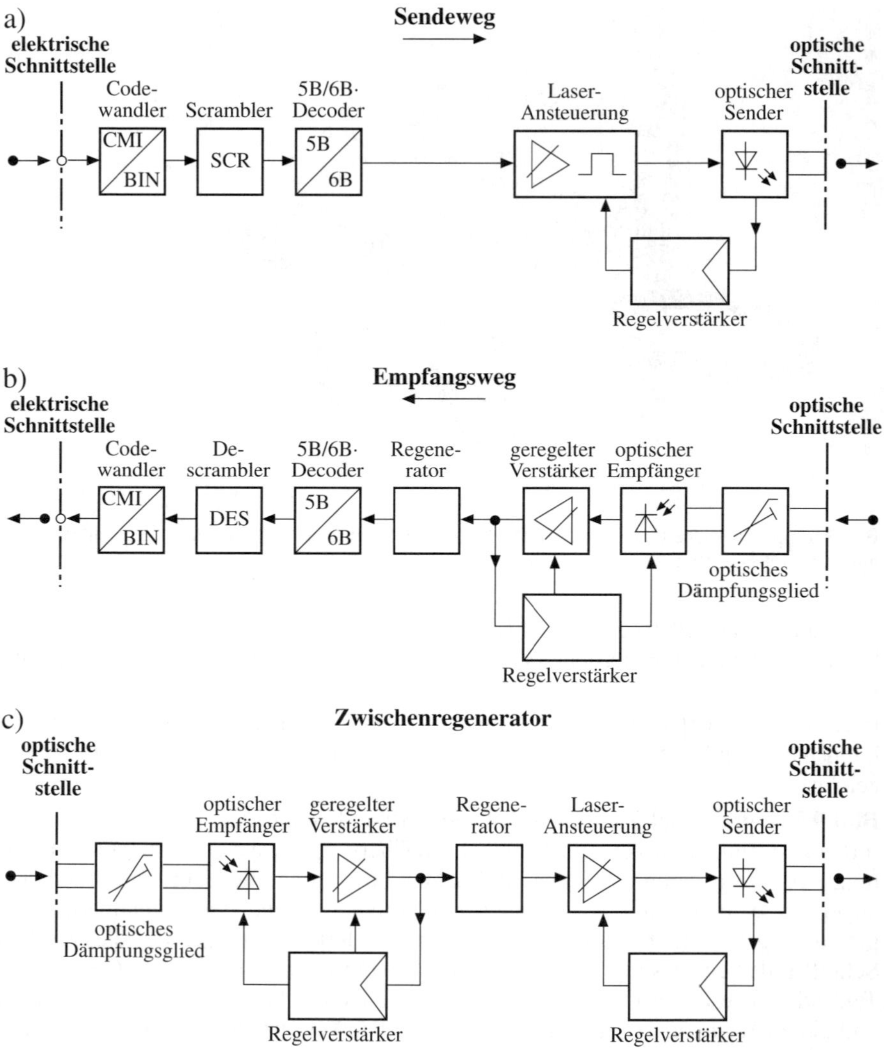

Bild 9.7 Digitales optisches Weitverkehr-Übertragungssystem [9.13]

a) Sendeseite

b) Empfängerseite

c) Zwischenverstärker

Die Übertragungssysteme sind so konzipiert, dass am Ende eine gewisse Systemreserve vorhanden ist. Um einen optischen Empfänger nicht zu übersteuern, bzw. die Anforderungen an dessen Dynamik nicht allzu hoch werden zu lassen, kommt insbesondere bei Neuinbetriebnahme vor der Fotodiode ein *optisches Dämpfungsglied* zum Einsatz (siehe Bild 9.7b). Bei nachlassender optischer Leistung am Faserende mit zunehmender Betriebsdauer kann der eingestellte Dämpfungswert auf die notwendige Größe erniedrigt werden. Im Empfänger werden dann die optischen Signale wieder in elektrische umgewandelt, ein nachfolgender *AGC-Verstärker* (Automatic-Gain-Control) sorgt für einen in gewissen Grenzen konstanten elektrischen Signalpegel für die elektronische Weiterverarbeitung.

Es ist nun keineswegs so, dass die auftretenden Dispersionen keinerlei Signalverzerrungen bewirken dürften, sondern die auftretenden Verzerrungen dürfen nur einen

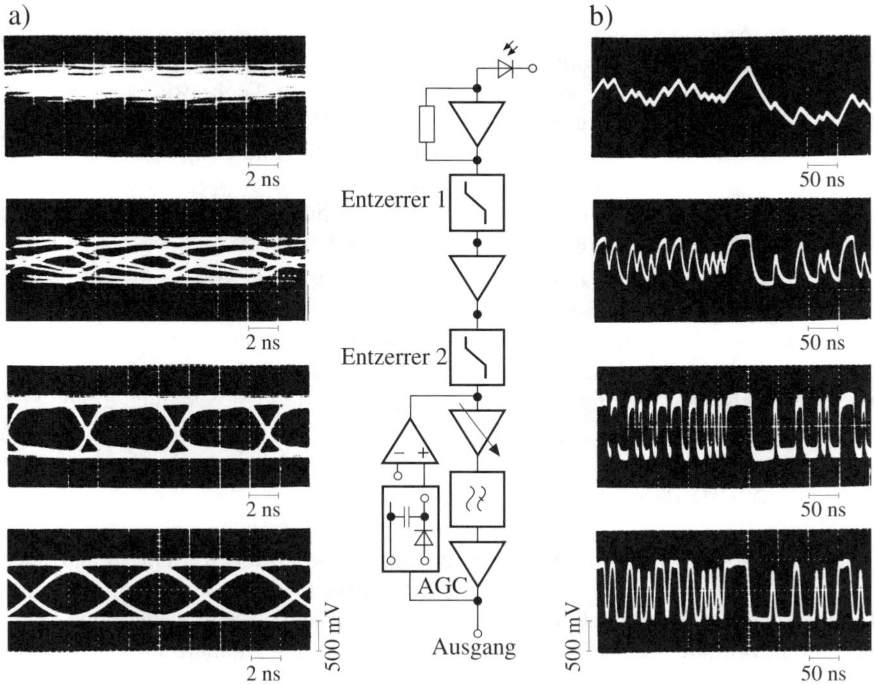

Bild 9.8 Augendiagramm (a) und 168-Mbit/s-Datensignal (b) eines optischen Empfängers, AGC Automatic Gain Control

oberste Spur:	Signal ohne Entzerrung
zweite Spur von oben:	Signal nach einer Entzerrerstufe
dritte Spur von oben:	Signal nach zwei Entzerrerstufen
unterste Spur:	Signal nach Tiefpass [9.14]

bestimmten Wert nicht überschreiten, so dass der nachfolgende Regenerator in der Lage ist, das verzerrte Signal wieder in die ursprüngliche Form zu bringen, es zu regenerieren. Welche anscheinend undefinierbaren Signalformen noch regenerierbar sind, zeigt **Bild 9.8b** (oberste Spur). Nach zwei Entzerrerstufen liegt bereits wieder ein gut erkennbares 168-Mbit/s-NRZ(non return to zero)-Signal vor. Ein nachfolgender Tiefpass unterdrückt höherfrequente Rauschanteile (unterste Spur). Im Teilbild a ist das *Augendiagramm* [9.11] des entsprechenden Signals mit höherer Auflösung dargestellt. Dazu werden mehrere ankommende digitale Bitfolgen bestimmter Längen übereinander geschrieben; d. h., an vielen Stellen fällt eine Eins auf eine Null und umgekehrt. Für ein ideales Signal ergäbe sich ein Rechteck mit der Signalamplitude als Höhe und der Bitperiode als Breite. Verschlechtert sich das Signal, so werden die senkrechten und waagrechten Begrenzungen immer stärker verrauscht. Es entsteht ein Auge, das sich mit zunehmender Signalverschlechterung immer stärker schließt (siehe oberste Spur von **Bild 9.8a**).

Anhand des Augendiagramms lässt sich daher eine visuelle Bewertung (Abschätzung) über die Güte des Signals vornehmen. Eine quantitative Aussage erzielt man jedoch sinnvollerweise mit Hilfe eines Bitfehlermessplatzes (vergleiche Bild 9.3), bei dem Abtastzeitpunkt und Signalpegelschwelle genau in die Mitte des Auges gelegt werden. Nach dem Regenerator werden im Decoder, Descrambler und Code-Wandler die Prozesse am Eingang des Senders wieder rückgängig gemacht, so dass das ursprüngliche Signal wieder vorhanden ist und einer elektrischen Schnittstelle übergeben werden kann, die der Eingangsschnittstelle entspricht (siehe Bild 9.7a).

Ist die Systemreichweite nicht groß genug, um die geforderte Streckenlänge zu überbrücken, so folgt nach dem Regenerator anstelle des Decoders wieder die Treiberschaltung einer Lichtquelle (siehe Bild 9.7c), deren Licht in eine weitere Faser eingekoppelt wird. Man erhält somit einen Zwischenverstärker (Repeater). Diese Vorgehensweise wird so lange wiederholt, bis die geforderte Streckenlänge erzielt ist.

9.2 Multiplex-Systeme

Bisher wurden nur Punkt-zu-Punkt-Verbindungen beschrieben, man spricht auch von einem *unidirektionalen System* (siehe **Bild 9.9a**). In der Anwendung, z. B. beim Telefon oder bei der Datenkommunikation, besteht jedoch häufig die Notwendigkeit, die Information in Vorwärts- und Rückwärtsrichtung zu übertragen. Dies wäre möglich durch Verlegen einer zweiten Faser.

Bei großen Faserlängen lohnt es sich jedoch, nur eine Faser zu verlegen und an beiden Enden optische Koppler (vergleiche Abschnitt 5.2.3) anzubringen [9.16]. **Bild 9.9b** zeigt eine solche Anordnung, ein *bidirektionales System*, mit jeweils einem Sender und einem Empfänger an beiden Faserenden. Dabei muss man beachten, dass jeder Koppler einen 3-dB-Teiler darstellt und somit ein Mindestverlust von jeweils 3 dB entsteht. Problematisch ist es außerdem, wenn Licht vom Sender A

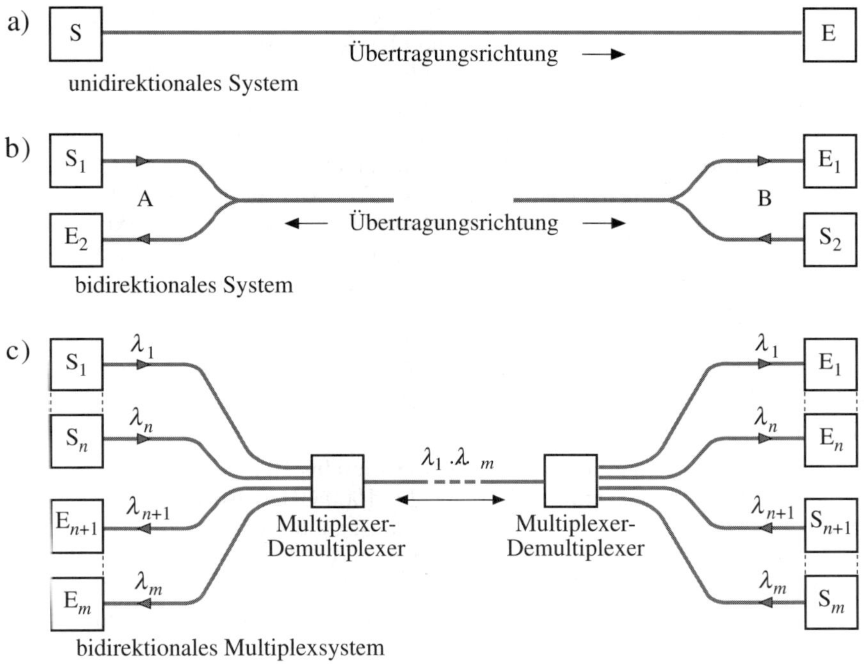

Bild 9.9 Systemkonzepte faseroptischer Übertragungssysteme [3.29]

zum Empfänger A gelangt und diesen übersteuert [9.17]. Dies kann durch Nebensprechen im Koppler durch Streueffekte entstehen. Der Effekt ist jedoch so gering, dass er in der Regel vernachlässigbar ist. Von weitaus größerer Bedeutung sind Rückwirkungen durch Fresnel-Reflexionen an Stoßstellen, z. B. durch Stecker oder schlechte Spleiße. Reflexionsmindernde Maßnahmen (vergleiche Abschnitt 5.2) sind an dieser Stelle unerlässlich.

Statt zweier Sender und Empfänger auf jeder Seite der Übertragungsstrecke kann auch eine Vielzahl angebracht werden. Die Zuordnung von Sender X auf der Seite A zum Empfänger Y auf der Seite B kann z. B. durch Wahl geeigneter elektrischer Frequenzbänder geschehen (Zeit- bzw. Frequenzmultiplexsysteme [1.12]). Problematisch sind jedoch die hohen Aufteilungsverluste und unerwünschtes Nebensprechen der einzelnen Frequenzbänder, insbesondere durch die Nichtlinearität der optischen Sender.

Günstiger ist es dagegen, so genannte *Wellenlängenmultiplex-Systeme* (WDM wavelength division multiplex) aufzubauen [1.12, 9.18 – 9.20]. Hierbei emittieren die Laser bei unterschiedlichen Wellenlängen. Wählt man große Wellenlängenunterschiede entsprechend den Dämpfungseigenschaften einer Glasfaser bzw. den unterschiedlichen elektrooptischen Bauelementen, so spricht man vom *Fenstermultiplex*, also Übertragung bei $\lambda = 800$ nm und bei $\lambda = 1300$ nm mit entsprechenden Lichtquellen und Fotodioden, die jeweils für die unerwünschte Wellenlänge nicht empfindlich sind (z. B. GaAs-Laser mit Siliziumdioden bzw. quaternäre Laserdioden mit quaternären Fotodioden). Man möchte jedoch nicht nur jeweils zwei Kanäle übertragen, sondern mehr. Dazu wählt man Lichtquellen (Laser) aus, die nur wenige nm benachbarte Wellenlängen aufweisen ($\Delta\lambda = 2$ nm bis 10 nm). Das Einfügen der Sender und die Trennung der Empfänger erfolgt durch wellenlängenselektive Koppler, Multiplexer und Demultiplexer genannt (vergleiche Abschnitt 5.2.3). Hierbei ist günstig, dass die prinzipiellen 3-dB-Verluste im Vergleich zum nicht wellenlängenselektiven Koppler entfallen. Auf der Demultiplexerseite werden jedoch nach wie vor hohe Anforderungen hinsichtlich des Nebensprechens gestellt. Aus diesem Grund kommen an dieser Stelle auch häufig Gittermultiplexer mit größeren Nebensprechdämpfungen zum Einsatz. **Bild 9.9c** zeigt die schematische Darstellung eines bidirektionalen Wellenlängenmultiplexsystems.

Betrachtet man die Wellenlängenabstände von 2 nm bis 10 nm im Frequenzbereich, so ergeben sich Werte von einigen 100 GHz bis 1000 GHz, also Werte, die sehr viel größer sind als die heute denkbaren Modulationsbandbreiten von einigen 10 GHz. Bei noch engerem Kanalabstand spricht man von DWDM (*Dense Wavelength Division Multiplex*). Man erhält Kanalabstände unter 100 GHz bis 50 GHz. Dies entspricht im Wellenlängenbereich einem Abstand von weniger als einem halben Nanometer (siehe Gl. (2.25)). Bei all diesen Techniken werden zusätzlich Datenströme mit geringer Bitrate zusammengefasst zu hochbitratigen; man spricht von Zeitmultiplex, TDM (*Time Division Multiplex*).

Will man die durch die Faser verfügbare Bandbreite in höherem Maße ausnutzen, so muss man die Kanäle sehr viel enger benachbart legen. Man kommt damit zum *optischen Frequenzmultiplex*, realisierbar mit kohärenten Techniken (siehe Abschnitt 9.3).

Multiplexsysteme kommen in Glasfasernetzen zum Einsatz, für öffentliche Kommunikationsnetze oder für den Einsatz von Datenverarbeitungssystemen z. B. in der Bürokommunikation oder für technisch-wissenschaftliche Bereiche in Forschung, Entwicklung, Konstruktion und Produktion. Eine ausfürliche Darstellung über Glasfasernetze findet sich in [1.12].

9.3 Kohärente Übertragungssysteme

Die kohärente Übertragung, auch *optischer Überlagerungsempfang* genannt, erlaubt, im Gegensatz zum Direktempfang, eine grundsätzlich neue Art der optischen Nachrichtenübertragung [7.39, 9.21 – 9.24]. Durch Ausnutzen der Kohärenzeigenschaften der verwendeten Lichtquellen ist es theoretisch möglich, die Empfängerempfindlichkeit einer optischen Übertragungsstrecke um nahezu einen Faktor von 1000 zu erhöhen, wodurch eine erhebliche Steigerung der verstärkerfreien Faserstrecke erreicht werden kann. Zusätzlich kann man analog zum Überlagerungsempfang in der Rundfunktechnik über eine Vielzahl von benachbarten Kanälen gleichzeitig übertragen. Damit ergibt sich die Möglichkeit, eine substanzielle Erhöhung der Übertragungskapazität in zukünftigen optischen Übertragungssystemen zu erzielen.

Bei den oben beschriebenen Direktübertragungssystemen war zunächst nur die Intensität des Lichts relevant. Die Datenübermittlung – sowohl digital als auch analog – erfolgt im Allgemeinen dadurch, dass die Laserausgangsleistung moduliert wird. Empfängerseitig wird mit Hilfe eines rein intensitätssensitiven Detektors eine Erkennung des Datenstroms vorgenommen. Kohärente Systeme nutzen im Gegensatz dazu die Tatsache, dass neben der Amplitude auch die Frequenz und die Phase einer elektromagnetischen Welle eine Information beinhaltet.

9.3.1 Prinzip der kohärenten Übertragung

Der optische Überlagerungsempfang stellt das Analogon zum elektrischen Überlagerungsempfang dar. Den prinzipiellen Aufbau zeigt **Bild 9.10**. Das von einem Halbleiterlaser (*Sendeoszillator*) ausgesandte Licht wird mit Hilfe einer Faser zum Empfangsort übertragen. Dort befindet sich ein weiterer Halbleiterlaser, der *lokale Oszillator*. Mit Hilfe eines optischen Kopplers erfolgt eine Überlagerung der von beiden Lasern ausgesandten Lichtwellen.

Die zeitabhängige Leistung $P(t)$ ergibt sich entsprechend Gl. (2.15) aus dem Betragsquadrat der einfallenden Feldstärke $E(t)$:

$$P(t) \sim E(t)\, E^*(t) \tag{9.19}$$

Beim optischen Überlagerungsempfang erhält man am Detektor eine Superposition der von der Faserstrecke kommenden Feldstärke $E_S(t)$, die die zu übertragende

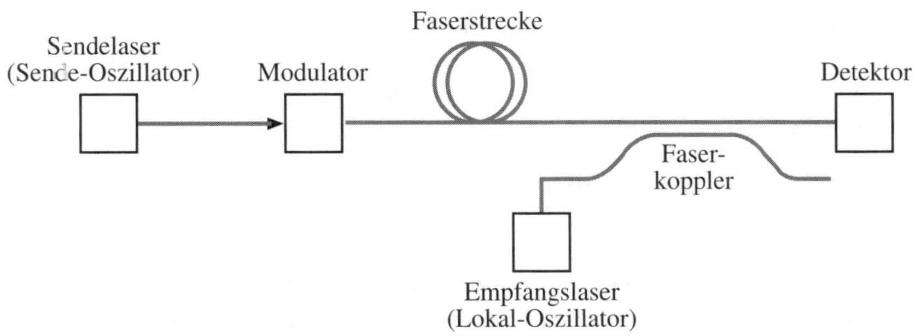

Bild 9.10 Prinzipieller Aufbau eines optischen Überlagerungsempfängers [7.39]

Nachricht beinhaltet, mit der Feldstärke des lokalen Oszillators $E_L(t)$; daraus folgt mit Gl. (2.16):

$$P(t) = P_S + P_L + 2\sqrt{P_S P_L}\cos\left[\left(\omega_S - \omega_L\right)t + \Phi_S - \Phi_L\right], \tag{9.20}$$

wobei:

P_S Leistung des Sendelichts am Ende der Faserstrecke

P_L Leistung des Lokallaserlichts

ω_S Kreisfrequenz des Sendelichts

ω_L Kreisfrequenz des Lokallaserlichts

Φ_S Phase des Sendelichts und

Φ_L Phase des Lokallaserlichts

Man erkennt, dass die Leistung des durch die Übertragungsstrecke gedämpften Sendelichts mit der Leistung des Lokaloszillators multipliziert und damit verstärkt wird ($P_L \gg P_S$). Dies bedeutet, dass man gegenüber der optischen Direktübertragung längere Faserstrecken überbrücken bzw. bei gleicher Streckenlänge eine höhere Datenrate übertragen kann. Bei allen optischen Übertragungssystemen erfolgt die Umsetzung der Information durch Modulation einer bestimmten charakteristischen Größe des Sendelaserlichts. Bei direkter Detektion ist kein Lokallaser vorhanden, also $P_L = 0$; daraus ergibt sich $P(t) = P_S$. Es verbleibt daher nur die Möglichkeit, eine Leistungs- bzw. Intensitätsmodulation (IM) vorzunehmen. Bei kohärenter Detektion kann man dagegen sowohl die Leistung, die Frequenz als auch die Phase des Sendelaserlichts modulieren (siehe Gl. (9.20)). Bei digitalen Übertragungsstrecken spricht man von *ASK* (*amplitude shift keying:* Modulation von P_S), *FSK* (*frequency shift keying:* Modulation von ω_S) und *PSK* (*phase shift keying:* Modulation von Φ_S). Außerdem unterscheidet man noch zwischen *Homodynsystemen* ($\omega_S = \omega_L$) und *Heterodynsystemen* ($\omega_S \neq \omega_L$). Im letzteren Fall erhält man eine *Zwischenfrequenz*, $ZF = \omega_S - \omega_L \neq 0$.

Die Güte einer Übertragungsstrecke (charakterisiert durch ihre Übertragungskapazität: Bitrate × Länge) wird bewertet durch die erzielte Bitfehlerrate. Eine Größe, die entscheidend die Bitfehlerrate mitbestimmt, ist wie bei der Punkt-zu-Punkt-Übertragung (vergleiche Abschnitt 9.1) das Signal-Rausch-Verhältnis. Dies lässt sich auf folgende Weise darstellen:

$$\frac{S}{N} = \frac{\text{Quadrat des Signalstroms}}{\text{Summe der Rauschstromquadrate}} \tag{9.21}$$

Den Signalstrom erhält man aus Gl. (7.26) und Gl. (9.20). Es tritt eine Vielzahl von Rauschprozessen auf [8.6] (vergleiche Abschnitt 8.2.2), wie das Verstärkerrauschen einschließlich des Lastwiderstands, das Dunkelstromrauschen der Fotodiode und das Zusatzrauschen bei Lawinenfotodioden. Für diese Prozesse sei stellvertretend das Verstärkerrauschen genannt. Aus Gl. (9.6) folgt das mittlere Rauschstromquadrat des Verstärkers:

$$\overline{I_V^2} = I^{*2} B \tag{9.22}$$

Dazu kommt in jedem Fall noch die absolute physikalische Grenze kleinstmöglichen Rauschens, das Schrotrauschen (Gl. (8.12)).

Damit lassen sich alle Größen bestimmen, die zur Ermittlung des Signal-Rausch-Verhältnisses notwendig sind. **Tabelle 9.1** zeigt den Signal-Rauschleistungs-Vergleich verschiedener Detektionsverfahren. In der Zeile Rauschleistung ist beim Heterodyn- und beim Homodynsystem zu beachten, dass der Schrotrauschterm auf Grund der hohen Lokallaserleistung so groß ist, dass sowohl der durch den Sendeoszillator bedingte Schrotrauschterm als auch das Verstärkerrauschen vernachlässigt werden kann.

Vergleicht man damit das Signal-Rausch-Verhältnis der verschiedenen Systeme, so zeigt sich, dass bereits eine Verbesserung beim Übergang vom Direktsystem zum Heterodynsystem erfolgt. Geht man zum Homodynsystem über, so gewinnt man noch einen Faktor 2. Eine weitere Steigerungsmöglichkeit erzielt man dadurch, dass bei kohärenter Detektion im Gegensatz zur Direktdetektion außer der Intensität zusätzlich Frequenz und Phase moduliert werden können. Die gesamte Empfindlichkeitshierarchie ist in **Tabelle 9.2** dargestellt [9.23, 9.24].

Folgende vereinfachte Betrachtungsweise soll die Vorteile der verschiedenen Verfahren veranschaulichen:

Der Gewinn beim Übergang von ASK- zu FSK-Verfahren ergibt sich aus der Tatsache, dass bei ASK-Modulation nur im Falle einer logischen Eins Licht auf den Detektor fällt, während bei FSK-Modulation dies sowohl bei einer logischen Eins

Verfahren	direkt	heterodyn	homodyn
charakterisiert durch	$P_L = 0$	$P_L \gg P_S$ $\omega_S - \omega_L \neq 0$	$P_L \gg P_S$ $\omega_S - \omega_L = 0$
Signalstrom I_P	$S^* P_S$	$2S^* \sqrt{P_S P_L} \cos(\omega_S - \omega_L)t$	$2S^{*2} P_S P_L$
Signalleistung $\sim I_P^2$	$S^{*2} P_S^2$	$2S^{*2} P_S P_L$	$4S^{*2} P_S P_L$
Rauschleistung $\sim \overline{I_{RS}^2} + \overline{I_V^2}$	$2eS^* P_S B + I^{*2} B$	$2eS^* P_L B$	$2eS^* P_L B$
Signalrausch-verhältnis $\dfrac{I_P^2}{\overline{I_{RS}^2} + \overline{I_V^2}}$	$\dfrac{S^* P_S}{\left[2e + \dfrac{I^{*2}}{S^* P_S}\right] B}$	$\dfrac{S^* P_S}{eB}$	$2\dfrac{S^* P_S}{eB}$

Tabelle 9.1 Signal-Rauschleistungs-Vergleich verschiedener Detektionsverfahren [7.39]

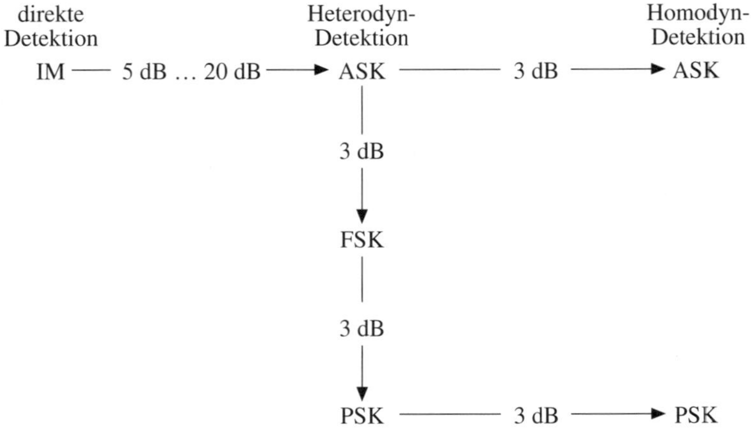

Tabelle 9.2 Theoretischer Empfindlichkeitsgewinn verschiedener Übertragungsverfahren [7.39]

als auch bei einer logischen Null vorliegt. Dies führt zu einer günstigeren statistischen Fehlerwahrscheinlichkeit [9.25] am Empfänger des Bitfehlermessplatzes und bewirkt eine Verbesserung von etwa 3 dB. FSK-Modulation bedeutet, dass die *ZF* zwischen zwei Werten umgetastet wird, je nachdem ob eine logische Eins oder eine logische Null vorliegt. Bei PSK-Modulation dagegen ergibt sich nur eine einzige *ZF* (bzw. $ZF = 0$ bei Homodyndetektion), so dass in diesem Fall nur die halbe Detektorbandbreite erforderlich ist. Dies bewirkt eine Verbesserung im *S/N* um 3 dB (Anmerkung: Bei Heterodyn-ASK- bzw- FSK-Systemen wird die *ZF* ohne Beachtung der Phasen ausgewertet.)

Addiert man alle Verbesserungsmöglichkeiten, so ergibt sich theoretisch ein Gewinn an Empfängerempfindlichkeit von nahezu 30 dB. Baut man ein solches Übertragungssystem mit Lichtquellen bei einer Wellenlänge von 1,55 μm auf, so befindet man sich im Minimum der Glasfaserdämpfung (0,2 dB/km). Dies bewirkt, dass beim Übergang von Direktübertragungssystemen zu kohärenten Systemen, bei gleicher Datenrate, theoretisch eine Verlängerung der Glasfaserstrecke um nahezu 150 km möglich ist. Diese Tatsache verdeutlicht, dass der optische Überlagerungsempfang die Möglichkeit bietet, eine substanzielle Verbesserung in modernen optischen Übertragungssystemen zu erzielen.

Eine weitere Steigerungsmöglichkeit erhält man, wenn auf der Senderseite nicht nur ein einziger Laser, sondern eine Vielzahl von Lasern eingesetzt wird (siehe **Bild 9.11**). Diese emittieren jeweils bei unterschiedlichen Frequenzen. Da der Lokaloszillatorlaser in seiner Frequenz durchstimmbar ist, lässt sich passend zu jedem Sendelaser eine *ZF* einstellen, die gerade mit der Mittenfrequenz eines dem Detektor nachgeschalteten Bandpassfilters übereinstimmt. Damit erhält man das

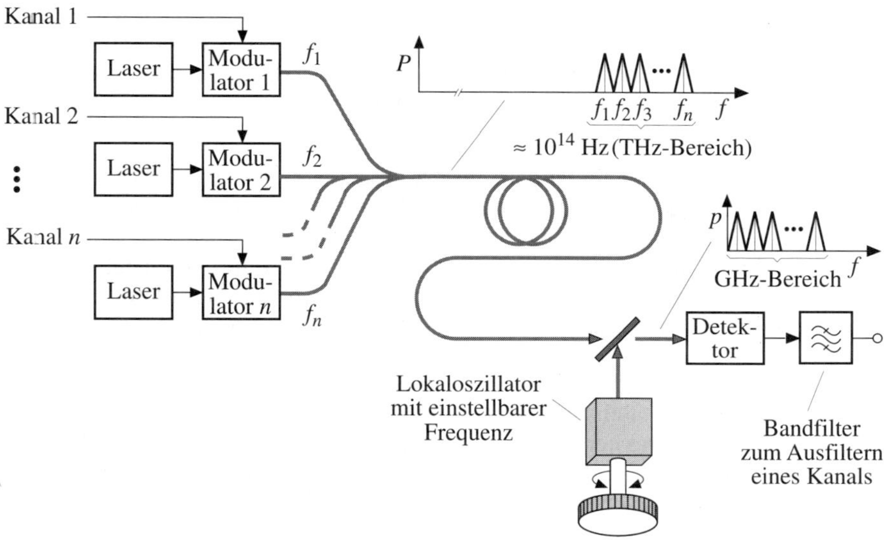

Bild 9.11 Abstimmbarer Empfänger mit Frequenzmultiplex [7.39]

vollständige optische Analogon zum Überlagerungsempfang in der Rundfunktechnik. Die hohe mögliche optische Kanaldichte ergibt eine beträchtliche Erhöhung der Übertragungskapazität.

9.3.2 Systemkomponenten

Um die Verbesserung durch Einsatz von Systemen, die nach dem Prinzip des optischen Überlagerungsempfangs arbeiten, ausschöpfen zu können, müssen an die Komponenten höhere Anforderungen gestellt werden, als dies bei Direktübertragungssystemen der Fall ist. Dies gilt insbesondere für Laser und Faser.

Die wichtigste Schlüsselkomponente stellt hierbei der Halbleiterlaser dar. Eine absolute Voraussetzung ist, dass der Laser nur einen einzigen longitudinalen Modus emittiert. Konventionelle Fabry-Perot-Halbleiterlaser im Wellenlängenbereich 1,3 µm und 1,55 µm weisen leider in der Regel ein Modenspektrum auf, das etwa zwei bis fünf Moden besitzt. Als dynamischer Einmodenlaser hat sich deshalb der DFB-Laser durchgesetzt [7.49] (vergleiche Abschnitt 7.2.2).

Außer der Einmodigkeit ist es zur Erzielung einer bestimmten geforderten Bitfehlerrate auch noch erforderlich, dass der Einzelmodus schmal genug ist. Theoretische Untersuchungen ergaben, dass die Linienbreite kleiner 10^{-2} der übertragenen Bandbreite sein muss [9.26]. Linienbreitenreduktion auf wenige kHz kann mit Hilfe eines langen Gitterresonators [9.27] oder durch kohärente Einstrahlung eines HeNe-Lasers (injection locking) [9.28] realisiert werden. Für Linienbreiten in dieser Größenordnung müssen an allen Halbleiterlasertypen zusätzliche Maßnahmen ergriffen werden. Neuere, viel versprechende Entwicklungen auf der Basis von Erbium-dotierten Fasern (vergleiche Abschnitt 9.4) ermöglichen die Realisierung eines durchstimmbaren Faserringlasers mit Linienbreiten unter 10 kHz [9.29].

Allen Modulationsverfahren ist gemeinsam, dass die Frequenzen der beiden Laser exakt gleich sein müssen bzw. auf eine definierte Differenz konstant gehalten werden müssen. Eine Abweichung führt nach Gl. (9.20) zu einer Änderung des Interferenzterms. Da in diesem aber gerade die zu übertragende Information enthalten ist, ist eine Stabilisierung der Mittenfrequenz unumgänglich. Die Anforderungen an die Wellenlängenstabilität beider Laser beträgt etwa 10^{-9} des Nominalwerts [9.30]. Es ist auch möglich, nur den Sendeoszillator zu stabilisieren und den lokalen Oszillator mit Hilfe einer ZF-Regelung [9.31] der Frequenz des Sendelasers nachzuführen. Eine Mittenfrequenzstabilisierung kann mit Hilfe von Referenzelementen erzielt werden. Typische Werte liegen in der Größenordnung von 1 MHz [9.32, 6.18]. Insbesondere bei Frequenzmultiplex-Systemen (siehe Bild 9.11) ist die absolute Stabilisierung *eines* Sendelasers notwendig (die übrigen können dann relativ zu diesem stabilisiert werden). Beim lokalen Oszillator ist die Durchstimmbarkeit von besonderer Bedeutung [9.33]. Die Mittenfrequenz lässt sich durch Strom und Temperatur gezielt beeinflussen (vergleiche Abschnitt 7.2.2).

Leistungs- bzw. Intensitätsfluktuationen des lokalen Lasers entsprechend dem zweiten Term von Gl. (9.20) verfälschen das Übertragungssignal. Da der Anteil des lokalen Lasers gegenüber dem durch die Dämpfung der Faserstrecke geschwächten Interferenzterm (dritter Term von Gl. (9.20)) dominiert, sind die Auswirkungen des durch den Laser bedingten relativen Intensitätsrauschens nicht mehr vernachlässigbar. Die maximal ausnutzbare lokale Laserleistung ist dadurch begrenzt. Mit Hilfe von Gegentakt-Empfänger-Konzepten [9.34] ist es möglich, dieses Problem zu verringern.

Ein weiteres Problem ergibt sich durch rückreflektiertes bzw. rückgestreutes Licht, das wieder in den Laser eingekoppelt wird. Bereits geringe Rückwirkungsbeiträge in der Größenordnung 10^{-6} beeinflussen Halbleiterlaser [5.1]. Gezielte Rückwirkungen können das spektrale Verhalten des Lasers günstig beeinflussen (z. B. Linienbreitenreduktion). Ungewollte Rückwirkungen z. B. von Reflexionen an Glas-Luft-Grenzflächen müssen jedoch bis auf vernachlässigbare Einflüsse unterbunden werden.

Ungünstige Rückwirkungen können Frequenzsprünge zur Folge haben, es kann Linienverbreiterung auftreten [9.35]. Rückwirkungsunterdrückung kann durch Einsatz von auf dem Faraday-Effekt basierenden optischen Isolatoren erzielt werden [9.36] (vergleiche Abschnitt 2.4).

Eine wichtige, beim optischen Überlagerungsempfang zu beachtende Größe ist die Polarisation (vergleiche Abschnitte 2.4 und 3.2).

Eine Möglichkeit zur Lösung der Polarisationsproblematik ist der Einsatz von polarisationserhaltenden Fasern [3.19] (vergleiche Abschnitt 3.2). Die Kosten für solche Fasern sind jedoch deutlich höher als bei Standardeinmodenfasern. Außerdem weisen polarisationserhaltende Fasern höhere Dämpfungswerte auf.

Es besteht auch die Möglichkeit, Polarisations-Diversity-Empfang durchzuführen [9.37]. Hierbei werden die beiden orthogonalen Polarisationskomponenten mit Hilfe von geeignet ausgerichteten Polarisationsfiltern getrennt und mit doppeltem Empfängeraufwand verarbeitet, so dass sichergestellt wird, dass auch bei sich ändernder Polarisation des Sendelichts durch die Standardfaser immer eine Auswertung erfolgen kann.

Darüber hinaus können mit aktiven Techniken zeitlich sich ändernde Polarisationszustände mit Hilfe von Regelungen wieder in den gewünschten Polarisationszustand gebracht werden. Dies erreicht man durch Einstellbarkeit der relativen Verzögerung der beiden orthogonalen Polarisationszustände mit Hilfe von polarisationsoptischen Retardern [9.38].

9.3.3 Modulationsverfahren

Die Signalmodulation kann auf verschiedene Weise durchgeführt werden. Hierbei ist grundsätzlich zwischen der Direktmodulation über den Laserstrom und dem Einsatz von externen Modulatoren zu unterscheiden.

Die Frequenzmodulation (FSK) mit Hilfe des Injektionsstroms des Sendelasers [9.22] stellt die weit verbreiteste Methode dar. Es genügen schon geringe Stromamplituden (einige mA), um Frequenzänderungen im GHz-Bereich zu erzielen. Die dabei auftretenden Leistungsänderungen liegen im Prozentbereich und können vernachlässigt werden. Mit dieser Technik kann ein kompakter FM-Sender realisiert werden. Der Vorteil ist, dass im Gegensatz zum Einsatz externer Modulatoren keine zusätzlichen Verluste und keine unerwünschten Reflexionen entstehen. Nachteilig ist, dass durch Direktmodulation der Laser in seinen Eigenschaften beeinträchtigt wird (Rauschprobleme). Außerdem erfolgt bei der Modulation über den Injektionsstrom immer eine gleichzeitige Änderung von Amplitude, Frequenz und Phase, die darüber hinaus noch unterschiedliche Frequenzgänge aufweisen. Mit Hilfe eines Vorverzerrer-Netzwerks bei der Stromansteuerung ist es jedoch möglich, solche Frequenzgänge zu kompensieren. Amplitudenmodulation (ASK) durch Direktmodulation in kohärenten Systemen scheint nicht anwendbar zu sein. Die dazu nötigen Stromamplituden verhindern das Aufrechterhalten einer stabilen Zwischenfrequenz. Kohärente Einstrahlung nach dem Master-Slave-Prinzip erlaubt eine Phasenmodulation (PSK) über den Injektionsstrom des Slave-Lasers [9.39]. Nachteilig hierbei ist, dass bereits auf der Senderseite zwei Laser eingesetzt werden müssen.

Externe Modulatoren haben den Vorteil, dass durch Vermeidung der Modulation des Injektionsstroms die Lasereigenschaften unberührt bleiben. Nachteilig sind die zusätzliche Einfügedämpfung (> 2 dB) sowie das Auftreten von Reflexionen an der

Schnittstelle Faser – Modulator. Als externe Modulatoren kommen integriert-optische Komponenten (vergleiche Abschnitt 6.2) [9.40] zum Einsatz, die auf Grund ihrer Geometrie gut an Fasern angepasst sind. Das am häufigsten verwendete Substratmaterial für elektro-optische Modulatoren ist Lithiumniobat ($LiNbO_3$); es weist hohe elektro-optische Koeffizienten auf. Externe Modulatoren werden in ASK- und PSK-Systemen eingesetzt [9.27, 9.41].

Phasenmodulatoren sind technologisch am einfachsten zu realisieren, sie haben die geringste Einfügedämpfung. Die meist verwendeten Intensitätsmodulatoren sind Mach-Zehnder-Interferometer und Richtkoppler. Mit elektro-optischen Modulatoren lassen sich Grenzfrequenzen über 10 GHz erzielen [9.42]. Auch Frequenzmodulation lässt sich prinzipiell mit externen Modulatoren realisieren, die auf dem akusto-optischen Effekt beruhen. Der Einsatz solcher Modulatoren in Systemen scheitert jedoch an der zu geringen Bandbreite [9.22].

9.3.4 Detektionsverfahren und Demodulation

Den prinzipiellen Aufbau eines Heterodynsystems zeigt **Bild 9.12**. Da beide Laser infolge Temperatur- und Stromschwankungen ihre Frequenzen ändern, muss die *ZF* mittels eines Regelkreises *(AFC: automatic frequency control)* stabilisiert werden [9.27, 9.31]. Dies wird durch den Einsatz eines *Frequenzdiskriminators* (siehe **Bild 9.13a**) erreicht, der die Stellgröße zum Nachregeln des Lokallasers erzeugt. Es

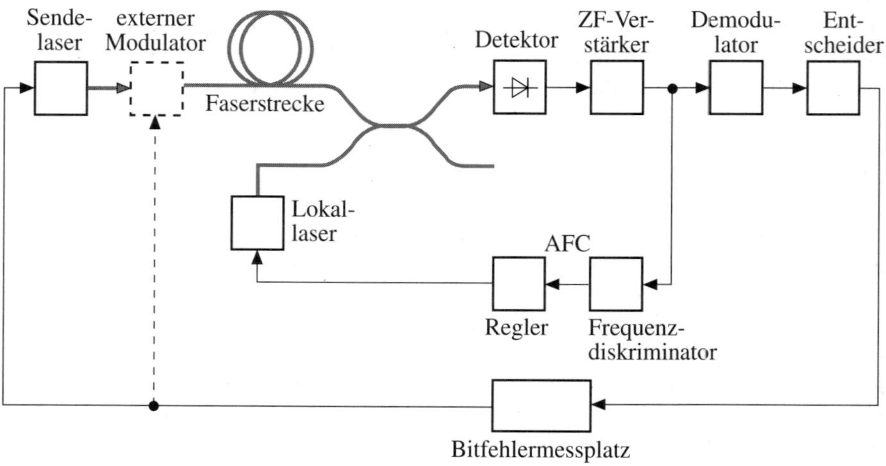

Bild 9.12 Prinzipieller Aufbau eines optischen Heterodyn-Übertragungssystems

ZF Zwischenfrequenz

AFC Automatische Frequenznachführung [7.39]

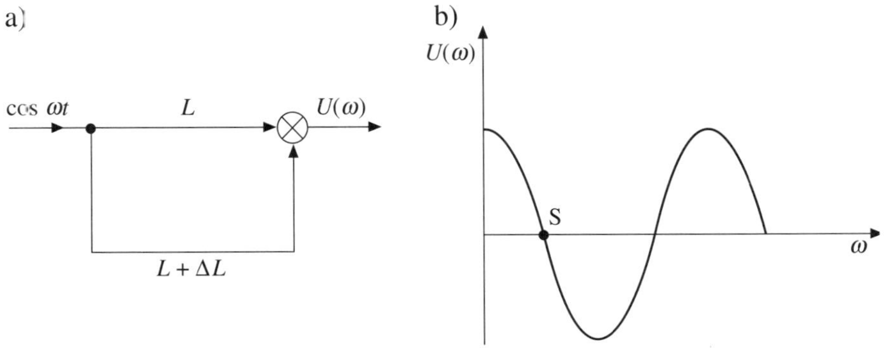

Bild 9.13 Elektrischer Frequenzdiskriminator (a) und dessen Kennlinie (b)
U Ausgangsspannung
L Länge
S Stabilisierungspunkt [7.39]

wird auf den Nulldurchgang (S) der Diskriminatorkennlinie stabilisiert (siehe **Bild 9.13b**).

Das *ZF*-Signal ist Träger der Information. Bei ASK-Modulation wird die *ZF* ein- bzw. ausgeschaltet, entsprechend der zu übertragenden logischen Eins bzw. Null. Bei PSK-Übertragung handelt es sich um eine Phasenumtastung der *ZF*, während bei FSK-Modulation das *ZF*-Spektrum schwerpunktmäßig bei zwei Frequenzen auftritt, die der logischen Eins bzw. Null entsprechen.

Bild 9.14 zeigt die schematische Darstellung der Leistungsdichtespektren der verschiedenen Modulationsarten. Bei vereinfachter Betrachtungsweise ist bei ASK- und PSK-Modulation die doppelte Basisbandbreite für den Detektor im Vergleich zur Intensitätsmodulation (IM) bei Direktübertragung erforderlich. Bei FSK-Übertragung dagegen wird die vierfache Bandbreite notwendig.

Um die übertragene Information zu erhalten, wird im Empfänger die *ZF* z. B. mit Hilfe des Frequenzdiskriminators oder durch Bandpass- bzw. Tiefpassfilter demoduliert [7.39]. Die Demodulation kann für ASK-, FSK- und PSK-Modulation eingesetzt werden [7.39, 9.43, 9.44].

Da bei Homodynsystemen keine Zwischenfrequenz vorhanden ist, kann die Information direkt aus dem Basisband gewonnen werden. **Bild 9.15** stellt den Prinzipaufbau für ASK- und PSK-Systeme dar, wobei ein externer Modulator verwendet wird. Homodynsysteme erfordern anspruchsvolle Detektionskonzepte. So wird ein optischer Phasenregelkreis *(OPLL: Optical Phase Locked Loop)* notwendig, der Sende- und Lokallaser phasenstarr aneinander koppelt [9.45]. Bei ASK-Modulation wird die Phasendifferenz ($\Phi_S - \Phi_L$) der beiden Lichtwellen auf null geregelt. Für

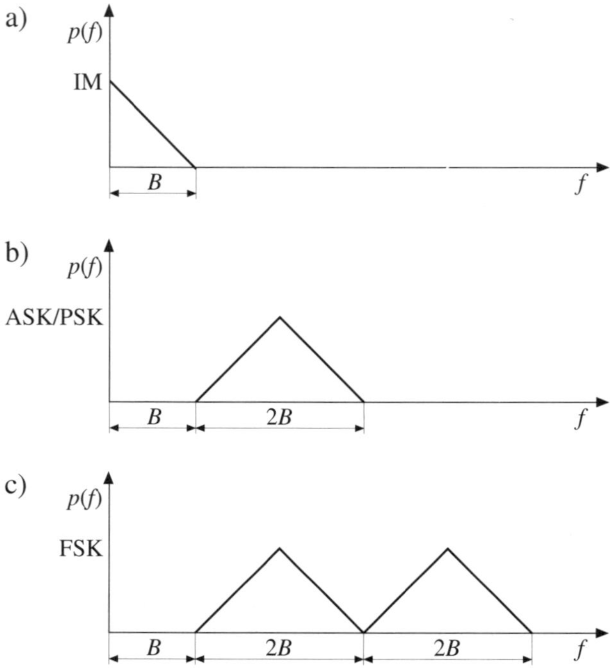

Bild 9.14 Schematische Darstellung der Leistungsdichtespektren $p(f)$ bei verschiedenen kohärenten Übertragungssystemen
B Basisbandbreite
f Frequenz [7.39]

diesen Fall ergibt sich unter Vernachlässigung des stark gedämpften ersten Terms von Gl. (9.20) mit Gl. (7.26) an einem AC-gekoppelten Detektor folgender Fotostrom:

$$I_P(t) = 2S^* \sqrt{P_S(t)\, P_L} \tag{9.23}$$

Dabei gilt $P_S(t) \neq 0$ bzw. $P_S(t) = 0$ für eine logische Eins bzw. Null.

Bei PSK-Systemen beträgt die erforderliche Phasendifferenz $\Phi_S - \Phi_L = \pi/2$. Es erfolgt eine Phasenumtastung um $\pm\pi/2$. Im AC-gekoppelten Detektor fließt folgender Strom:

$$I_P(t) = \pm 2S^* \sqrt{P_S\, P_L} \tag{9.24}$$

Dabei gilt ± für eine logische Eins bzw. Null.

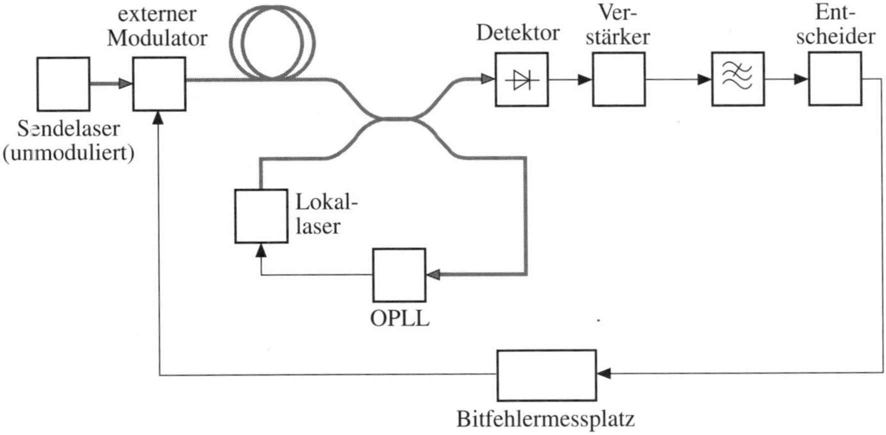

Bild 9.15 Prinzipieller Aufbau eines optischen Homodyn-Übertragungssystems
OPLL optischer Phasenregler [7.39]

9.4 Grenzen optischer Übertragungssysteme

Kohärente Übertragungssysteme ermöglichen je nach Modulations-/Demodulationsverfahren theoretisch gegenüber Direktübertragungssystemen einen beträchtlichen Gewinn an Empfängerempfindlichkeit und damit eine entsprechende Steigerung der Übertragungskapazität optischer Übertragungssysteme.

In der Praxis verhindert jedoch eine Reihe von Beeinträchtigungen den Durchbruch zu Ergebnissen des ideal kohärenten Empfangs (vergleiche Abschnitt 9.3.2). **Bild 9.16** vergleicht praktisch erzielte Empfängerempfindlichkeiten von kohärenten und direkten Systemexperimenten mit theoretisch ermittelten Ergebnissen [9.12].

Die experimentell erzielten Werte kohärenter Systeme liegen offensichtlich etwa 10 dB über der Quantenrauschgrenze und zeigen eine Verbesserung von ebenfalls nur etwa 10 dB gegenüber den bestmöglichen Ergebnissen direkter Übertragungssysteme. Darüber hinaus verschlechtert sich der Empfindlichkeitsunterschied mit zunehmender Bitrate. Dies hängt insbesondere mit dem höheren Bandbreitebedarf bei kohärenten Systemen zusammen (vergleiche Bild 9.14).

Ein günstigeres Einsatzgebiet kohärenter Systeme könnte somit nicht bei Punkt-zu-Punkt-Verbindungen liegen, sondern im Bereich der Frequenzmultiplexsysteme (vergleiche Bild 9.11) [9.46, 9.47].

Eine andere Technik zur Verbesserung optischer Übertragungssysteme arbeitet nicht an der Erhöhung der Empfängerempfindlichkeit, sondern strebt eine rein *optische Verstärkung* [1.12] auf der Übertragungsstrecke an. Dazu können nicht lineare

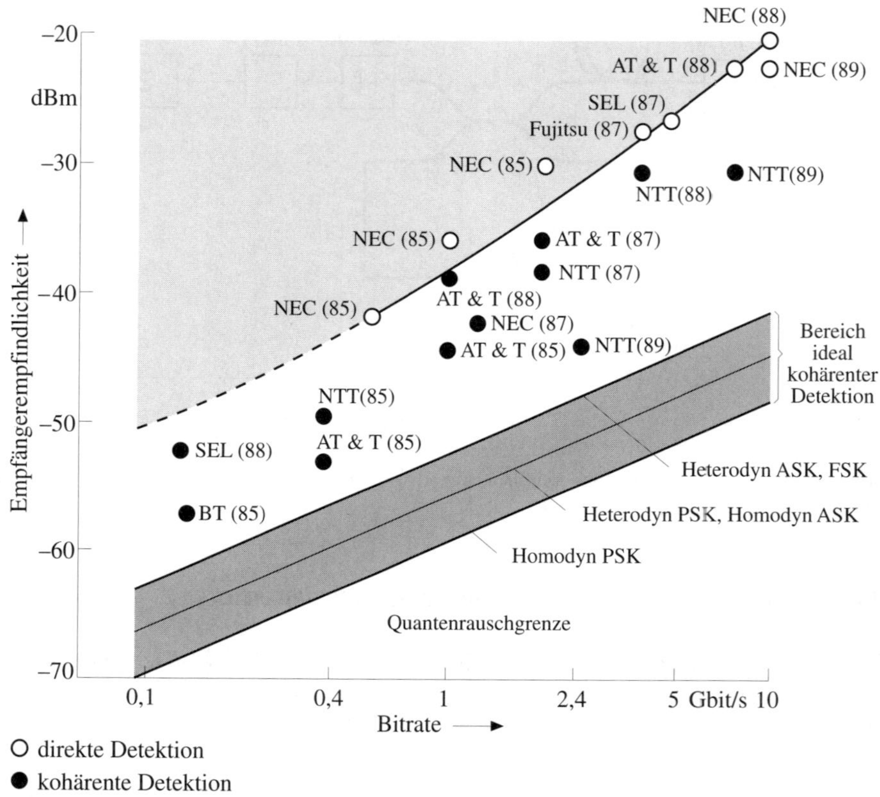

Bild 9.16 Empfängerempfindlichkeiten von direkten und kohärenten Übertragungsexperimenten in hochbitratigen Übertragungssystemen im Vergleich [9.12]

Effekte in Fasern oder Halbleiterverstärker herangezogen werden (vergleiche Abschnitte 3.3.1 und 7.2.2).

9.4.1 Faserverstärker

Eine weitere Möglichkeit zur optischen Verstärkung, die sich dann als in der Praxis erprobtes Produkt erwiesen hat, liegt in der Verwendung von Glasfasern, die mit laseraktiven Materialien dotiert sind. Dabei werden Glasfasern mit dem Seltene-Erden-Material Erbium dotiert [9.48]. **Bild 9.17** zeigt die wichtigsten Komponenten eines *Erbium-dotierten Faserverstärkers*. Das Schlüsselelement ist eine etwa 10 m lange Einmodenfaser mit einem Erbium-dotierten Faserkern. Typische Er^{3+}-Konzentrationen liegen bei etwa 100 ppm. **Bild 9.18** zeigt das Energieniveau-Diagramm

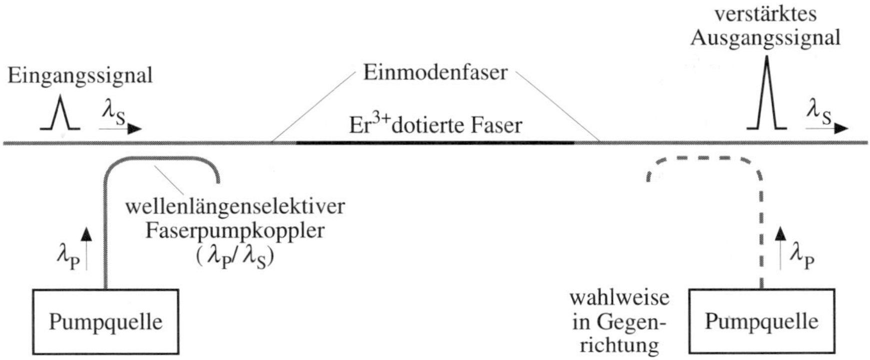

Bild 9.17 Aufbau eines Erbium-dotierten Faserverstärkers

λ_S Wellenlänge des Signallichts

λ_P Wellenlänge des Pumplichts [9.12]

von Erbium Er^{3+}. Erbium besitzt Absorptionsbanden bei mehreren Wellenlängen, insbesondere bei 980 nm und 1475 nm befinden sich günstige Pumpwellenlängen. Das Pumplicht wird mit Hilfe von wellenlängenselektiven Kopplern (vergleiche Abschnitt 5.2.3) verlustarm in die Erbium-dotierte Faser eingekoppelt. Die Rich-

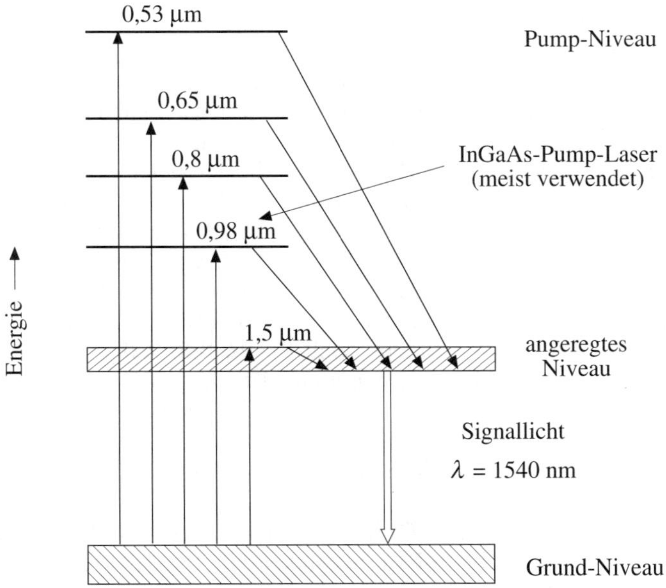

Bild 9.18 Diagramm der Energieniveaus von Erbium (Er^{3+})

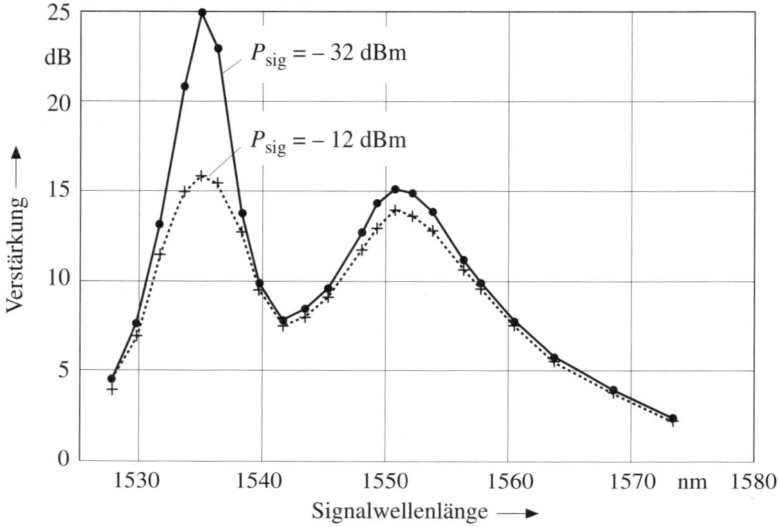

Bild 9.19 EDFA-Verstärkung (Pumplaser bei 980 nm)

tung des Pumplichts kann dem Signallicht sowohl gleich- als auch entgegengerichtet sein; auch beide Richtungen gleichzeitig sind möglich.

Auf Grund des breiten Fluoreszenzbandes im Bereich von etwa 1,5 µm ist der Erbium-Faserverstärker besonders geeignet im Wellenlängenbereich günstigster Faserdämpfung, also im so genannten dritten Fenster der Lichtwellenleiter-Übertragungstechnik (vergleiche Bild 9.1). Das Verstärkungsprofil erstreckt sich etwa von 1530 nm bis 1570 nm [9.12] (siehe **Bild 9.19**) Neuere Arbeiten zielen darauf hin, etwa auch den Bereich bis etwa 1630 nm mit zu erfassen (L-Band). Die Glasfaser weist dort immer noch eine ausreichend niedrige Dämpfung auf. Dies ist insbesondere interessant, um Wellenlängenmultiplex (WDM, DWDM, vgl. Abschnitt 9.2) über einen noch größeren Wellenlängenbereich zu realisieren und damit die Kanalzahl zu steigern. Maximale Verstärkungen bis zu etwa 46 dB und maximalen Sättigungsleistungen von etwa 32 mW wurden erzielt [9.49]. **Bild 9.20** zeigt eine Übersicht erreichter Streckenlängen und Bitraten optischer Übertragungssysteme mit und ohne optische Verstärkung, sowohl für direkte [8.2, 9.50 – 9.57] als auch für kohärente Systeme [9.58 – 9.62]. Die gestrichelte Linie trennt die Bereiche der Übertragungsergebnisse mit und ohne optische Verstärkung (Ausnahme: NTT IOOC 89 [9.60]).

Es konnte eine direkte Übertragung mit **10 Gbit/s** über eine Strecke von **1500 km** realisiert werden. Dabei kamen 22 Erbium-Faserverstärker zum Einsatz [9.57].

Neben Punkt-zu-Punkt-Verbindungen kommt der Erbium-Verstärker auch in optischen Verteilsystemen (vergleiche Abschnitt 9.2) zum Einsatz, um Verluste zu kom-

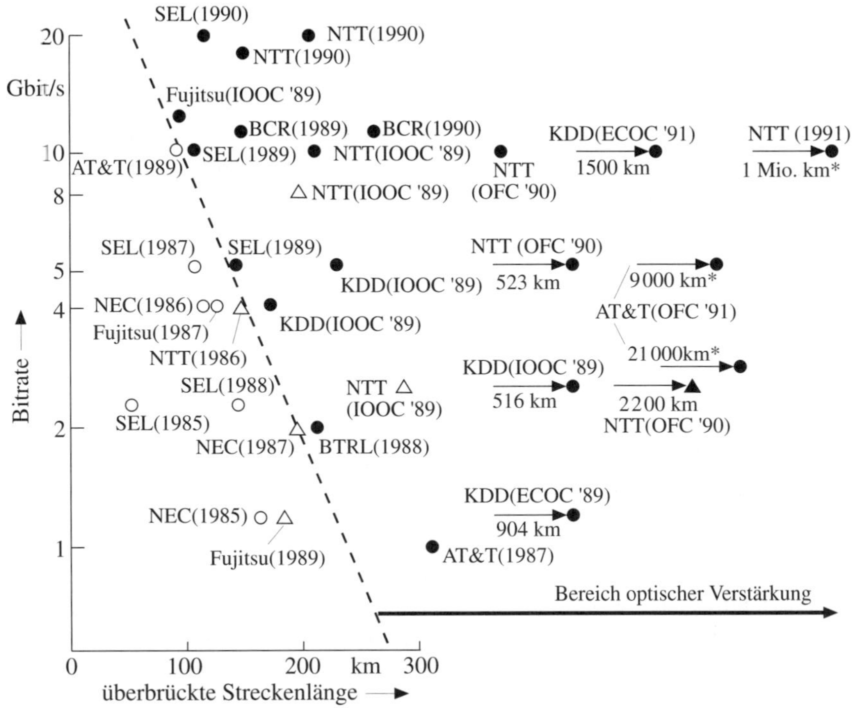

○ direkte Übertragung
● direkte Übertragung mit optischen Verstärker
△ kohärente Übertragung
▲ kohärente Übertragung mit optischen Verstärkern

* Vielfachdurchlauf in einer Faserspule mit optischem Verstärker

Bild 9.20 Überbrückte Streckenlänge von hochbitratigen optischen Übertragungsexperimenten mit und ohne optische Verstärkung [9.12]. Die mit Pfeilen gekennzeichneten Ergebnisse liegen außerhalb der im Bild darstellbaren Streckenlänge (vergleiche auch [8.2, 9.50 – 9.73]).

pensieren. Mit Hilfe von zwei Verstärkern zur Kompensation der Aufteilungsverluste und einem weiteren als optischen Vorverstärker unmittelbar vor dem Empfänger konnte ein **10-Gbit/s-Signal** auf **260 000 Teilnehmer** verteilt werden [9.63].

Nach dem Durchbruch des faseroptischen Verstärkers beim Einsatz in praktischen Systemen ist damit eines der beiden Fundamentalprobleme optischer Signalübertragung, die Dämpfungsproblematik, weitestgehend gelöst.

Aktuelle Entwicklungen nutzen parallel zum Erbiumverstärker die Übertragungsfaser selbst als Verstärkungsmedium [9.74, 9.75]. Dazu wird der faseroptische

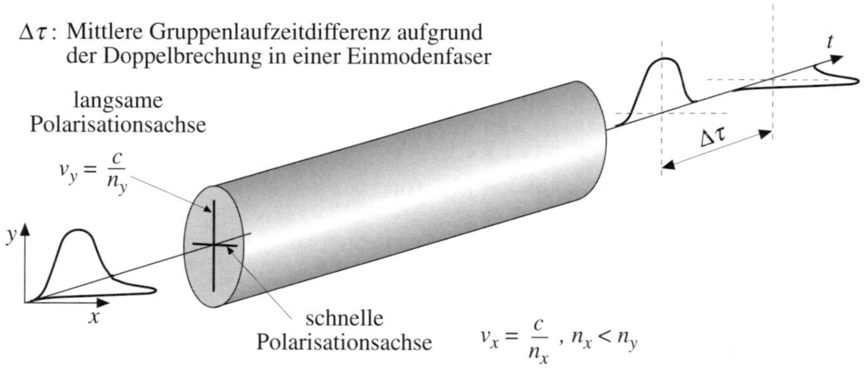

Bild 9.21 Trennung der Polarisationsmoden in einer doppelbrechenden Einmodenfaser [9.76]

Raman-Effekt [3.22-3.25] wieder zum Leben erweckt. Es kommt zu einer nicht linearen Streuung an Molekülschwingungen (Phononen, siehe Bild 7.3). Das gestreute Licht ist frequenzverschoben um den Betrag der Differenz zwischen Pumpfrequenz und der Frequenz der Molekülschwingungen von SiO_2. Man spricht von einem Stokes-Feld bzw. von Stokes-Linien. Das Stokes-Feld mischt sich mit dem Feld des optischen Datensignals, es kommt zur stimulierten Raman-Streuung und damit zu einer optischen Verstärkung. Die Pumpwellenlängen liegen bei etwa 1450 nm aufwärts. Dadurch ergeben sich Verstärkungen bei etwa um 100 nm nach oben verschobenen Wellenlängen, die für Übertragungen im C-Band (etwa 1530 nm bis 1560 nm) und im L-Band (s. o.) geeignet sind. Der *Raman-Verstärker* arbeitet in Rückwärtsrichtung und vermeidet damit verstärkerbedingte Rauschprobleme am Empfänger. Nimmt man eine typische Faserdämpfung von 0,2 dB/km an, so erhält man zusätzlich zur Verbesserung durch den Erbiumverstärker eine Erhöhung der Übertragungslänge bis zu 50 km.

Darüber hinaus ist es in den Forschungslaboratorien auch gelungen, das zweite Fundamentalproblem, die Dispersionsproblematik mit revolutionärer Technik, zu überwinden (siehe Abschnitt 9.4.3).

9.4.2 Polarisationsmodendispersion

Unter Berücksichtigung der Polarisation stellt man fest, dass eine Standard-Einmodenfaser auf Grund der Doppelbrechung (vgl. Abschnitt 3.2) eigentlich eine Zweimodenfaser ist. Ein Eingangspuls, der sich auf die beiden Polarisationshauptachsen aufteilt, breitet sich mit unterschiedlicher Geschwindigkeit in der Faser aus (siehe Bild 9.21). Dies führt wieder zu Laufzeitdifferenzen $\Delta\tau$ am Ende der Faserstrecke. Im Allgemeinen sind die Laufzeitdifferenzen jedoch nicht so groß, dass die beiden Pulse völlig getrennt sind, sondern sie überlappen sich, es kommt zu einer Impulsverbreiterung und damit zu einer weiteren Dispersion, der Polarisations-

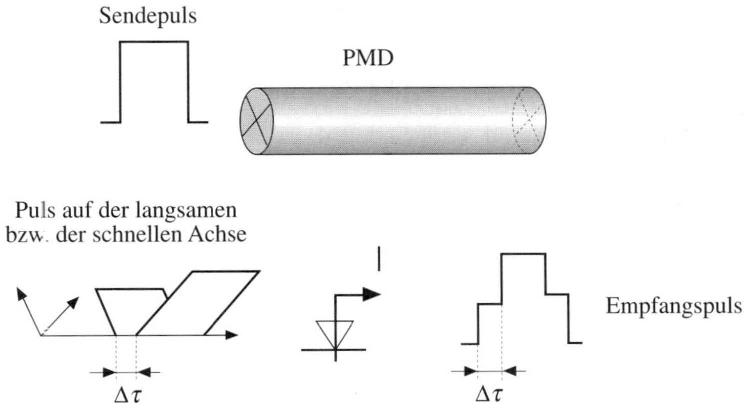

Bild 9.22 Pulsentwicklung durch Polarisationsmodendispersion

modendispersion (PMD). **Bild 9.22** zeigt schematisch einen typischen Impuls am Faserende, der durch die Überlagerung der beiden Polarisationsmoden zu Stande kommt.

Die Laufzeitdifferenzen sind dabei sehr gering und wirken sich praktisch erst bei Datenraten über 10 Gbit/s aus. Letztere werden aber durchaus für künftige Hochbitraten-Weitverkehrssysteme in Betracht gezogen. Darüber hinaus gibt es ähnlich wie bei der Modenkonversion in Vielmodenfasern auch eine Polarisationsmodenkonversion, die somit die Problematik etwas verringert. Der Dispersionseffekt nimmt ebenfalls nicht linear, sondern etwa mit der Quadratwurzel der Faserlänge zu; typische Werte liegen unter 0,5 $ps/km^{0,5}$.

Während die klassischen Dispersionen, die Moden- und die Chromatische Dispersion deterministische Prozesse sind, handelt es sich bei PMD um einen statistischen Prozess, der sich zeitlich stark ändert. Das Übertragungssystem kann u. U. tagelang problemlos die geforderte Bitfehlerrate aufweisen, und plötzlich kommt es zum Totalausfall.

Reduziert man die PMD, so heißt das nicht, dass man ihre Auswirkung absolut vermeiden kann, aber die Wahrscheinlichkeit, dass es zu einem Totalausfall kommt, wird verringert. Man spricht daher eher von Milderung als von der Vermeidung des Problems. Die Auswirkungen der PMD werden somit über den Verlust an Empfängerempfindlichkeit und durch Ausfallwahrscheinlichkeiten charakterisiert. Daraus ergibt sich eine Verringerung der erzielbaren Übertragungskapazität von Systemen (Bandbreiten-Längen-Produkt). **Bild 9.23** zeigt eine Abschätzung der Bitrate als Funktion der Übertragungslänge unter der Voraussetzung, dass die PMD-bedingten Laufzeitdifferenzen weniger als 10 % der Bitperiodendauer betragen. Experimentelle Untersuchungen bestätigen diese Annahme.

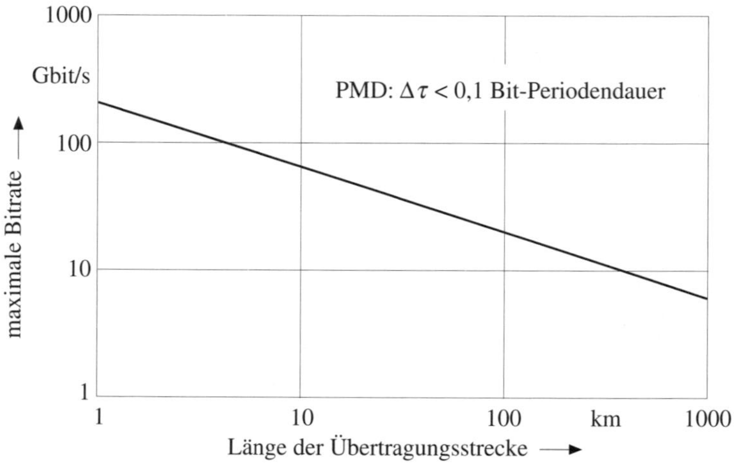

Bild 9.23 Bitrate als Funktion der Streckenlänge [9.76]

Die Techniken zur Milderung des Problems lassen sich in zwei Kategorien unterteilen [9.77]:

Eine Möglichkeit ist die elektronische Signalentzerrung: Das bei digitaler Übertragung typische stufenförmige Ausgangssignal des Detektors lässt unmittelbar auf

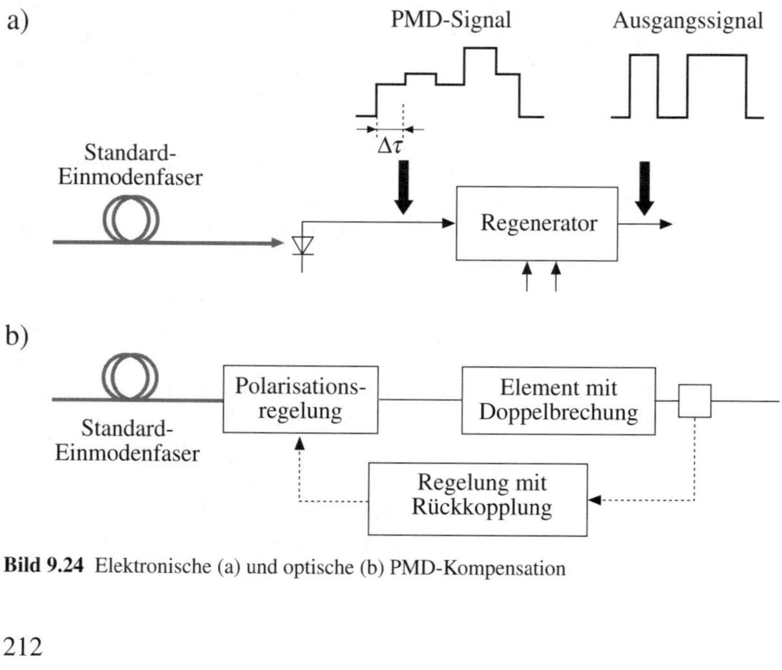

Bild 9.24 Elektronische (a) und optische (b) PMD-Kompensation

PMD schließen. Durch Berücksichtigung der bekannten Bit-Periodendauer und durch rückgekoppelte Abtasttechniken lässt sich das Signal elektronisch regenerieren (siehe **Bild 9.24**).

Bei der optischen Signalentzerrung wird ein stark doppelbrechendes Medium eingesetzt, das die PMD-bedingten Laufzeitdifferenzen gerade wieder aufhebt. Dazu muss jedoch dem Medium jeweils die richtige Polarisationskomponente angeboten werden, damit der Puls der schnellen Polarisationsachse wieder mit demjenigen der langsamen zusammenfällt; dies erreicht man mit Hilfe einer Polarisationsregelung [3.20, 3.21].

9.4.3 Übertragung mit Solitonen

Um eine Solitonenübertragung zu realisieren, wird ein nicht linearer Effekt in Fasern, die *Selbstphasenmodulation*, herangezogen [9.64]. Ursache der Selbstphasenmodulation ist, dass die Brechzahl abhängig ist von der Leistung der einfallenden Lichtwelle (Kerr-Effekt). Bei einer Einmodenfaser verbleibt die chromatische Dispersion, die dazu führt, dass die verschiedenen Spektralanteile eines optischen Pulses sich unterschiedlich schnell in der Faser ausbreiten, es kommt zu einer Impulsverbreiterung (vergleiche Abschnitt 3.4.1). Erhöht man nun für die langsameren Anteile künstlich die Geschwindigkeit und erniedrigt sie für die schnellen, so wird der Dispersionseffekt gerade kompensiert.

Die Funktionsweise der Solitonenausbreitung soll im Folgenden nur näherungsweise beschrieben werden. Eine exakte Darstellung findet sich in [9.64]. Auf Grund des Kerr-Effekts erhält man für die Brechzahl n in der Faser:

$$n(P) = n_0 + n_2(P), \tag{9.25}$$

wobei:

n_0 Brechzahl ohne Kerr-Effekt unabhängig von der optischen Leistung in der Glasfaser,

n_2 Brechzahländerung durch den Kerr-Effekt, abhängig von der optischen Leistung in der Glasfaser.

Bei einer zeitabhängigen Leistungsänderung $P(t)$ kommt es zu einer entsprechenden Brechzahländerung. Damit erfährt die durch die Faser transmittierte elektromagnetische Welle eine zeitabhängige Phasenänderung $\varphi(t)$ (vgl. Gln. (2.23) und (2.24)), die oberhalb einer bestimmten Schwelle näherungsweise proportional zur Leistungsänderung $P(t)$ ist. Die Phasenänderung der elektromagnetischen Welle wurde also durch sie selbst hervorgerufen; man spricht deshalb von Selbstphasenmodulation. Eine zeitliche Änderung der Phase $\varphi = kr - \omega t$ (vgl. Abschnitt 2.1) hat eine Frequenzänderung zu Folge:

$$\omega(t) = \frac{d\varphi}{dt} \sim -\frac{dP}{dt} \tag{9.26}$$

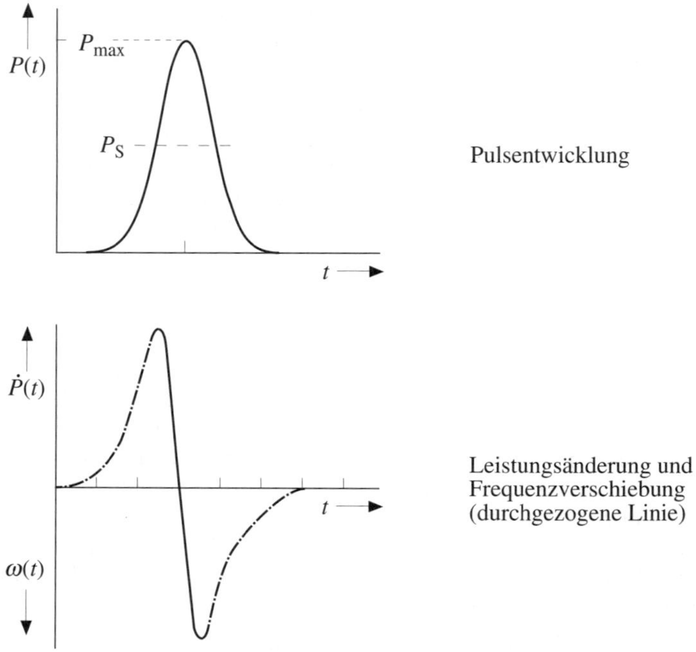

Bild 9.25 Frequenzverschiebung durch Selbstphasenmodulation in Glasfasern [1.12]

Die Zusammenhänge sind in **Bild 9.25** dargestellt: Der Effekt kommt aber nur bei hohen Leistungen zum Tragen. Er stellt sich erst ab einer bestimmten Schwellenleistung P_S ein. Somit verschiebt sich die Frequenz der Welle während der Pulsentwicklung von kleinen zu großen und damit die Wellenlänge von großen zu kleinen Werten. Anschaulich gesprochen ist der Kopf des Pulses rot und das Pulsende blau (siehe **Bild 9.26**). Die roten Pulsanteile erreichen zuerst das Faserende, somit müssen die blauen aufholen. Dies erreicht man durch Reduzierung der Ausbreitungsgeschwindigkeit der roten bzw. durch Erhöhung derjenigen der blauen.

Mit $v_g = c/n_g$ und $n_g = n_g(\lambda)$ folgt somit, dass es zu einer Pulskompression kommt, falls die Arbeitswellenlänge sich rechts von der Dispersionsnullstelle (strichpunktierte Linie in Bild 9.26) befindet. Bei geeigneter Dimensionierung heben sich die Effekte, bedingt durch die chromatische Dispersion und durch die Selbstphasenmodulation, gerade auf. Man erhält einen durch die Faser laufenden Puls, dessen Breite unverändert bleibt. Für den Fall, dass man sich auf der falschen Seite der Dispersionsnullstelle befindet, kommt es zu einer zusätzlichen Erhöhung der Impulsverbreiterung.

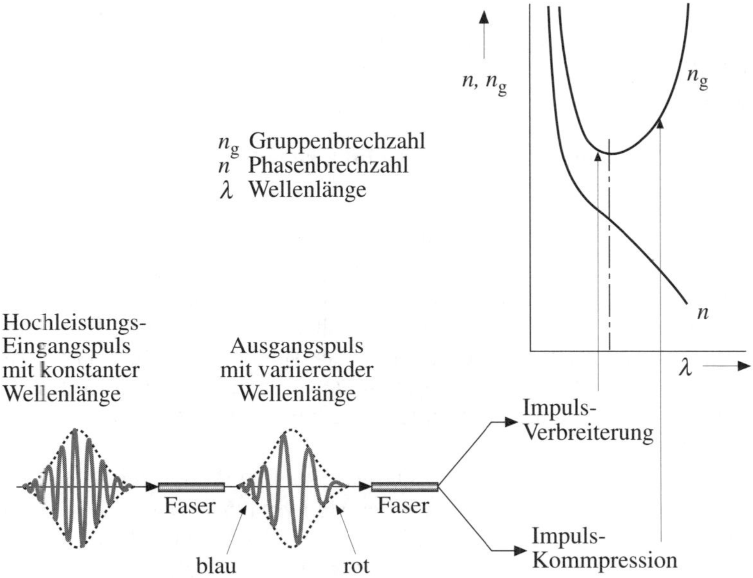

Bild 9.26 Solitonenausbreitung in Glasfasern

Bei Betrieb einer Einmodenfaser mit hohen Leistungen im geeigneten Dispersionsbereich ist es somit möglich, einen optischen Puls zu erzeugen, der bei Ausbreitung in der Faser keine Impulsverbreiterung erfährt. Man spricht von der Erzeugung von *Solitonen* [9.64]. Experimente zeigen die prinzipielle Machbarkeit von Solitonenübertragung mit spektakulären Ergebnissen [9.65 – 9.73]. Beispielsweise konnte eine Solitonenübertragung mit einer Datenrate von **10 Gbit/s** über eine Länge von einer Million Kilometer realisiert werden. Die Streckenlänge von **einer Million Kilometer** wurde durch Vielfachdurchlauf einer Schleifenanordnung simuliert. Für die notwendige optische Verstärkung kamen Erbium-Faserverstärker zum Einsatz [9.71].

Für die Realisierung praktischer Systeme ist vor allem die Abstimmung der absoluten Leistung hinsichtlich der Auswirkung auf die Höhe des Effekts problematisch. Auf Grund der sich ändernden Leistung, z. B. durch die Faserdämpfung bedingt, sind deshalb besondere regelungstechnische Maßnahmen erforderlich. Dies verhinderte daher bisher einen großtechnischen Einsatz der neuen Systeme. Neuere Arbeiten zeigen jedoch, dass man diese Probleme jetzt in den Griff bekommt und die Solitonentechnik kurz vor dem Durchbruch steht [9.78].

Anstelle der Selbstphasenmodulation kann die Geschwindigkeitserhöhung für die langsamen Anteile – bzw. die Erniedrigung für die schnellen – auch durch eine geeignete Modulation des Laserinjektionsstroms erzielt werden. Dies wird dadurch bewirkt, dass bei Änderung des Injektionsstroms außer einer Änderung der Laserausgangsleistung auch eine Änderung der Wellenlänge hervorgerufen wird (vergleiche Abschnitt 7.22). Befindet man sich im geeigneten Dispersionsbereich, so kommt es ebenfalls zu einer Pulskompression [8.3].

9.4.4 Optische Nachrichtenübertragung im Ortsnetz und im Metrobereich

Seit über zehn Jahren spricht man von Fiber-to-the-home (FTTH), also von den Anstrengungen, die optische Nachrichtenübertragung auch ins Einfamilienhaus zu bringen. Dies ist bisher aus Kostengründen nicht geschehen. Durch zunehmende Nutzung des Internets steigt jedoch der Bedarf an höheren Datenraten auch im Einfamilienhaus zunehmend. Dennoch ist es, um einen entsprechenden Durchbruch zu ermöglichen, dringend erforderlich, die Kosten für den Teilnehmer drastisch zu senken. Das Schlagwort heißt Erschließung der letzten Meile; dazu können neuere Entwicklungen beitragen:

Es werden Plastikfasern entwickelt (*Plastic Optical Fiber*, POF), die im Gegensatz zu den bisherigen PMMA-Fasern (polymerisiertes Methylmethacrylat) eine wesentlich niedrigere Dämpfung in dem zu interessierenden Wellenlängenbereich aufweisen (vgl. Bild 4.10). **Bild 9.27** [9.79] zeigt den spektralen Dämpfungsverlauf verschiedener Plastikfasern und einer Glasfaser. Ein viel versprechendes Material scheint ein Kunststoff zu sein, der unter dem Handelsnamen Cytop (cyclic transparent polymer) von Ashai Glass entwickelt wird. Erwartete Dämpfungswerte liegen

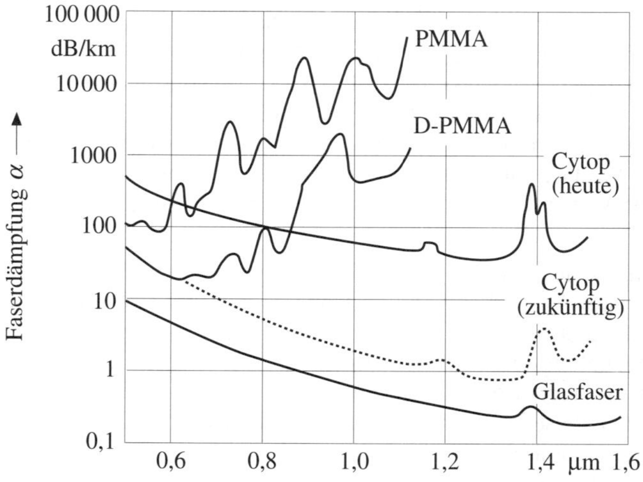

Bild 9.27 Dämpfung verschiedener Plastikfasern und einer Glasfaser im Vergleich [9.79]

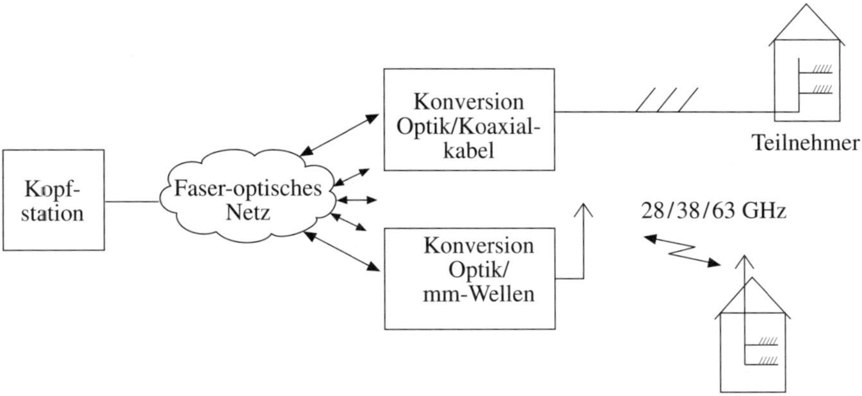

Bild 9.28 Systemarchitektur zukünftiger breitbandiger Netze unter Einbindung optischer mm-Wellentechnik

künftig bei 850 nm unter 10 dB/km und bei wenigen dB/km bei 1300 nm und 1550 nm. Diese Werte liegen zwar im Vergleich zur Glasfaser deutlich höher, da aber der Einsatz von Plastikfasern nur im 100-m-Bereich vorgesehen ist, können sie toleriert werden. Entscheidend ist jedoch die Kompatibilität zu den Wellenlängenbereichen, bei denen Glasfasern eingesetzt werden. Bei den kurzen Faserstrecken bekommt man darüber hinaus auch noch die Modendispersion in den Griff, denn es werden bereits Kunststoff-Fasern mit Gradientenprofil hergestellt: Perfluorinated Graded-Index Plastic Optical Fibers (PFGI-POF).

Ein weiterer wichtiger Schritt ist die Entwicklung von schnell modulierbaren LEDs als kostengünstige Alternative zum Einsatz von Halbleiterlasern. Die erreichten Grenzfrequenzen für GaAs-LEDs liegen bereits im GHz-Bereich [9.80].

Als mögliche Alternative werden für den Ortsnetzbereich Kombinationen von faseroptischen mit *mm-Wellen*- oder Koaxialkabelsystemen entwickelt (siehe **Bild 9.28**) [9.81, 9.82]. Dazu findet im Sender eine Überlagerung zweier Lichtwellen statt, die von schmalbandigen Halbleiterlasern ausgehen. Die beiden Laser unterscheiden sich in ihrer Frequenz gerade um einige 10 GHz. Es kommt zu einer Zwischenfrequenz (ZF, vgl. Abschnitt 9.3.1), die gerade im Bereich von mm-Wellen liegt. Einer der beiden Laser wird mit dem Datensignal moduliert. Die so überlagerten Lichtwellen überträgt man mit Hilfe der Glasfasertechnik bis zur letzten Meile. Dort sitzt ein Empfänger, der die dabei auftretende modulierte ZF, z. B. von 30 GHz, vom optischen in den elektrischen Bereich umwandelt. Dieses Signal wird einem mm-Wellensender zugeführt, mit dessen Hilfe man dann die letzte Meile bis zum Teilnehmer im Einfamilienhaus überbrückt; dort sitzt ein zugehöriger mm-Wellenempfänger.

Wegen der hohen Anforderungen an schmale Linienbreiten der Laser realisiert man die ZF nur mit einem Laser (siehe **Bild 9.29**). Diesem folgt ein Intensitätsmodulator

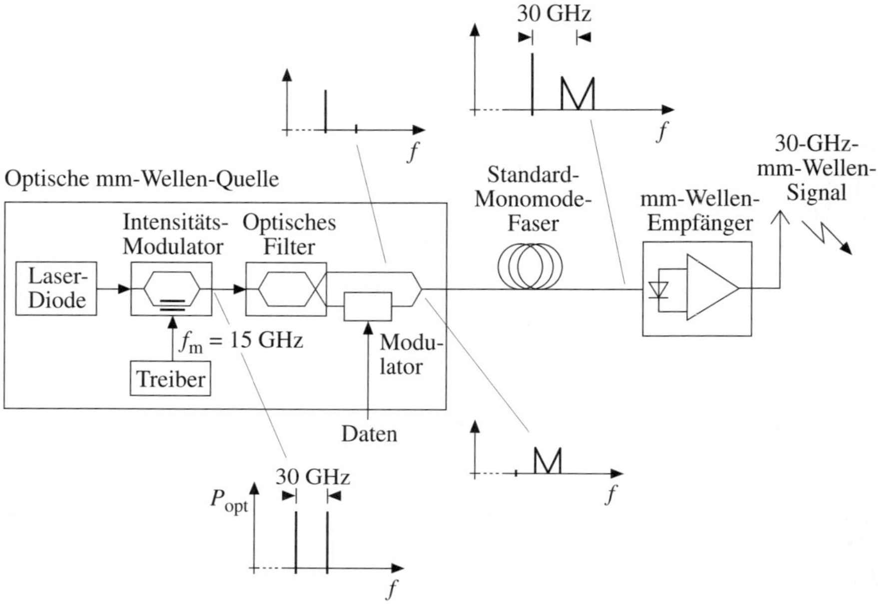

Bild 9.29 Optische mm-Wellenübertragung mit Seitenbandmodulation

(Mach-Zehnder-Modulator), der durch Modulation um den Arbeitspunkt π betrieben wird (siehe Bild 6.5). Dadurch verschwindet die Trägerfrequenz, und es entstehen im Wesentlichen zwei Seitenbänder. Ein nachfolgendes optisches Filter (Mach-Zehnder-Interferometer-Filter) (s. u.) trennt die beiden Seitenbänder. Eines der beiden Seitenbänder wird mit dem Datensignal moduliert. Durch erneute Überlagerung erhält man am Empfänger wieder ein elektrisches mm-Wellensignal von 30 GHz im Beispiel. Bild 9.30 zeigt eine Fotografie von der Antenneneinheit.

Als eine weitere Alternative zu kabelgebundenen Systemen könnte bei Entfernungen im 100-m-Bereich auch die totgesagte Freiraumübertragung wieder zum Leben erweckt werden [9.83]. Dazu wird das aus einer Faser austretende Licht mit einer Optik aufgeweitet und der Empfangsort wieder in eine Faser eingekoppelt oder direkt einem Detektor zugeführt. Diese Verbindung aus faseroptischer und Freiraumübertragung könnte insbesondere in Bereichen eingesetzt werden, bei denen man nachträglich einerseits nur sehr schwer Kabel verlegen kann, andererseits Freiraumübertragung gerade besonders einfach zu implementieren ist, z. B. auf den Dächern einer bestehenden Hochhauslandschaft. Probleme wie Regen, Schnee, Nebel, Wolken, Rauch und Staubemissionen können bis zu einem gewissen Grad bei den kurzen Entfernungen toleriert werden. Fatale Auswirkungen gibt es allerdings im Einsatzbereich von Hubschraubern.

Bild 9.30 Optische Antenneneinheit des mm-Wellensenders [Foto: Alcatel]

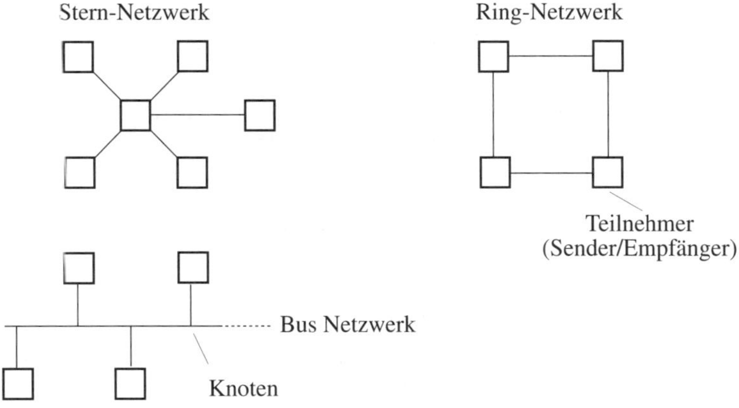

Bild 9.31 Netzwerk-Topologien für LAN und MAN

Kabellose Datenübertragung ist auch im 10-m-Entfernungsbereich eine interessante Variante. Man will z. B. Verbindungen zwischen PC, Drucker, Scanner oder benachbarten Teilnehmern in Intranetzen (LANs, s. u.) nicht durch störende Kabel überbrücken. Dazu kommen klassische Infrarotschnittstellen zum Einsatz, die mit 850-nm-LEDs und Si-Fotodioden arbeiten. Aktuelle Entwicklungen beschäftigen sich darüber hinaus mit der Übertragung im Mikrowellenbereich (*Bluetooth*) [9.84]) bei etwa 2,5 GHz (ISM-Band). Bei der Kommunikation zwischen acht Teilnehmern setzt man Frequenzhopping-Verfahren ein, bei denen statisch die Übertragungsfrequenz verändert wird, um Kollisionen zu minimieren. Im Gegensatz zu optisch absorbierenden Hindernissen spielen Wände, Möbel usw. nur eine untergeordnete Rolle. In Extremfällen können auch bis zu 100 m überbrückt werden.

Neben klassischen Punkt-zu-Punkt-Verbindungen wird seit einigen Jahren auch die Einrichtung von Netzwerken diskutiert [9.85, 9.86]. Im Nahbereich, z. B. innerhalb einer Firma, spricht man von LANs *(Local Area Networks)*, im Ortsnetz oder Metrobereich von MANs (*Metropolitan Area Networks*). Die Netzstrukturen können sowohl als Stern, Ring oder Bus (Ethernet) ausgeführt werden (siehe **Bild 9.31**). Dabei kommen elektrische, aber auch faseroptische Systeme zum Einsatz (*Fiber Distributed Data Interface*, FDDI).

Beim FDDI handelt es sich um einen Hochgeschwindigkeits-Doppelfaserring mit mehr als 1000 Teilnehmern auf einer Länge von etwa 200 km mit Datenraten im 100-Mbit/s-Bereich. Für hochbitratige Netzwerke kommen ausschließlich optische Systeme zum Einsatz. Bei der Ringstruktur befindet sich dann bei jedem Teilnehmer ein hochbitratiger Sender und Empfänger. Beim Stern und beim Bus kann sich auch nur ein Empfänger befinden, um den Datenstrom (abwärts) zu übernehmen. Der aufwärtige Datenstrom entfällt in diesem Fall, oder es kommt nur ein schmalbandiger Rückkanal zum Einsatz, z. B. um bei TV-Verteilsystemen die Kanäle auszuwählen.

Zum Betrieb der Netzwerke sind auch optische Knoten notwendig [9.86]. Dabei wird häufig mit WDM- oder DWDM-Systemen gearbeitet. Die Zugangseinrichtungen zur Trennung bzw. Verbindung optischer Kanäle der einzelnen Teilnehmer werden durch optische Multiplexer bzw. Demultiplexer realisiert: OADM (*Optical Add/Drop Multiplexer*, siehe **Bild 9.32**). Dabei handelt es sich um eine optische Viertoreinrichtung mit N-wellenlängenselektiven Kanälen im Netzwerk (Eingangs- und Ausgangstor (1) und (4)) und einer variablen Anzahl $< N$ im Abzweig- bzw. Zugangstor (3) und (4). Mit Hilfe von optischen Kopplern wird jeweils ein kleiner Leistungsanteil zu Kontrollzwecken ausgekoppelt (mon).

Seit der Abschaffung des Postmonopols im Telekommunikationsbereich können auch private mit öffentlichen Netzen kombiniert werden.

In zukünftigen MANs wird die gewünschte Kanalanzahl größer als 100 sein, und dies bei einer Bitrate für jeden Kanal bis in den Gbit/s-Bereich hinein. Dabei wird die heutige DWDM-Technik (vgl. Abschnitt 9.2) nicht mehr ausreichen. Mit zunehmender Kanalanzahl kommt man dabei einerseits durch den minimal möglichen Kanalabstand und andererseits durch die begrenzte spektrale Bandbreite des opti-

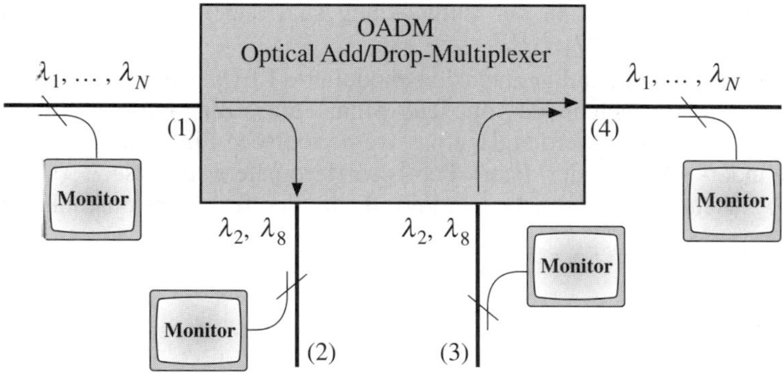

Bild 9.32 Funktionsprinzip eines optischen Knotens im Netzwerk OADM: Optical Add/Drop Multiplexer

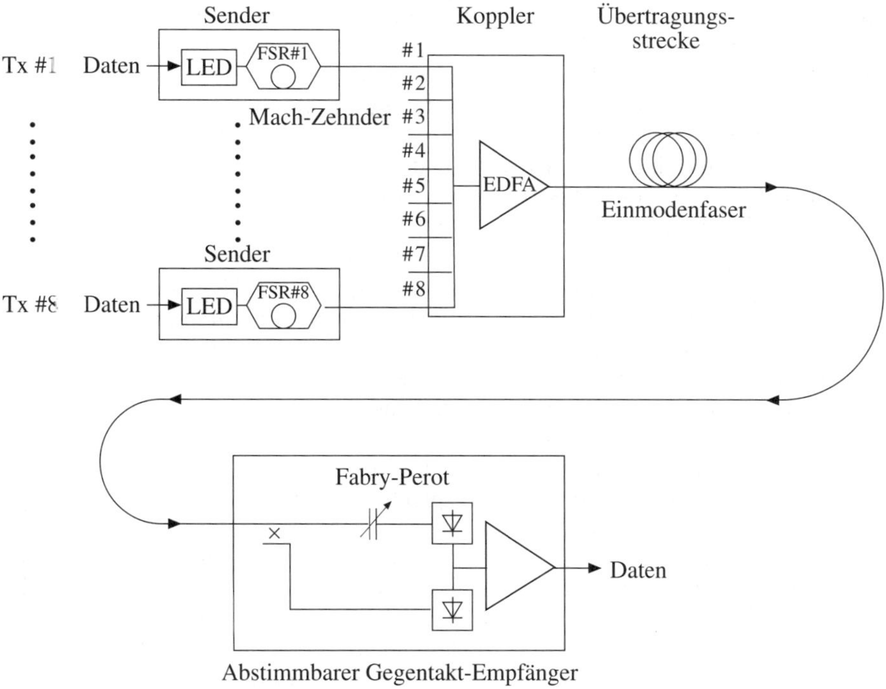

Bild 9.33 Prinzipieller Aufbau eines CDM-Systems unter Anwendung periodisch spektraler Codierung

schen Verstärkers an Grenzen. In der Entwicklung sind daher CDM-Techniken (*Code Division Multiplex*) [9.87]:

Als Lichtquelle dienen breitbandige intensitätsmodulierte LEDs, welche die Daten der Kanäle vom elektrischen in das optische Signal umsetzen. Für die Kanalcodierung bzw. -decodierung werden dazu passive periodische Filter auf der Basis von Mach-Zehnder- (MZI) oder Fabry-Perot-Interferometern eingesetzt (siehe **Bild 9.33**, vgl. Abschnitt 6.2 und 6.4). Die Periodizität der Transmissionsfunktion ist gegeben durch den Freien Spektralbereich $FSR = \frac{1}{T}$:

$$T = \frac{\Delta g}{c} \text{ für MZIs} \tag{9.27}$$

$$T = \frac{2g}{c} \text{ für FPIs,} \tag{9.28}$$

wobei:

g bzw Δg optischer Weg bzw. optische Wegdifferenz zwischen den beiden Interferometerarmen (vgl. Gln. (2.23) und (2.24)).

Im Netzwerk werden dann verschiedene *FSR* verschiedenen optischen Sendern zugeordnet und somit eine Kanalcodierung vorgenommen (siehe Bild 9.34a). Am einfachsten realisiert man diese Filter durch ein MZI mit zwei Faserkopplern (siehe Bild 9.33) derart, dass die beiden Interferometer-Arme durch unterschiedliche Faserlängen eine optische Wegdifferenz Δg (siehe Gl. 9.27) aufweisen. Variiert man diese Längenunterschiede bei den verschiedenen Sendern, so erhält man auch verschiedene *FSR*. Mit einem faseroptischen $1/n$-Koppler (Multiplexer) werden die einzelnen Kanäle zusammengefasst, mit Hilfe eines faseroptischen Erbiumverstärkers in ihrer Leistung erhöht und mit einer Einmodenfaser übertragen.

Auf der Empfängerseite wird ein Filter eingesetzt, dessen *FSR* gerade mit Hilfe der Durchstimmung des Interferometers über die optische Wegdifferenz so eingestellt wird, dass er auf den gewünschten Kanal passt. Dazu kommen mikro-optische Aufbauten zum Einsatz, die mit Piezo-Stellgliedern Verschiebungen im Nanometerbereich realisieren. Dies gilt sowohl für MZI- als auch für FPI-Filter. Die Filtertypen am Sender und am Empfänger brauchen nicht identisch zu sein, nur der *FSR* muss korrekt eingestellt sein. Variiert man den *FSR* bzw. die Umlaufzeit T_{Rx} am Empfangsfilter, so erhält man ein Signal entsprechend **Bild 9.34b**. Der optimal eingestellte *FSR* ergibt sich beim Maximum $T_{Rx} = T_{Tx}$. Erhöht man die Umlaufzeit drastisch, so wiederholt sich das Ergebnis, und man befindet sich beim nächsten Kanal. Der Gegentaktempfänger dient zur Unterdrückung des Offsets in Bild 9.33a, der hier durch die Variation des *FSR* entsteht und darüber hinaus in Systemen mit mehreren Kanälen durch unvollständige Kanaltrennung verbleibt. Mit der hier beschriebenen CDM-Technik lassen sich, eingebettet in ein Gesamtsystem, bei dem auch TDM-Techniken (vgl. Abschnitt 9.2) mit eingesetzt werden, innerhalb der spektralen Breite eines typischen optischen Verstärkers über 400 Kanäle übertragen. Dies entspricht bei DWDM-Systemen vergleichbaren Kanalabständen bis unter 10 GHz.

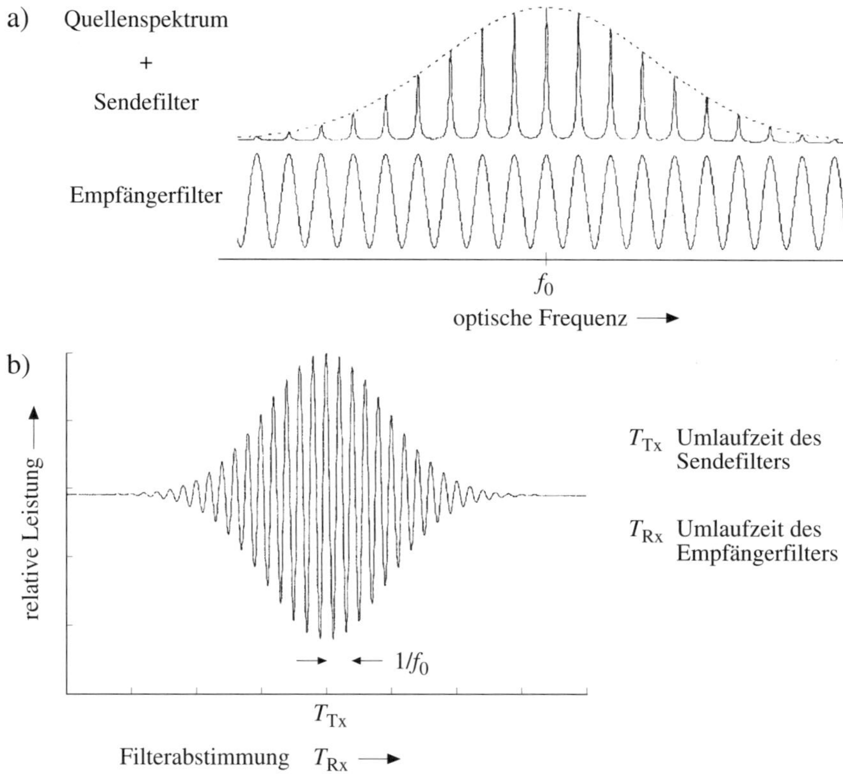

Bild 9.34 Grundprinzip periodisch spektraler Codierung und Decodierung (a) und optische Leistung am Empfänger als Funktion der Umlaufzeit im Empfangsfilter (b)

Auch im MAN-Bereich wird Freiraumübertragung diskutiert. Die Punkt-zu-Punkt-Komponenten können auch im Distributionsbereich verwendet werden [9.83]. Es können Sender mit divergenter Abstrahlung eingesetzt werden als Zentraleinheiten, die eine große Anzahl von Empfangspunkten ansprechen. Die Divergenz bewirkt mit zunehmender Entfernung, dass nur noch eine geringe optische Leistung vorhanden ist. Alternativ wird ein Maschennetzwerk angedacht unter Einsatz von vielen Sendern und Empfängern. Das Schlagwort lautet WOMAN, Wireless Optical MAN.

Eine besondere Renaissance erfährt die Freiraumübertragung außerdem im Weltraum, da außerhalb der Erdatmosphäre die klassischen Probleme wie die natürlichen Beeinträchtigungen durch Niederschläge oder die künstlich verursachten Verunreinigungen praktisch nicht existieren. Laser-Freiraumverbindungen zwischen Satelliten sind daher bereits erfolgreich getestet worden.

10 Fasersensorsysteme

Neben der optischen Nachrichtentechnik sind Fasersensorsysteme der zweite Hauptanwendungsbereich, in denen optische Systeme, bestehend aus Fasern und elektro-optischen bzw. opto-elektrischen Wandlern eingesetzt werden [10.1 – 10.4]. Auch hierbei war wie in der optischen Nachrichtentechnik zunächst nur die Intensität des Lichts von Bedeutung. Die Messung der zu detektierenden Größe wird oft unter Ausnutzung der Dämpfungsänderung der Faser oder anderer Systemkomponenten durchgeführt. Für diesen Bereich können meistens Mehrmodenfasern aus Quarzglas, Glas oder Kunststoff verwendet werden.

Anspruchsvollere Systeme, die häufig eine sehr viel höhere Präzision ermöglichen, nutzen im Gegensatz dazu die Tatsache, dass neben der Amplitude auch die Frequenz und die Phase einer elektromagnetischen Welle eine Information beinhalten. In diesem Bereich kommen, um definierte Phasenmessungen machen zu können, daher fast ausschließlich Einmodenfasern zum Einsatz.

Gemessen werden können mechanische Parameter [10.5 – 10.12] wie Kraft, Weg, Geschwindigkeit, Beschleunigung, Drehrate, Vibration, Durchflussmenge, Füllstand, Biegung und Dehnung bis hin zu Brüchen. Es können Sensoren gebaut werden für die Messung elektrischer und magnetischer Felder [10.13 – 10.16] sowie für Fluoreszenz, Konzentration, pH-Wert und nukleare Strahlung [10.17], außerdem für Temperatur- [10.18 – 10.22], Brechzahl-, Druck- und Schallmessungen [10.23 – 10.29]. Die Liste erhebt keinen Anspruch auf Vollständigkeit. Im Weiteren sollen stellvertretend einige repräsentative Sensoren mit Ein- und Mehrmodenfasern behandelt werden.

Man unterscheidet nach *extrinsischen* und *intrinsischen Sensoren*: Bei extrinsischen Sensoren verlässt die Lichtwelle die Faser; das Sensorelement ist eine externe Komponente. Bei intrinsischen Sensoren wird die Lichtwelle ununterbrochen in der Faser geführt; die Faser ist gleichzeitig der Sensor. Bei detaillierter Betrachtungsweise lassen sich die Fasersensorsysteme vom Aufbau her in vier verschiedene Gruppen einteilen (siehe **Bild 10.1**):

1. Der Sensor liefert ein elektrisches Signal. Dieses wird in ein optisches umgewandelt und über eine Faserstrecke an einen anderen Ort übertragen und dort wieder in ein elektrisches Signal zurückgewandelt (siehe Bild 10.1a). Derartige Anordnungen kommen z. B. dann zum Einsatz, wenn sich die Übertragung der Mess-Signale in elektromagnetisch gestörter Umgebung befindet. Der faseroptische Teil dient somit nur der Signalübertragung wie in der optischen Nachrichtentechnik (vergleiche Abschnitt 9.1). Die zu übertragenden Frequenzen reichen bis in den MHz-Bereich, liegen jedoch meist darunter.

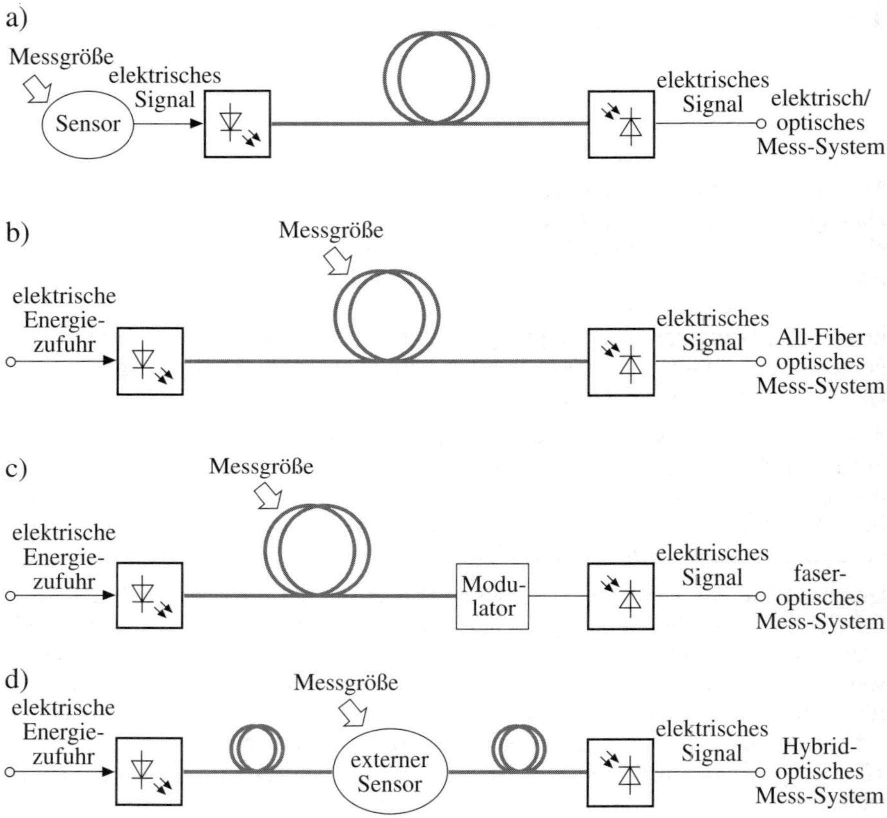

Bild 10.1 Faseroptische Mess-Systeme

2. Bild 10.1b zeigt ein rein faseroptisches System, bei dem die zu messende Größe auf direktem Weg bestimmte Eigenschaften der in der Faser laufenden Lichtwelle beeinflusst. Das von einer Lichtquelle, die hier nur der Energiezuführung dient, eingekoppelte Licht verlässt die Faser erst wieder an deren Ende und wird dann einem Detektor zugeführt. Man bezeichnet einen derartigen Aufbau eines Sensorsystems auch als *All-Fiber-Lösung*.
3. Die zu messende Größe wirkt in erster Linie auf ein faseroptisches System, das jedoch andere Komponenten enthält. Hierbei sind insbesondere integriert optische Komponenten (vergleiche Kapitel 6) zu nennen (siehe Bild 10.1c).
4. Die zu messende Größe wirkt auf einen externen optischen Sensor, der nicht in Fasertechnologie ausgeführt ist oder bei dem nicht auf direktem Weg bestimmte

Eigenschaften der Lichtwelle in der Faser beeinflusst werden (siehe Bild 10.1d). Die Lichtzuführung und/oder Detektion geschieht unter Verwendung von Fasern. Man spricht in den letzten beiden Fällen von einem *Hybridsensor.*

10.1 Mehrmodenfasersysteme

Einer der einfachsten Sensoren ist ein intensitätssensitiver *Kraft-* oder *Drucksensor* [10.30, 10.31], der den Mechanismus der Strahlungsverluste in einer Faser ausnutzt (vergleiche Abschnitt 3.3). Das von einer LED in eine Mehrmodenfaser eingekoppelte Licht wird in der Faser mit einer ganz bestimmten Modenanzahl (vergleiche Gl. (3.16)) geführt (siehe **Bild 10.2**). Drückt man mit einer geriffelten Platte auf die

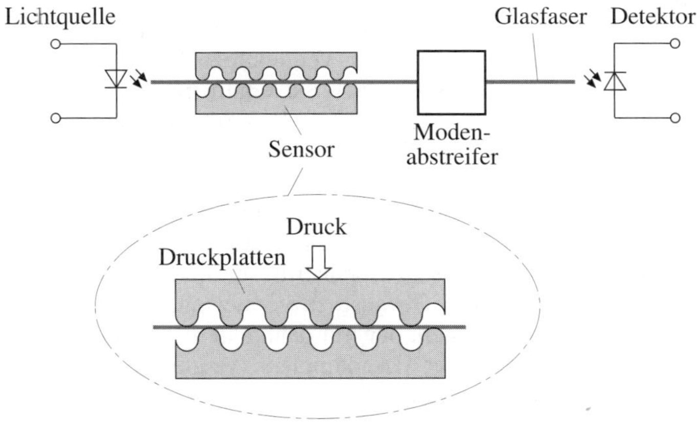

Bild 10.2 Sensor zur Kraft- bzw. Druckmessung, basierend auf Mikrokrümmungseffekten [10.30]

Faser, so entstehen Mikrokrümmungen (wie beim Aufwickeln auf eine Kabeltrommel, vergleiche Abschnitt 3.3.1), die eine Umwandlung von geführten Moden in ungeführte bewirken, d. h., sie gelangen vom Faserkern in den Mantel. Ein Modenabstreifer verhindert den Weitertransport der durch die Mikrokrümmungen hervorgerufenen Mantelmoden. Eine Fotodiode misst die ankommende optische Leistung, die in einen Strom umgewandelt wird. Je stärker der auf die Faser wirkende Druck ansteigt, desto geringer ist der durch die Fotodiode fließende Strom.

Ähnlich wie der oben beschriebene Kraft/Druck-Sensor arbeitet ein einfacher *Temperatursensor* [10.20, 10.30]. Anstelle des Faserabschnitts, an denen der Kraft/Druck-Sensor sich befindet, wird jetzt folgende Modifikation vorgenommen (vergleiche **Bild 10.3**): der optische Mantel im Sensorbereich wird entfernt. Dies

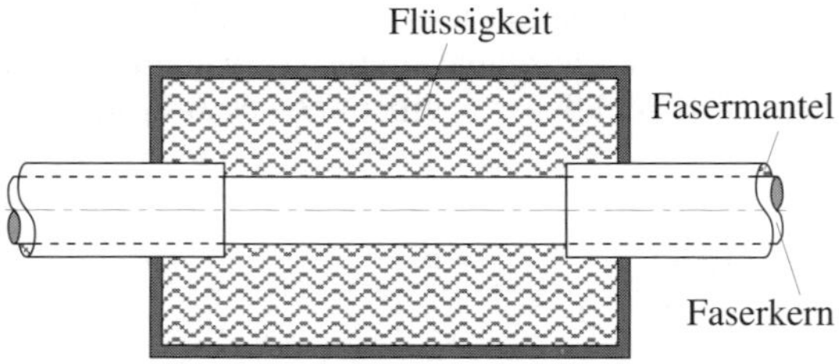

Bild 10.3 Temperatur- bzw. Brechzahlsensor

lässt sich besonders einfach an PCS-Fasern (vergleiche Abschnitt 4.1.4) durchführen. Bei Fasern mit Glasmänteln müssten Ätztechniken angewandt werden. Der freigelegte Bereich befindet sich in einer Flüssigkeit. Damit das Licht in diesem Bereich weitergeführt wird, muss die Brechzahl der Flüssigkeit kleiner als die des Fasermaterials sein, also im Falle der PCS-Faser $n_{FL} < 1{,}5$. Dies ist bei vielen Flüssigkeiten der Fall. Flüssigkeiten weisen im Allgemeinen im Vergleich zu Festkörpern eine höhere Temperaturabhängigkeit der Brechzahl auf. Sie nimmt in der Regel mit zunehmender Temperatur ab. Diese Tatsache wird bei diesem Sensor ausgenutzt. Durch Änderung der Flüssigkeitsbrechzahl, die hier Mantelbrechzahl ist, verändert sich die numerische Apertur (vergleiche Gl. (3.3)) und damit auch der Strukturparameter (vergleiche Gl. (3.15)). Dies führt wiederum wie beim Kraft/Druck-Sensor zu einer Veränderung der Strahlungsverluste und letzten Endes zu einer Veränderung des Stroms durch die Fotodiode. Anstelle des Faseraustritts aus der Flüssigkeit, um eine zweite Faserdurchführung durch das Gehäuse zu vermeiden, kann auch die Faser dort enden. Eine Verspiegelungsschicht bewirkt dann eine Rückreflexion des Lichts, das mittels eines Strahlteilers oder Faserkopplers (vergleiche **Bild 10.4**) detektiert wird [10.30]. Hält man umgekehrt die Temperatur konstant, so kann man nach einer Eichung mit der Anordnung die Brechzahlen von Flüssigkeiten bestimmen. Häufig wird der sensitive Bereich der Faser U-förmig ausgeführt, so dass er in die Flüssigkeit eingetaucht werden kann [10.30]. Eine derartige Messanordnung stellt ein *Refraktometer* dar.

Bild 10.4 zeigt den schematischen Aufbau einer Anordnung, mit der nach geringfügiger Modifikation verschiedene Aufgaben ausgeführt werden können. Das von einer LED in eine Mehrmodenfaser eingekoppelte Licht wird am Faserende ausgekoppelt und von einer gegenüberliegenden Fläche zurückgestreut bzw. zurückreflektiert. Die in Rückwärtsrichtung laufende Lichtwelle wird mit Hilfe eines Faserkopplers (gegebenenfalls eines makro-optischen Strahlteilerwürfels) einer Fotodiode zugeführt, die einen Strom misst, der abhängig vom Abstand des Faserendes zur reflektierenden bzw. streuenden Oberfläche ist. Man erhält somit einen *Abstandssensor*. Anstelle des meist teuren Faserkopplers können auch zwei Fasern verwendet werden, die jeweils direkt zur LED bzw. zur Fotodiode führen und am Messende dicht beieinander liegen (siehe Einfügung b in Bild 10.4).

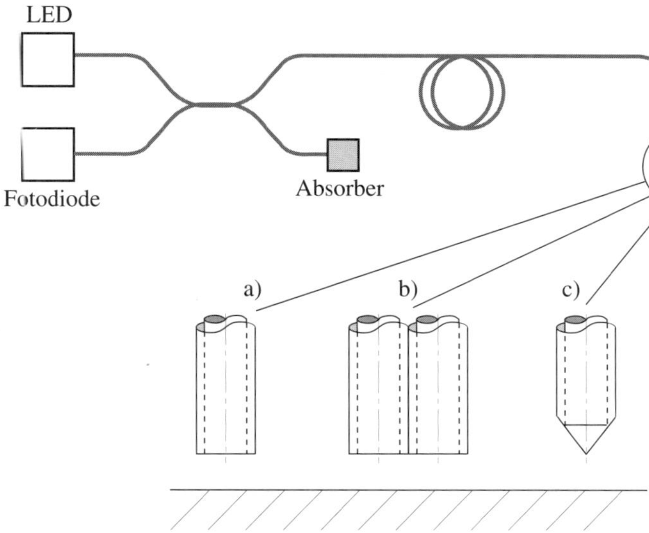

Bild 10.4 Abstands- bzw. Füllstandssensor

Die betrachtete Oberfläche kann auch ein Flüssigkeitsspiegel sein, hierbei wird sich das Mess-Signal besonders drastisch ändern, wenn das Faserende in die Flüssigkeit eintaucht. Der Schwelleneffekt kann noch verstärkt werden, wenn man das Faserende konisch anschleift (Einfügung c in Bild 10.4). Dadurch kommt es zum großen Teil zu einer Totalreflexion am Faserende (vergleiche Abschnitt 2.5), die wiederum beim Eintauchen in die Flüssigkeit verschwindet. Man erhält einen *Füllstandssensor*.

Durch Ausnutzen der Leistungstransmission bei der Faser-Faser-Kopplung (vergleiche Abschnitt 5.2) lassen sich sehr kleine Wegänderungen messen; man erhält einen *Weg-* bzw. *Verschiebesensor*. Eine entsprechende Konstellation zeigt **Bild 10.5a**. Setzt man Faserkoppler ein, so kann die Leistungsmessung auch in Reflexion erfolgen (siehe **Bild 10.5b**). Die reflektierte Leistung als Funktion der Verschiebung s des Reflektors ist in **Bild 10.5c** dargestellt. Als Faser kam eine Mehrmodenfaser mit Stufenprofil zum Einsatz. Die Verschiebung wiederum kann durch verschiedene Sekundäreffekte hervorgerufen werden, die weitere Messgrößen sein können, wie Kraft, Druck, Vibration (Mikrofonie, Hydrofonie) und Temperatur. Verwendet man anstelle von Mehrmodenfasern Einmodenfasern, so kann die Messgenauigkeit erhöht werden.

Die Anordnung gemäß Bild 10.5b dient als faseroptische Ausleseeinheit für Winkelcodierscheiben [10.32]. **Bild 10.6** zeigt die Signalverläufe der Inkrementalspur und der ersten Graycode-Spur.

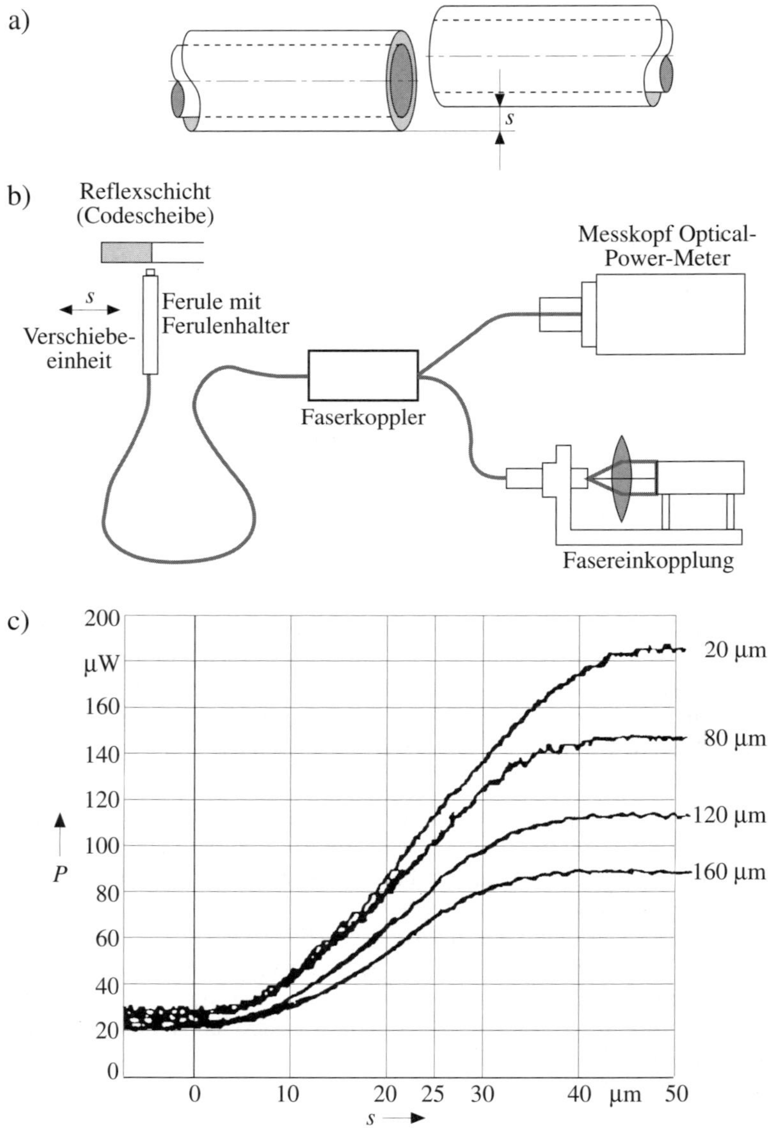

Bild 10.5 Verschiebesensor in Transmission (a) und Reflexion (b) mit zugehöriger Leistungsabhängigkeit (c) vom Verschiebeweg *s* bei unterschiedlichen Reflektorabständen [10.32]

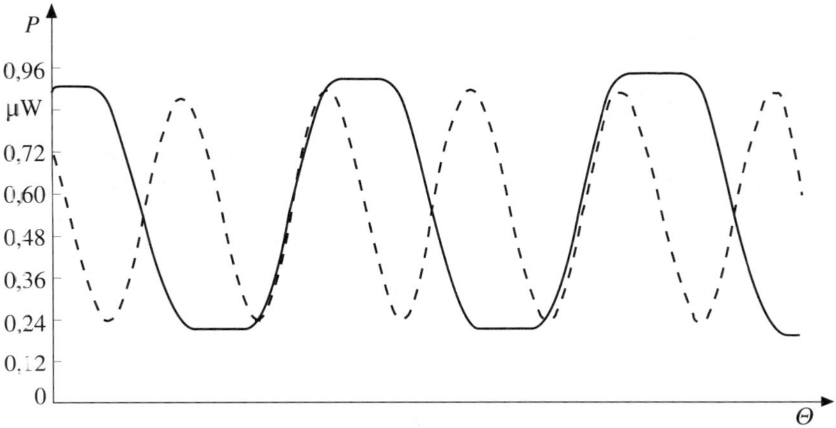

Bild 10.6 Optische Leistung P in Abhängigkeit vom Drehwinkel Θ, Inkrementalspur (gestrichelte Linie), Graycode-Spur (durchgezogene Linie) [10.32]

10.2 Einmodenfasersysteme

Einmodenfasern sind prädestiniert für den Einsatz als interferometrische Sensoren [10.33], da sie gewährleisten, dass die Ausbreitung einer Lichtwelle bei Betrachtung entlang einer Faserstrecke feste Phasenbeziehungen aufweist. Dies ist bei Mehrmodenfasern im Allgemeinen nicht der Fall, da die einzelnen Moden unterschiedliche Laufzeiten benötigen (vergleiche Abschnitt 3.4). Die den Laufzeitunterschieden entsprechenden Phasendifferenzen sind meist um ein Vielfaches größer als die mit interferometrischen Mitteln zu messenden Phasendifferenzen. Dazu kommt noch, dass die Verhältnisse in Mehrmodenfasern nicht stabil sind, d. h., sie ändern sich unter äußeren Einflüssen wie Druck und Temperatur.

Allerdings verbleibt wie bei der kohärenten Übertragung in Standardeinmodenfasern das Problem der Polarisationserhaltung (vergleiche Abschnitte 2.4 und 3.2). Die beiden orthogonalen Eigenmoden in einer Standardeinmodenfaser weisen ebenfalls Phasendifferenzen auf, die meist den zu messenden Effekt überdecken. Daher wird entweder eine Polarisationsregelung [9.38] oder, was meist der Fall ist, eine polarisationserhaltende Faser eingesetzt. Letzteres ist in der Fasersensorik sinnvoll, da im Gegensatz zur kohärenten Übertragung keine großen Faserlängen zum Einsatz kommen (vergleiche Abschnitt 9.3). Bestimmt werden können alle Messgrößen, die auf die messbaren Parameter einer elektromagnetischen Welle einwirken: *Amplitude*, *Frequenz* und *Phase* (vergleiche Abschnitt 2.2), *Kohärenz* (vergleiche Abschnitt 2.3) und *Polarisation* (vergleiche Abschnitt 2.4). Besonders zu beachten ist die Tatsache, dass mehrere Parameter auf ein und dieselbe Kenngröße der Lichtwelle einwirken können. Es ist daher häufig notwendig, Maßnahmen zu treffen, um unerwünschte Effekte von dem gerade zu messenden Effekt zu trennen.

10.2.1 Faseroptisches Sagnac-Interferometer

Für die Inertialnavigation ist die Kenntnis der *Winkelgeschwindigkeit (Drehgeschwindigkeit, Drehrate)* eine wichtige Größe. Die Bestimmung der Drehrate wurde in der Vergangenheit mit mechanischen Kreiseln durchgeführt. In jüngster Zeit wird der mechanische Kreisel durch *optische Kreisel*, die auf dem *Sagnac-Effekt* [10.34, 10.35] basieren, ersetzt bzw. ergänzt. Im praktischen Einsatz ist bereits der Laserkreisel [10.36]. Bei neueren Konzepten kommt ein *faseroptischer Drehratensensor*, der *Faserkreisel* [10.37, 10.38], zur Anwendung. Letzterer ist zurzeit im Übergang vom Entwicklungsstadium zur Kleinserie. Auch in der Automatisierungstechnik, bei der Bestimmung von Absolutdrehgeschwindigkeiten wird der Faserkreisel neuerdings eingesetzt [10.39]. Im Gegensatz zu mechanischen Kreiseln ist beim Faserkreisel zur Drehratenmessung keinerlei zusätzliche mechanische Bewegung, außer der Fahrzeugbewegung selbst, erforderlich. Dies ist einer der Hauptvorteile optischer Kreisel. Der Begriff „Kreisel“, mit dem man eine kreisende Bewegung assoziiert, ist daher etwas irreführend. Er ist rein historisch bedingt.

Den prinzipiellen Aufbau eines Faserkreisels zeigt **Bild 10.7**. Das von einem Halbleiterlaser ausgesandte Licht wird mit Hilfe eines Strahlteilers in zwei Teilwellen aufgespalten, die eine Faserspule in entgegengesetztem Drehsinn durchlaufen.

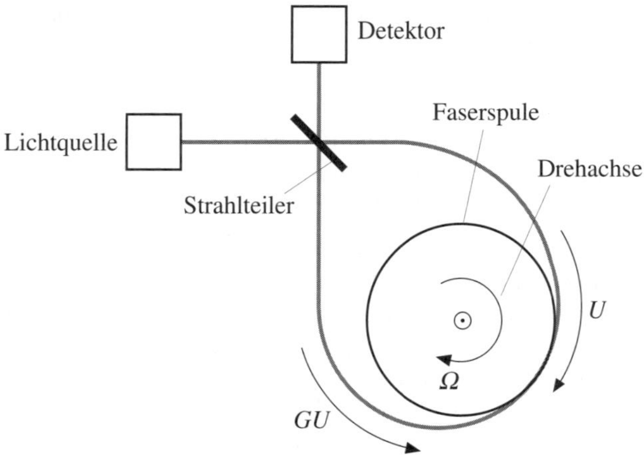

Bild 10.7 Faseroptischer Drehratensensor

U Uhrzeigersinn

GU Gegen Uhrzeigersinn

Ω Drehrate

Danach vereinigen sich die beiden Teilwellen wieder am Strahlteiler, sie interferieren. Im ruhenden Zustand benötigen beide Teilwellen die gleiche Umlaufzeit. Tritt jedoch eine Drehbewegung auf, so benötigt die in Drehrichtung umlaufende Lichtwelle eine etwas längere Zeit als die in entgegengesetzter Richtung umlaufende. Die Zeitdifferenz lässt sich auch als Phasendifferenz interpretieren, die Sagnac-Phasendifferenz $\Delta\Phi_S$:

$$\Delta\Phi_S = S\,\Omega, \tag{10.1}$$

wobei:

Ω Drehrate und

S Skalenfaktor:

$$S = \frac{4\pi RL}{\lambda c} \tag{10.2}$$

mit:

R Radius

L Faserlänge der Faserspule und

c Lichtgeschwindigkeit im Vakuum

Der Skalenfaktor S und damit die Messphasendifferenz ist umso größer, je größer die umschlossene Fläche ist; der Skalenfaktor nach Gl. (10.2) lässt sich ausdrücken:

$$S = \frac{8\pi^2 R^2 N}{\lambda c} = \frac{8\pi A N}{\lambda c}, \tag{10.3}$$

wobei:

N Anzahl der Windungen und

A umschlossene Fläche der Faserspule

Man erhält also eine erhebliche Empfindlichkeitssteigerung, wenn man statt einer Windung eine Vielzahl von Windungen, also eine Faserspule einsetzt. Die Faserlängen bewegen sich im Bereich zwischen 100 m und etwa 1 km. Die Durchmesser der Faserspulen variieren von wenigen Zentimetern bis etwa 1 m. Aus den eingangs erwähnten Gründen kommt als Sensorfaser die polarisationserhaltende Einmodenfaser zum Einsatz [7.40]. Darüber hinaus ist am Eingang der Sensorspule ein Polarisator erforderlich, da Anteile falscher Polarisation das Messergebnis verfälschen. Der Polarisator lässt sich als Faserpolarisator aus polarisationsselektiven Kopplern oder Anschliff-Faserpolarisatoren herstellen (vergleiche Abschnitte 5.2.3 und 6.3) oder aus einer *polarisierenden Faser*. Eine polarisierende Faser führt durch asymmetrischen Einfluss auf die Führungseigenschaften (Strukturparameter, vergleiche Abschnitt 3.2) nur linear polarisierte Lichtwellen mit einer bestimmten Richtung der Schwingungsebene; die Lichtwelle mit dazu senkrechter Schwingungsrichtung wird ausreichend stark bedämpft.

Der Faserkreisel stellt ein *Zweistrahlinterferometer* dar, die Berechnung der Intensität am Detektor kann daher bei ausreichender Kohärenz der Lichtwelle nach Gl. (2.17) erfolgen. Es ergibt sich unter der Annahme, dass beide gegensinnig umlaufende Wellen bei der Interferenz gleiche Amplituden und gleiche Polarisation aufweisen:

$$I_D \sim I_0 \left(1 + \cos \Delta\Phi_S\right), \tag{10.4}$$

wobei:

I_D Intensität am Detektor

I_0 Lichtquellenintensität

Die Interferometerkennlinie, also der Verlauf der Intensität als Funktion der Sagnac-Phasendifferenz entspricht der Darstellung in Bild 2.4.

Als Lichtquelle kommt ein vielmodiger Halbleiterlaser oder eine Superlumineszenz-Diode (vergleiche Bild 2.6) zum Einsatz [7.38]. Diese Quellen besitzen Kohärenzeigenschaften [10.40], die auf der einen Seite hoch genug sind, um die Interferenz zu realisieren (es treten nur Wegdifferenzen von wenigen µm auf), und auf der anderen Seite ausreichend niedrig sind, um unerwünschte Störinterferenzen durch Reflexionsstellen, die weit auseinander liegen, zu vermeiden. Neue Entwicklungen auf der Basis von Erbium-dotierten Fasern (vergleiche Abschnitt 9.4) ermöglichen neben der Schmalbandversion [9.29] auch die Realisierung eines breitbandigen Faserringlasers als viel versprechende Lichtquelle für interferometrische Sensoren.

Die Auswertung der Sagnac-Phasendifferenz zur Bestimmung der Drehrate erfolgt durch Modulationstechniken und Verfahren mit geschlossenen Regelkreisen, die hochpräzise Messungen ermöglichen. Es werden Frequenz oder Phase der Licht-

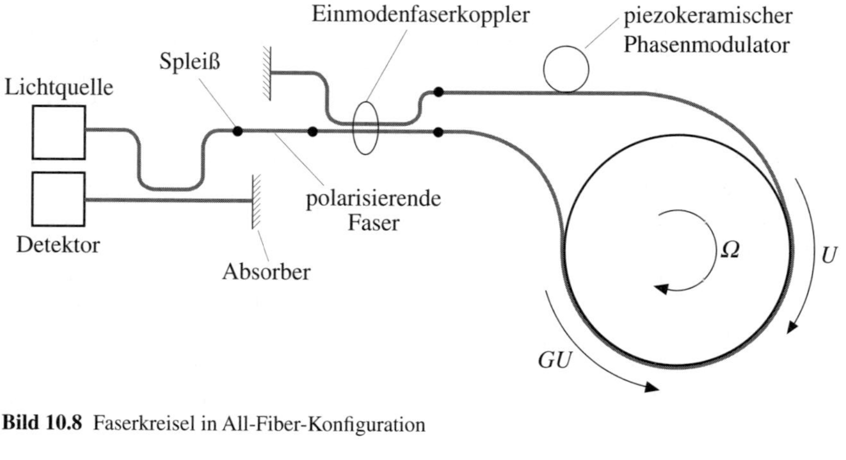

Bild 10.8 Faserkreisel in All-Fiber-Konfiguration

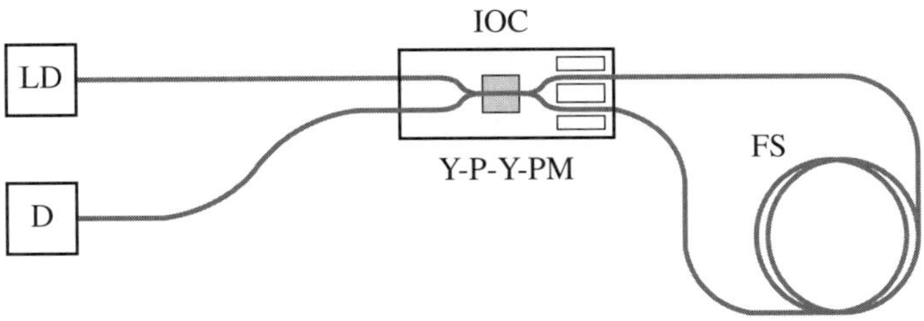

Bild 10.9 Faserkreisel in Hybrid-Konfiguration

IOC	integriert-optischer Chip	FS	Faserspule
Y	Strahlteiler	LD	Laserdiode
P	Polarisator	D	Detektor [6.9]
PM	Phasenmodulator		

wellen moduliert, man spricht vom Frequenz- bzw. Phasenmodulationskonzept [10.37, 10.41 – 10.46].

Eine Möglichkeit der Realisierung von Faserkreiseln ist die Ausführung als *All-Fiber-Lösung* [10.12] (siehe **Bild 10.8**). Hierbei werden die Strahlteiler als Koppler realisiert (vergleiche Abschnitt 5.2.3). Eine polarisierende Faser (Faserpolarisator), die sich zwischen den beiden Kopplern befindet, wirkt als Polarisator.

Eine auf eine piezokeramische Scheibe (oder Zylinder) gewickelte Faseranordnung kommt als Phasenmodulator zum Einsatz. Durch Anlegen einer Hochspannung wird die piezokeramische Scheibe gedehnt. Dies äußert sich im Wesentlichen durch eine Brechzahländerung in der Faser, die ihrerseits wiederum eine Phasenänderung hervorruft (vergleiche Gl. (2.23) und Gl. (2.24)).

Eine Alternative hierzu stellen *hybride Lösungen* unter Einsatz integriert optischer Komponenten dar [6.9, 10.46]. Dabei wird versucht, möglichst viele Einzelkomponenten auf einen Chip zu integrieren. **Bild 10.9** zeigt einen Faserkreisel, bei dem die beiden Strahlteiler, der Polarisator und der Phasenmodulator, auf einem integriert optischen Bauelement vereinigt sind. Der optische Teil des Faserkreisels enthält neben den elektro-optischen Wandlern nur noch faseroptische und integriert-optische Bauelemente. Die Kopplung der Faser an den integriert-optischen Chip erfolgt durch UV-aushärtende transparente Kleber, die eine Temperatur- und Langzeitstabilität gewährleisten.

Typische Auflösungen moderner Faserkreisel liegen bei einer Drehrate von etwa 1°/h. Die obere Grenze der messbaren Drehraten liegt bei frequenzmodulierten Typen etwa bei 400°/s, so dass ein Dynamikbereich von sechs Dekaden und mehr erzielt werden kann. **Bild 10.10** zeigt die Messung der Erddrehrate mit einem Faserkreisel. **Bild 10.11** zeigt einen Blick in einen Faserkreisel als marktfähiges Produkt mit einer Funktionstauglichkeit unempfindlich gegen Schock, Vibrationen und Beschleunigungen. Eine ausführliche Übersicht über die Entwicklung des Faserkreisels ist in [10.48] dargestellt.

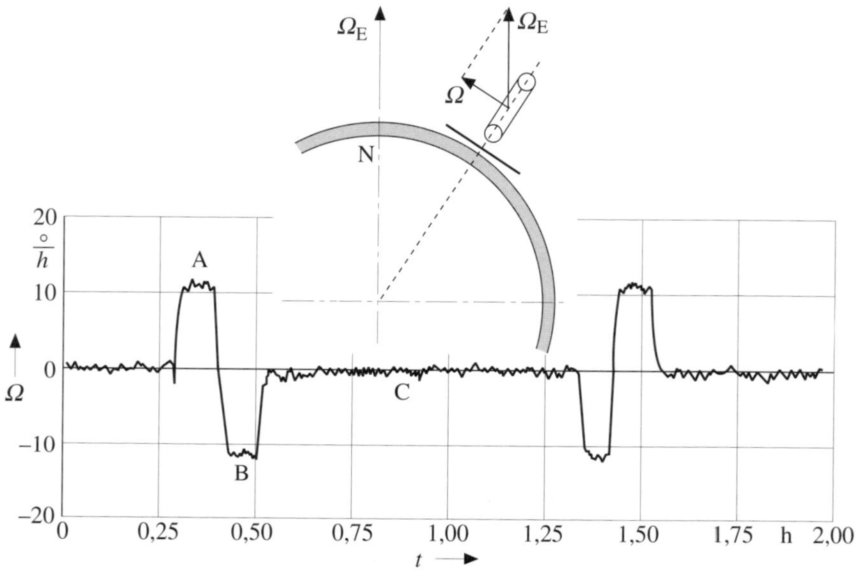

Bild 10.10 Messung der Erddrehrate bei der geografischen Lage von Stuttgart mit einem Faserkreisel

A mit senkrecht gestellter Faserspule

B Faserspule um 180° gegenüber A gedreht

C Faserspulenachse senkrecht zu Ω_E [10.47]

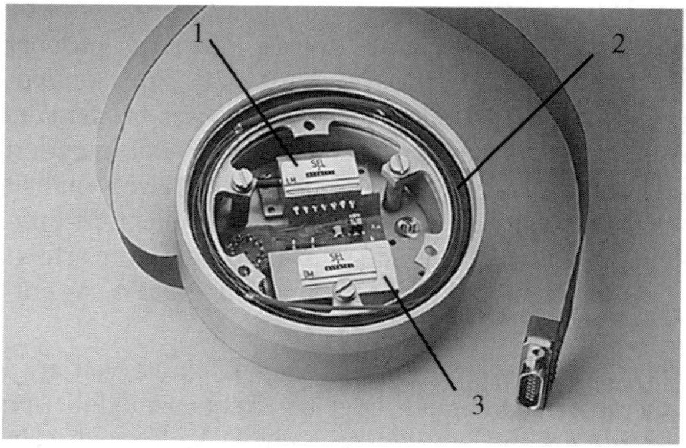

Bild 10.11 Faserkreisel, Durchmesser 80 mm, Höhe 35 mm, Faserlänge 100 m, Gewicht 400 g [Foto: SEL-Alcatel]

1 Lasermodul

2 vergossene Faserspule

3 Detektormodul

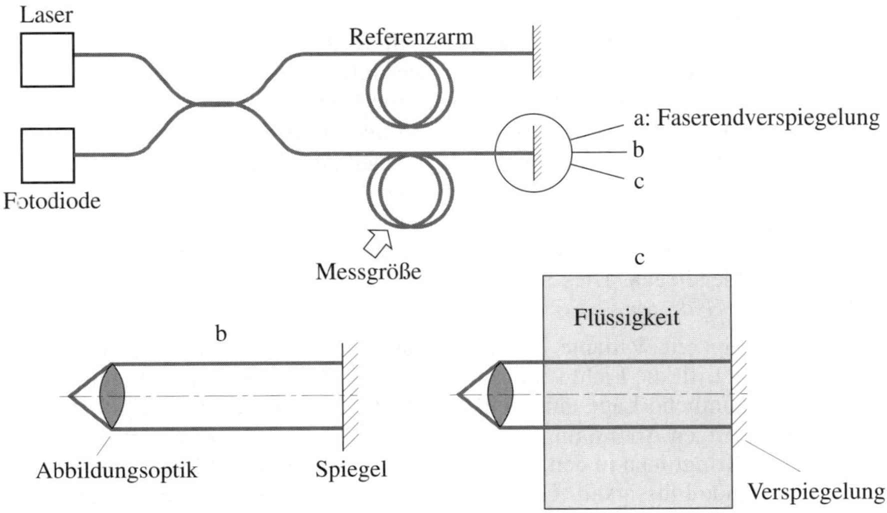

Bild 10.12 Faseroptisches Michelson-Interferometer
a) mit Verspiegelung beider Faserenden
b) mit externem Spiegel im Messarm
c) mit Probenflüssigkeit im Messarm

10.2.2 Faseroptisches Michelson-Interferometer

Bild 10.12 zeigt den schematischen Aufbau eines faseroptischen Michelson-Interferometers. Die von einer Lichtquelle ausgesandte optische Welle wird mit Hilfe eines Faserkopplers in zwei Arme aufgeteilt, in einen *Referenzarm* und einen *Messarm*. Die Faserenden sind verspiegelt, so dass die beiden Lichtwellen zurückreflektiert werden und nach der Vereinigung am Koppler miteinander interferieren. Anstelle faseroptischer Koppler kommen auch häufig integriert-optische Komponenten zum Einsatz [6.4, 6.9, 10.50]. Die Intensität am Detektor ergibt sich wie beim Faserkreisel aus der Interferenzrechnung entsprechend Gl. (2.15). Als Ergebnis erhält man:

$$I_D \sim I_0 \left(1 + \cos \Delta\Phi_M\right), \tag{10.5}$$

wobei:

I_D Intensität am Detektor
I_0 Lichtquellenintensität und
$\Delta\Phi_M$ Phasendifferenz zwischen den interferierenden Wellen:

$$\Delta\Phi_M = \left(\Delta nL + \Delta Ln\right) 2\pi / \lambda \tag{10.6}$$

Treten große Phasendifferenzen auf ($\Delta\Phi_M \gg 2\pi$), so werden die Intensitätsmaxima oder -minima abgezählt. Bei kleinen Phasendifferenzen ($\Delta\Phi_M \ll 2\pi$) wählt man den Arbeitspunkt mit der größten Steigung auf der Interferometerkennlinie (vergleiche Bild 2.4). Die zu messende Größe wirkt auf die Brechzahl und/oder die Länge im Messarm. Bei einer rein faseroptischen Anordnung (All-Fiber-Lösung) erfolgt das Einwirken im Wesentlichen auf die Brechzahl. Mit einer derartigen Anordnung lassen sich z. B. *hochpräzise Temperaturmessungen*, *Druck-Kraft-* und *Vibrationsmessungen* sowie *Schallmessungen* durchführen. Da bei derartigen Anordnungen Messarm und Referenzarm voneinander getrennt sind, können sie auch räumlich weit auseinander liegen. Dies ist vorteilhaft bei Anwendungen als *faseroptisches Mikrofon* bzw. *Hydrofon*.

Bild 10.12b zeigt eine Variante, bei der das Faserende im Messarm nicht verspiegelt ist. Stattdessen trifft die Lichtwelle nach einer optischen Abbildung auf einen Spiegel, dessen räumliche Lage entscheidend für die auftretende Phasendifferenz ist. Mit einer derartigen Anordnung lassen sich *hochpräzise Verschiebungsmessungen* durchführen. Bringt man in den Raum zwischen Abbildungsoptik und Spiegel eine zu untersuchende Flüssigkeit (Gas) ein, so kann die Anordnung auch als *hochpräzises Refraktometer* verwendet werden (siehe Bild 10.12c).

Anstelle eines Faserkopplers kann auch ein integriert-optischer Verzweiger angebracht werden (siehe **Bild 10.13**), bei dem ein Ende direkt verspiegelt wird. Am zweiten Ende erfolgt z. B. durch eine aufgeklebte Selfoc-Linse (vergleiche Abschnitt 5.2.3) eine optische Abbildung auf den Spiegel im Messarm. Sind die auftretenden Weg- bzw. Phasendifferenzen zwischen Mess- und Referenzarm gering, so genügt ein niedrigkohärenter Laser wie beim Faserkreisel mit den dort beschriebenen Vorteilen. Treten jedoch große Wegdifferenzen (einige 10 cm) wie in Bild 10.13 angedeutet auf, so benötigt man einen Einmodenlaser mit hoher Kohärenz. Daraus ergibt sich ein wesentliches Problem durch die Rückreflexion auf den Laser (vergleiche Abschnitt 7.2.2). Das von den beiden Spiegeln rückreflektierte Licht gelangt prinzipiell nicht nur zum Detektor, sondern wird auch zum Laser geleitet. Um dies zu vermeiden, ist es notwendig, einen optischen Isolator (vergleiche Abschnitt 2.4) zwischen Laser und Faser einzubringen. Rückreflexionen auf den

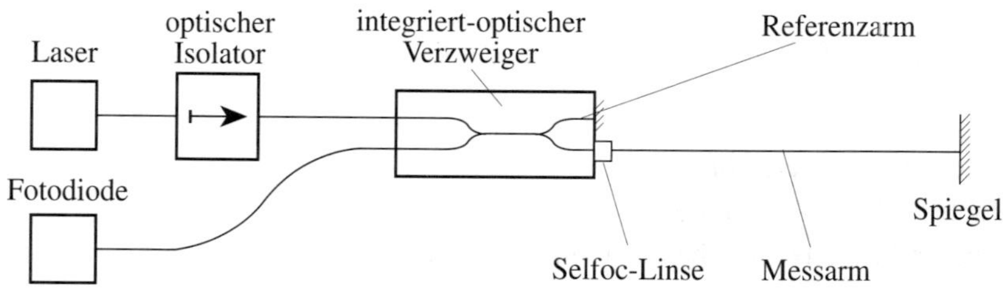

Bild 10.13 Hybrid-optisches Michelson-Interferometer

Laser verursachen zusätzliches Amplituden- und vor allem Frequenz- und Phasenrauschen im Laser. Die Frequenz bzw. Wellenlänge muss aber je nach Messgenauigkeitsanforderung hochstabil sein, damit kein Fehler in der Messphase $\Delta\Phi_M$ auftritt. Dazu werden der Laserstrom und die Temperatur stabilisiert, und bei sehr hohen Anforderungen muss eine Wellenlängenstabilisierung vorgenommen werden (vergleiche Bild 7.36).

Wie beim Faserkreisel können auch hier Modulationstechniken angewandt werden, wenn man in den Referenzarm einen Phasenmodulator einbringt oder die Wellenlänge des Halbleiterlasers über dessen Injektionsstrom moduliert. Damit gelingt es, Intensitätsschwankungen auszuregeln, die das Mess-Signal verfälschen würden [6.18]. Wichtig ist außerdem, dass der Referenzarm nicht vom Messparameter oder einer anderen Größe, die nicht in gleicher Weise auf den Messarm wirkt, beeinflusst wird.

Bild 10.14 zeigt eine schematische Darstellung einer modifizierten Anordnung eines Michelson-Interferometers mit integriert-optischem Interferometerkopf. Im Phasendemodulator kommt es durch die große Streifenbreite zu einer Vielmodigkeit. Durch Interferenz der Moden an den vier Ausgangstoren erhält man nach geeigneter Länge vier zueinander phasenverschobene Ausgangssignale [10.49]: Außer dem Ausgangssignal entsprechend Gl. (10.5) liegen auch das Quadratur-

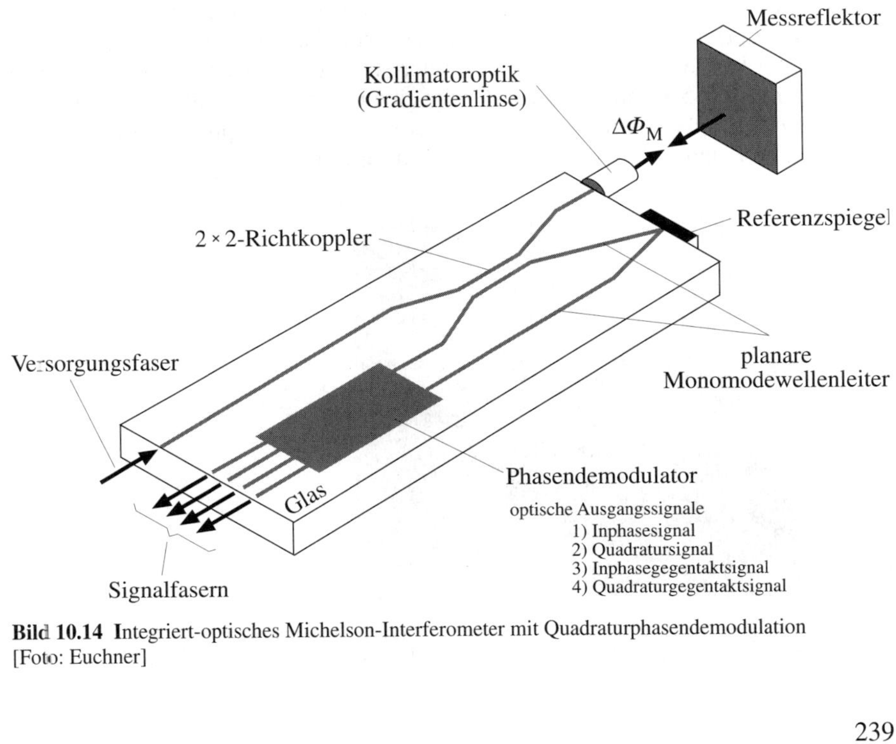

Bild 10.14 Integriert-optisches Michelson-Interferometer mit Quadraturphasendemodulation [Foto: Euchner]

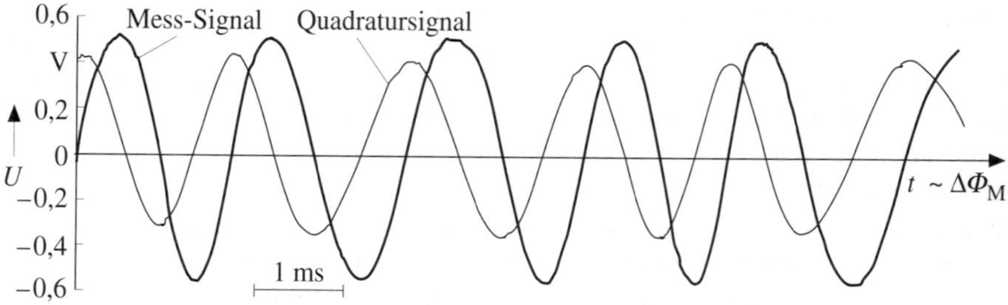

Bild 10.15 Mess-Signal und Quadratursignal einer hochpräzisen Längenmessung mit einem Michelson-Interferometer entsprechend Bild 10.14 [Messkurve: Euchner]

U Spannung

t Zeit

signal (um 90° phasenverschobenes Signal) und die zugehörigen Gegentaktsignale (jeweils um 180° phasenverschobenes Signal) vor. Diese weiteren Signale sind günstig, um Stabilisierungsmaßnahmen vornehmen zu können.

Bild 10.15 zeigt das Ergebnis einer hochpräzisen Längenmessung [10.50]. Dazu wurde der Messreflektor über den gesamten Messbereich während der Zeit $t = 0{,}01$ s bewegt. Die Messung erfolgte an einem wechselspannungsgekoppelten Detektor. Der Abstand zweier Maxima entspricht einer Spiegelverschiebung um $\lambda/2$. Der verwendete Halbleiterlaser emittiert bei einer Wellenlänge von 633 nm. Die erzielte absolute Messabweichung des Interferometers beträgt 0,5 µm bei einer Mess-Spanne von 500 mm. **Bild 10.16** zeigt eine Fotografie des integriert-optischen Interferometerkopfs. Als Substratmaterial für den integriert-optischen Chip kommt in diesem Fall nicht $LiNbO_3$, sondern Glas zum Einsatz.

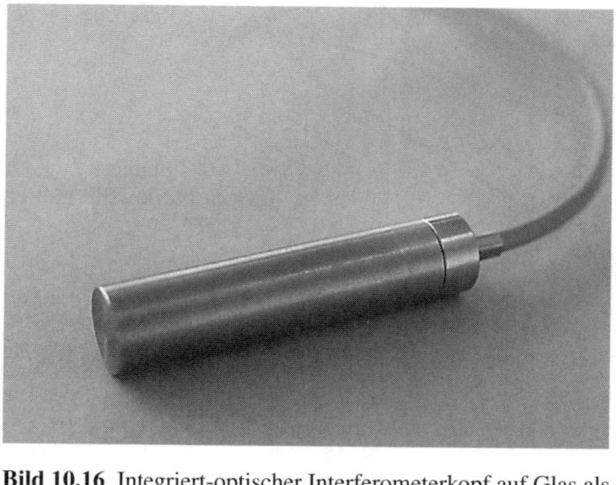

Bild 10.16 Integriert-optischer Interferometerkopf auf Glas als Substratmaterial (Außenabmessungen 80 mm × 20 mm × 13 mm) [Foto: Euchner]

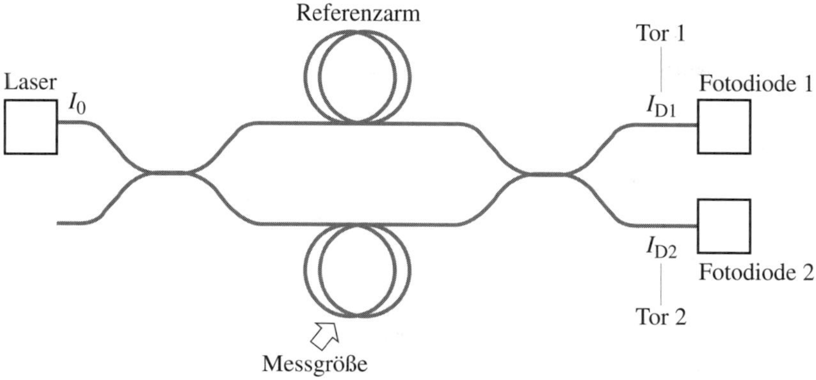

Bild 10.17 Faseroptisches Mach-Zehnder-Interferometer

10.2.3 Faseroptisches Mach-Zehnder-Interferometer

Bild 10.17 zeigt einen schematischen Aufbau eines faseroptischen Mach-Zehnder-Interferometers [10.23 – 10.29]. Die von einer Lichtquelle ausgesandte optische Welle wird mit Hilfe eines Faserkopplers in zwei Arme aufgeteilt, die sich anschließend an einem weiteren Koppler wieder vereinigen. Man spricht wie beim Michelson-Interferometer vom Mess- bzw. Referenzarm. Die durch die Messgröße auftretende Phasendifferenz lässt sich ebenfalls durch Gl. (10.5) darstellen. Da die Einwirkungen sich im Wesentlichen auf die Brechzahl beschränken, erhält man:

$$\Delta\Phi_M = \Delta n \, L \, 2\pi/\lambda \qquad (10.7)$$

Im Unterschied zur Anordnung des Michelson-Interferometers in Bild 10.12 stehen nun zwei Ausgangssignale zur Verfügung (beim Michelson-Interferometer hätte es eines weiteren Strahlteilers zwischen Koppler und Lichtquelle bedurft). Die Anteile der elektromagnetischen Welle von Mess- bzw. Referenzarm, die den Ausgangskoppler in Transmission verlassen, erfahren an der Koppelstelle keinen Phasensprung, im Gegensatz zu den Anteilen, die sich im Koppelbereich kreuzen. Im verlustfreien Fall kommt es bei Letzteren zu Phasensprüngen der elektrischen Feldstärke von 90°. Führt man die Interferenzrechnung für beide Ausgangstore durch, so ergibt sich in den Intensitäten eine Phasendifferenz von 180°:

$$I_{D1} \sim I_0\left(1 + \cos \Delta\Phi_M\right) \qquad (10.8)$$

$$I_{D2} \sim I_0\left(1 - \cos \Delta\Phi_M\right) \qquad (10.9)$$

Bild 10.18 zeigt die beiden Intensitäten I_{D1} und I_{D2} als Funktion der Messphase $\Delta\Phi_M$. Man erkennt, dass an den Stellen, an denen I_{D1} gerade maximal ist, $I_{D2} = 0$

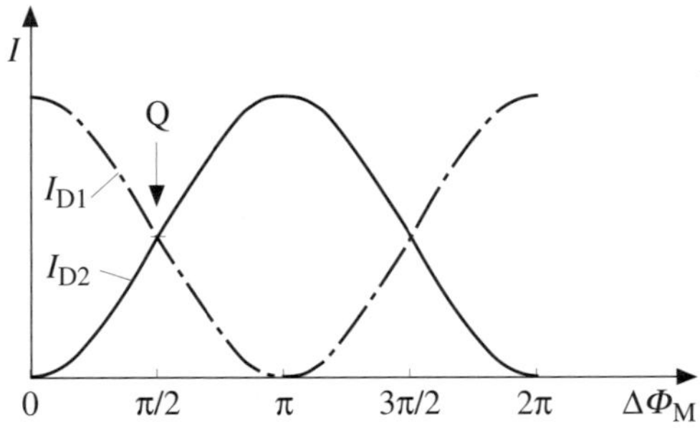

Bild 10.18 Intensitäten I_{D1} und I_{D2} als Funktion der Messphase $\Delta\Phi_M$
Q Quadraturpunkt

ist und umgekehrt. Diese Tatsache beantwortet auch die häufig gestellte Frage nach der Energieerhaltung, wenn bei alleiniger Betrachtung eines einzigen Ausgangstors die Intensität verschwindet. Den Punkt, an dem sich die beiden Kurven schneiden, nennt man *Quadraturpunkt*. Dort erhält man die größte Steigung und damit die höchste Empfindlichkeit. Mit einer derartigen Anordnung lassen sich ebenfalls wie beim Michelson-Interferometer (vergleiche Bild 10.12) Messparameter wie z. B. *Druck* und *Temperatur* erfassen. Eine der bekanntesten Anwendungen ist jedoch der Einsatz als *faseroptisches Mikrofon* bzw. *Hydrofon* [10.26 – 10.29].

Die beiden in Quadratur stehenden Ausgangssignale ermöglichen ein günstiges Ableiten der Mess-Signale zur Stabilisierung des Arbeitspunkts auf der Interferometerkennlinie (Punkt Q in Bild 10.18). Es lassen sich aber auch Stabilisierungen nur mit einem Detektor realisieren, wenn man Modulationstechniken einführt [6.10].

Im Gegensatz zum Michelson-Interferometer kommt es nicht zur Rückreflexion an Spiegelenden, die die Lichtquelle beeinflussen können. Günstig unter diesem Aspekt ist auch hier wieder die Verwendung einer All-Fiber-Lösung. Es verbleiben Reflexionen an Stoßstellen; insbesondere an den Faserenden tritt Fresnel-Reflexion auf, die jedoch durch geeignete Maßnahmen verringert werden kann (vergleiche Abschnitt 5.2). Weitere Stoßstellen kommen beim Einsatz integriert-optischer Bauelemente hinzu. Vorteilhaft für die Auswertung der Messphase $\Delta\Phi_M$ und für die Stabilisierungsmaßnahmen ist der günstige Einsatz von Phasenmodulatoren [10.48]. Andere Konzepte arbeiten auch mit Frequenzmodulatoren und werten das Heterodynsignal aus [10.51].

10.2.4 Faseroptisches Fabry-Perot-Interferometer

Bild 10.19 zeigt ein *faseroptisches Vielstrahl-Interferometer*, auch *Fabry-Perot-Interferometer* genannt [10.52, 10.53]. Die von einer Lichtquelle ausgesandte opti-

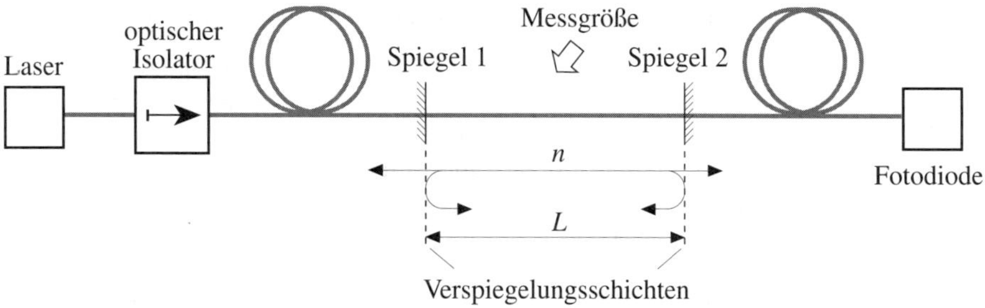

Bild 10.19 Faseroptisches Vielstrahl-Interferometer
n Brechzahl im Fabry-Perot-Resonator
L Länge des Fabry-Perot-Resonators

sche Welle wird in ein kurzes Faserstück von etwa 10 cm Länge eingekoppelt. An beiden Enden des Faserstücks sind Verspiegelungsschichten mit Reflexionsgraden nahe 1 angebracht. Es kommt zu Vielfachreflexionen an den Faserenden und damit zu einer Vielstrahlinterferenz der optischen Wellen. Man erhält somit ein Fabry-Perot-Interferometer (vergleiche Abschnitt 6.4). Statt in der Faser kann die Vielfachreflexion auch in Luft stattfinden, indem man z. B. mit Hilfe von einseitig verspiegelten Selfoc-Linsen die Ein- bzw. Auskopplung in die ankommenden bzw. abgehende Faser vornimmt [10.54]. Derartige Anordnungen wirken als optische Filter, die nur bei ganz bestimmten optischen Frequenzen (Wellenlängen) Licht transmittieren (siehe Bild 6.12). Die Transmissionsfunktion lässt sich entsprechend Gl. (6.3) beschreiben. Ist die Wellenlänge der Lichtquelle fest (stabilisiert), so kann man die Phase durch Änderung der optischen Weglänge im Fabry-Perot-Interferometer variieren. Für die Phasendifferenz $\Delta\Phi_M$ zwischen zwei aufeinander folgenden reflektierten (transmittierten) Wellen, z. B. an Spiegel 2, gilt:

$$\Delta\Phi_M = 4\pi nL/\lambda \qquad (10.10)$$

Durch Einwirken des Messparameters auf die optische Weglänge (nL entsprechend Gl. (10.6)) ergibt sich eine Änderung der Messphase und damit auch eine Änderung der Transmission entsprechend Gl. (6.3). Es können somit wieder alle Messgrößen wie beim Michelson- oder beim Mach-Zehnder-Interferometer mit dieser Anordnung bestimmt werden [10.55, 10.56]. Bringt man zwischen Lichtquelle und Fabry-Perot-Interferometer einen Koppler ein, so kann die Messung auch in Reflexion erfolgen [10.57]. Die Reflexionskurve verläuft dann gerade invers zur Transmissionskurve. Anstelle eines faseroptischen Fabry-Perot-Interferometers kann auch ein integriert-optisches eingesetzt werden [6.18] (vergleiche Abschnitt 6.4). Durch die Reflexionen an den Spiegeln bzw. an den Grenzflächen besteht ebenfalls wie beim Michelson-Interferometer das Problem der Rückreflexion auf die Lichtquelle, so dass wieder ein optischer Isolator erforderlich ist.

10.2.5 Faseroptischer Faraday-Effektsensor zur Strommessung

Mit Hilfe von Glasfasern können auch *Ströme* bzw. *Magnetfelder* gemessen werden [10.13 – 10.16, 10.61]. Eine typische Anwendung ist die Messung von Strömen auf Hochspannungsleitungen. Im Gegensatz zu den vorher beschriebenen Interferometersensoren ist es notwendig, keine polarisationserhaltende Faser mit linearer Doppelbrechung zu verwenden (vergleiche Abschnitt 3.2), sondern eine mit zirkularer Doppelbrechung [10.14, 10.58]. Dadurch ist es möglich, die Probleme der linearen Doppelbrechung bzw. deren Änderung durch äußere Einflüsse zu verringern. Wird ein derartiger Wellenleiter um eine Hochspannungsleitung gewickelt (siehe **Bild 10.20**), so erzeugt der in der Hochspannungsleitung fließende Strom ein Magnetfeld, das in der Glasfaser einen Faraday-Effekt hervorruft [10.59] (vergleiche Abschnitt 2.5). Für den Drehwinkel, um den die Polarisationsebene einer linear polarisierten Lichtwelle gedreht wird, gilt:

$$\beta = VNnI_{\mathrm{L}}, \tag{10.11}$$

wobei:

V Verdet-Konstante

N Anzahl der Faserwindungen

n Anzahl der elektrischen Windungen und

I_{L} Strom durch die elektrische Leitung

Bringt man am Faserausgang einen (linearen) Polarisator an, dessen Durchlassrichtung der ursprünglichen Polarisationsrichtung entspricht (für $I_{\mathrm{L}} = 0$), so verringert

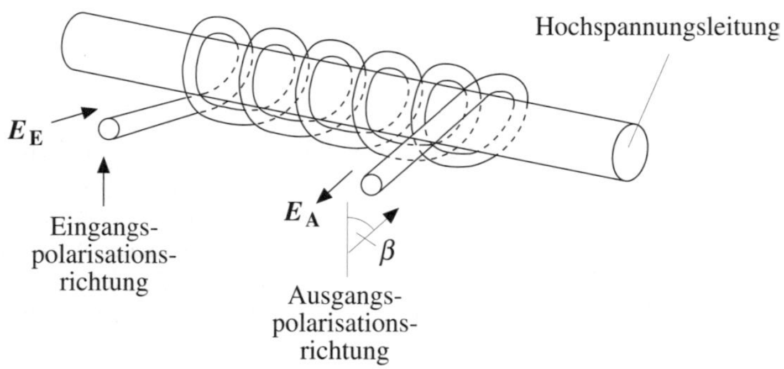

Bild 10.20 Glasfaserspule um eine stromdurchflossene Hochspannungsleitung

$\boldsymbol{E}_{\mathrm{E}}$ Elektrische Feldstärke am Eingang der Faserspule

$\boldsymbol{E}_{\mathrm{A}}$ Elektrische Feldstärke am Ausgang der Faserspule

β Neigungswinkel von $\boldsymbol{E}_{\mathrm{A}}$ gegenüber $\boldsymbol{E}_{\mathrm{E}}$

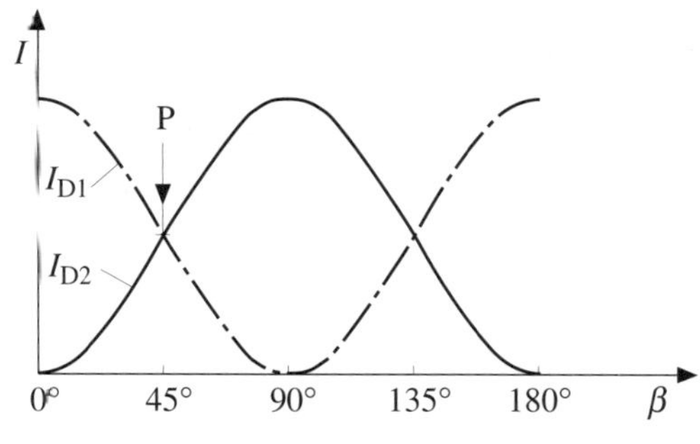

Bild 10.21 Intensität einer linear polarisierten Lichtwelle nach der Transmission durch einen um den Winkel β zur Feldstärkerichtung geneigten Polarisator;
I_{D1}, I_{D2} Intensitäten am Tor 1 bzw. Tor 2 (siehe Bild 10.22)

sich die durchgelassene Intensität bei Stromfluss entsprechend dem Gesetz von Malus (siehe **Bild 10.21** gestrichelte Kurve):

$$I_{D1} = I_0 \cos^2 \beta \tag{10.12}$$

Wählt man z. B. einen Arbeitspunkt von $\beta = 0$, so ist die Messung unempfindlich, und außerdem fehlt die Information über das Vorzeichen der Stromänderung. Wählt man z. B. dagegen den Arbeitspunkt P bei 45°, so befindet man sich im empfindlichsten Teil der Malus-Kennlinie (siehe Bild 10.21). Die Information über das Vorzeichen ist vorhanden, und für kleine Änderungen $\Delta\beta$ ergibt sich ein nahezu linearer Zusammenhang zwischen Intensitätsänderung und Stromänderung. Werden die Stromänderungen jedoch groß, so verlässt man den linearen Bereich, und es kommt zu einer Mehrdeutigkeit. **Bild 10.22** zeigt eine schematische Darstellung einer Messanordnung, die diesen Nachteil vermeidet [10.60]. Es handelt sich um ein Verfahren mit einem geschlossenen Regelkreis (closed-loop).

Das von einem Halbleiterlaser ausgesandte Licht wird in die zirkular doppelbrechende Faser eingekoppelt. Durch Verwendung eines niedrig kohärenten Lasers (vergleiche Abschnitt 10.2.1) werden die Rückwirkungsprobleme vermieden, so dass kein optischer Isolator erforderlich ist. Dies ist wichtig, denn die Anordnung arbeitet im Reflexionsbetrieb. Die eingekoppelte Lichtwelle durchläuft nach Passieren eines polarisationsneutralen Kopplers (vergleiche Abschnitt 5.2.3) zunächst eine Faserspule mit N_2 Faserwindungen, die sich auf Erdpotential befindet. Anschließend kommt es in der um die Hochspannungsleitung gewickelte Faserspule zum Faraday-Effekt, der die Polarisationsebene entsprechend der Stromstärke um einen Winkel $\Delta\beta$ dreht. Am Ende der Faser befindet sich eine Verspiegelungsschicht, die Lichtwelle wird reflektiert und erfährt durch den nicht reziproken Faraday-Effekt wie beim optischen Isolator (vergleiche Abschnitt 2.4) eine weitere Drehung der Polarisationsebene um $\Delta\beta$. Die Empfindlichkeit der Messanordnung verdoppelt sich. Das

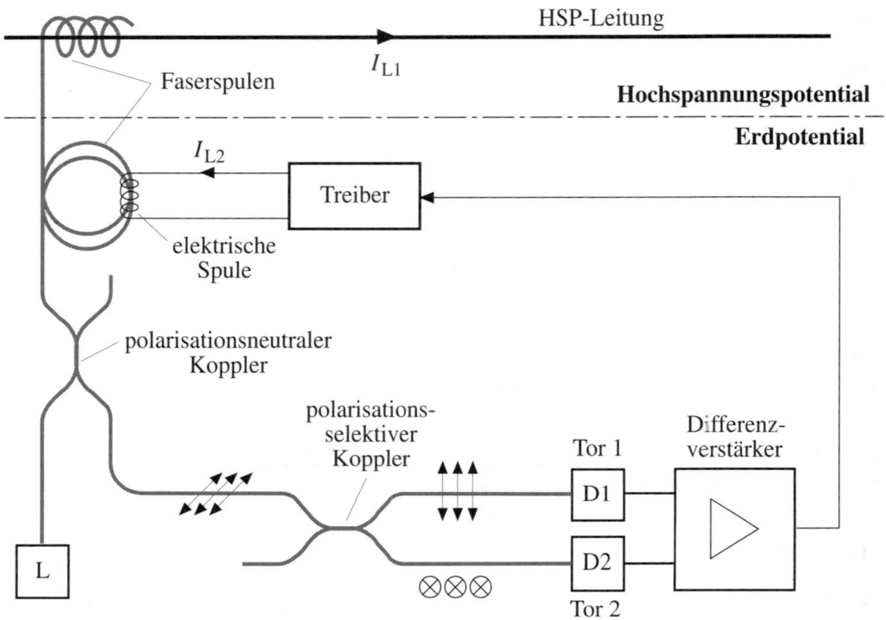

Bild 10.22 Potentialfreie Strommessung in Hochspannungsleitungen

rückreflektierte Licht gelangt über die Faserspule auf Erdpotential und den polarisationsneutralen Koppler auf einen polarisationsselektiven Koppler (vergleiche Abschnitt 5.2.3), der an Tor 1 und Tor 2 nur Lichtwellen passieren lässt, die zueinander senkrechte Polarisation aufweisen. Außerdem wird der polarisationsselektive Koppler so orientiert, dass die beiden Ausgangspolarisationsrichtungen gerade um 45° zur Eingangspolarisationsrichtung geneigt sind, wenn kein Strom in der Hochspannungsleitung fließt. Die beiden Ausgangsintensitäten an den Toren 1 und 2 sind dann gerade gleich groß (siehe Bild 10.21 Punkt P). Fließt jedoch ein Strom auf der Hochspannungsleitung, so erhält man an den Toren 1 und 2:

$$I_{D1} = I_0 \cos^2(\beta + 2\Delta\beta) \tag{10.13}$$

$$I_{D2} = I_0 \cos^2(\beta - 2\Delta\beta) \tag{10.14}$$

Die beiden Detektoren D_1 und D_2 messen einen unterschiedlichen Strom. Ein nachfolgender Differenzverstärker steuert einen Treiber, der einen Strom I_{L2} durch eine elektrische Spule treibt, die um die Faserspule auf Erdpotential gewickelt ist: Dieser Strom wird nach Betrag und Vorzeichen so gewählt, dass die beiden Intensitäten I_{D1} und I_{D2} wieder gleich groß sind. Es wird in der Faserspule auf Erdpotential ein zweiter Faraday-Effekt induziert, der der Wirkung des ersten entgegengesetzt ist und ihn kompensiert. Somit folgt mit Gln. (10.11) – (10.14):

$$2\Delta\beta_1 = V_1 N_1 n_1 I_{L1} \text{ und} \tag{10.15}$$

$$2\Delta\beta_2 = V_2 N_2 n_2 I_{L2} \tag{10.16}$$

Da es sich bei den Faserspulen auf Hochspannungspotential bzw. auf Erdpotential um die gleiche Faser handelt, sind auch die Verdet-Konstanten V_1 und V_2 gleich, und damit erhält man mit $|\Delta\beta_1| = |\Delta\beta_2|$ den Strom I_{L1} auf der Hochspannungsseite:

$$I_{L1} = \frac{N_2 n_2}{N_1 n_1} I_{L2} \tag{10.17}$$

Auch bei diesem Konzept lassen sich wieder Modulationstechniken wie bei den Interferometersensoren anwenden. Die Anordnung der Faserspule auf Erdpotential zusammen mit der elektrischen Spule stellt bereits einen solchen Polarisationsmodulator dar.

Der große Vorteil dieser optischen Messanordnung zur Bestimmung von Strömen auf Hochspannungsleitungen ist offensichtlich: Hochspannungspotential und Erdpotential sind durch den Einsatz einer Glasfaser elektrisch völlig voneinander getrennt. Nur elektrisch nicht leitende Materialien, Glasfasern bzw. die Ummantelung der Glasfaser, verbinden das Hochspannungspotential mit dem Erdpotential, so dass insbesondere die Sicherheitsprobleme, die sonst in der Hochspannungstechnik auftreten, praktisch nicht vorhanden sind.

10.2.6 Faseroptische Spektralapparate

Zur Bestimmung der spektralen Verteilung von Leistungsanteilen einer Lichtwelle werden Spektralgeräte eingesetzt. Die wichtigsten sind Spektrometer und Monochromatoren. Unter einem Spektrometer versteht man ein Gerät, mit dem eine Wellenlängenbestimmung einzelner Spektrallinien mit Hilfe einer geeichten Wellenlängenskala über eine Winkel- bzw. Ortsmessung durchgeführt wird. Ein Monochromator (monochrom: einfarbig) dient zum Ausblenden eines schmalen Wellenlängenbereichs aus einem angebotenen Spektrum. Bei beiden kommt dabei entweder ein Prisma oder ein Gitter zum Einsatz. Prismenmonochromatoren verwendet man, wenn ein großer Wellenlängenbereich zu untersuchen ist. Gittermonochromatoren haben ein höheres Auflösungsvermögen als Prismenmonochromatoren.

Bild 10.23 zeigt den schematischen Aufbau eines Spektrometers oder Monochromators in der am häufigsten vorkommenden Czerny-Turner-Anordnung. Das durch einen Eintrittsspalt einfallende divergente Licht einer breitbandigen Lichtquelle (vom Ultraviolett über den sichtbaren Bereich bis hin zum Infraroten) wird mit Hilfe eines Hohlspiegels als paralleles Lichtbündel auf ein Reflexionsgitter mit der

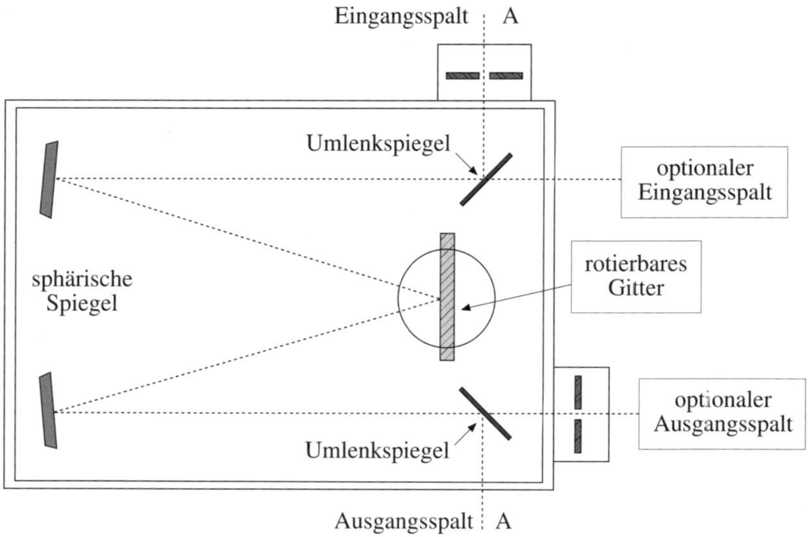

Bild 10.23 Monochromator in Czerny-Turner-Anordnung

Gitterkonstanten g geworfen. Dort kommt es zur Beugung. Lichtstrahlen unterschiedlicher Wellenlängen verlassen das Gitter unter verschiedenen Winkeln α [10.62]:

$$\sin\alpha \sim \frac{\lambda}{g} \tag{10.18}$$

Rotes Licht wird stärker gebeugt und damit auch stärker umgelenkt als blaues (siehe **Bild 10.24** bzw. Einband). Anschließend erfolgt eine Fokussierung mit Hilfe eines weiteren Hohlspiegels auf den Austrittsspalt. Da das Gitter drehbar angeordnet ist, kann die durchgelassene Wellenlänge durch die Winkelstellung des Gitters bestimmt werden. Die Drehung erfolgt langsam mit einem geeigneten Getriebe, so dass die Wellenlänge proportional zur Zeit anwächst. Hinter dem Ausgangsspalt befindet sich das zu untersuchende Objekt (Device under Test, DUT). Dies kann z. B. eine Küvette mit einer Probenflüssigkeit [10.63] sein (**Bild 10.25**), aber auch eine Glasfaser, deren spektrale Dämpfung gemessen werden soll. Dahinter befindet sich eine Fotodiode mit einem nachfolgenden Verstärker. Über eine Rechnerschnittstelle werden die Intensitätswerte mit den zugehörigen Wellenlängen in ein Datenfile eingelesen und weiterverarbeitet. Zur Vermeidung von Störeinflüssen wird mit Lock-In-Technik gearbeitet [10.41]. Dazu erfolgt mit Hilfe eines mechanischen Chopper-Rads eine zeitliche Zerlegung des Lichts bei einer geeigneten Frequenz, bei der auch detektiert wird. Diese Methode steigert das Signal-Rausch-Verhältnis. Insbesondere unterdrückt man dadurch unerwünschtes Gleichsignallicht (z. B. Sonne, Lampen)

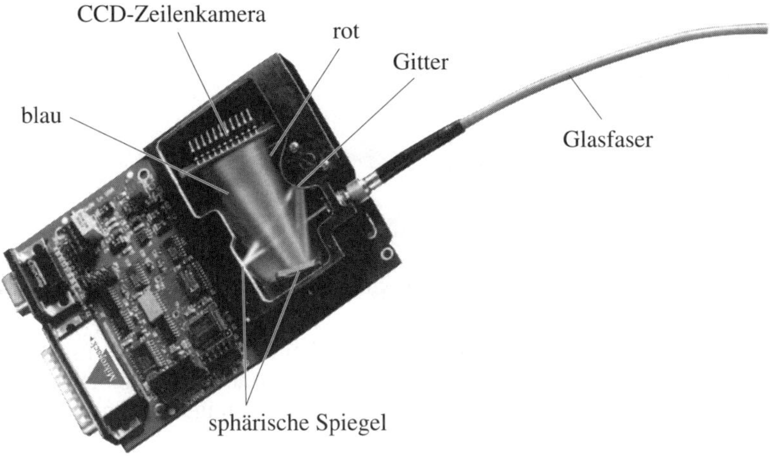

Bild 10.24 Faseroptisches Spektrometer [Foto Fa. Mikropack, Ostfildern]

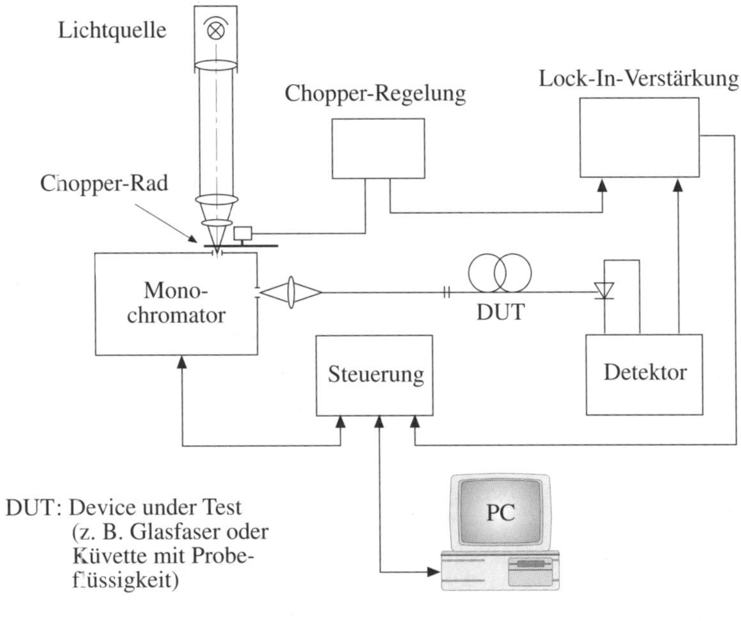

Bild 10.25 Absorptions-/Transmissions-Messung

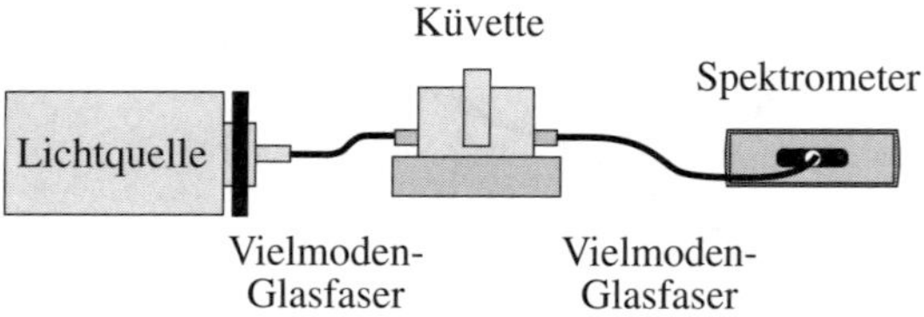

Bild 10.26 Faseroptische Spektrometeranordnung zur Untersuchung von Probeflüssigkeiten

und störende 50-Hz-Anteile bzw. -Vielfache, die in unserem Stromnetz immer vorhanden sind.

Um den Einfluss von Lichtquelle, Fotodiode und weiteren Bauelementen mit spektralen Abhängigkeiten zu eliminieren, erfolgt vor der eigentlichen Messung zunächst eine Messung ohne Probe. Das Datenfeld der Probenmessung wird anschließend durch dasjenige ohne Probe geteilt.

Durch einschwenkbare Umlenkspiegel lassen sich optionale Eintritts- und Austrittsanordnungen realisieren. Beispielsweise kann eine optische Achse A – A (Bild 10.23) definiert werden, die es ermöglicht, bei einem bereits vorhandenen optischen Aufbau den Monochromator einfach in den Strahlengang einzufügen.

Anstelle des Ausgangsspalts und der Fotodiode kann vorteilhaft ein CCD- oder Fotodioden-Detektor [10.64] eingesetzt werden. Die verschiedenen Spektralanteile des Lichts liegen räumlich nebeneinander; das Gitter steht in diesem Fall fest (siehe Bild 10.24 bzw. Einband). Das Spektrum wird mit Hilfe des CCDs elektronisch in Echtzeit ausgelesen und dem Rechner zugeführt.

Alternativ kann man auch die Probe vor den Spektralapparat setzen (siehe **Bild 10.26**). Dazu bringt man mit Hilfe einer Glasfaser Licht der breitbandigen Lichtquelle zuerst auf eine zu untersuchende Probe. Letztere verändert die spektralen Eigenschaften des Lichts auf charakteristische Weise. Dies wird wieder unter Einsatz von Glasfasern in einem Spektrometer beobachtet. Die nachfolgende Auswertung über eine PC-Schnittstelle per Software ergibt dann die gesuchte Messgröße der Probe. Ohne Probe kann die Anordnung auch zu einer reinen Spektraluntersuchung der Lichtquelle herangezogen werden. **Bild 10.27** zeigt die einzelnen Spektralilininen einer mit einem *faseroptischen Spektrometer* aufgenommenen Quecksilber-Argon-Lichtquelle. Um breitbandige kontinuierliche Messungen zu realisieren, kombiniert man eine Halogen- mit einer Deuteriumlampe; beide Lichtquellen werden gleichzeitig in die Glasfaser eingekoppelt. **Bild 10.28** zeigt die Spektren beider Lampen, deren Überlagerung eine breitbandige Lichtquelle vom UV- bis zum IR-Bereich ergibt.

Faseroptische Sensoren werden heute durch ihre Miniaturisierung zunehmend als Alternative zu Großgeräten eingesetzt. Wo man früher Messgeräte mit Dimensionen von etwa einem halben Meter und mehr benötigte, passt heute der faseroptische Sensor in eine Handfläche.

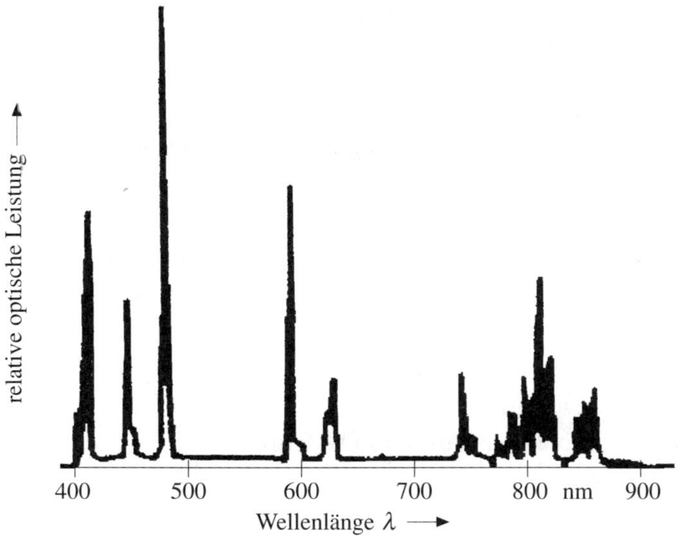

Bild 10.27 Spektrale Emission einer Quecksilber-Argon-Lichtquelle

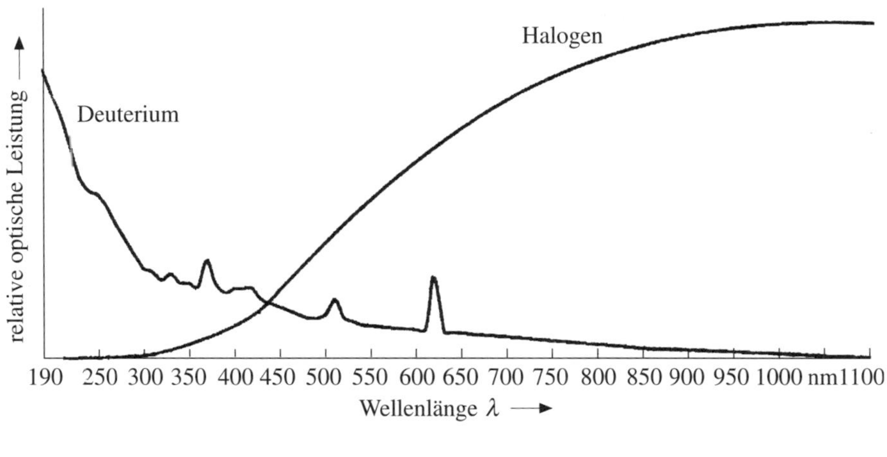

Bild 10.28 Breitbandiges Spektrum einer kombinierten Deuterium/Halogen-Lichtquelle

Faseroptische Spektrometer finden einen breiten Anwendungsbereich. Stellvertretend seien hier einige Beispiele aus den nachfolgenden Bereichen mit zugehörigen Messungen genannt:

- Landwirtschaft (Sauerstoffgehalt in der Erde),
- Astronomie (Spektralverteilung des von einem Stern ausgesandten Lichts),
- Medizintechnik (Hämoglobingehalt im Blut),
- Automobilindustrie (Farbe von Lacken, Untersuchung von Scheinwerfern, Dickenmessungen von auf die Windschutzscheibe aufgebrachten Schichten),
- Nukleartechnik (Fluoreszenzmessungen in einem aktiven Reaktor),
- Biologie (Chlorophyllgehalt),
- Chemie (Phosphatgehalt bei Verbrennungsprozessen),
- Umwelttechnik (Wasserqualität),
- Halbleiterindustrie (Schichtdickenmessung an Wafern),
- Zahntechnologie (Zahnfarbe),
- Milchindustrie (Konsistenz von Käse während des Herstellungsprozesses).

Verzeichnis der verwendeten Symbole

$\boldsymbol{E}$	elektrische Feldstärke
$\boldsymbol{H}$	magnetische Feldstärke
$\boldsymbol{B}$	magnetische Induktion
$\boldsymbol{D}$	dielektrische Verschiebung
$\boldsymbol{j}$	Stromdichte
ρ	elektrische Ladungsdichte
κ	spezifische Leitfähigkeit
ε	Dielektrizitätskonstante (Permittivität)
ε_0	Influenzkonstante
ε_r	relative Dielektrizitätszahl
μ	Permeabilität
μ_0	Induktionskonstante
μ_r	relative Permeabilität
Δ	Laplace-Operator
v	Ausbreitungsgeschwindigkeit (Phasengeschwindigkeit)
c	Lichtgeschwindigkeit im Vakuum
ω	Kreisfrequenz ($\omega = 2\pi f$)
f	Frequenz
k_0	Betrag des Wellenvektors $\boldsymbol{k}$ im Vakuum ($k_0 = 2\pi/\lambda$)
λ	Wellenlänge der elektromagnetischen Welle
t	Zeit
$\boldsymbol{r}$	Ortsvektor ($x/y/z$)
A	Amplitude
ω	Kreisfrequenz
Φ	Phase
I	Intensität
E^*	konjugiert komplexe Größe zu E
γ	Kohärenzfunktion
Δf	spektrale Breite der Lichtquelle

K	Kontrast
$p(f)$	Leistungsdichteverteilung
$\delta(f-f_0)$	Delta-Funktion
P	optische Leistung
t_{coh}	Kohärenzzeit
L_{coh}	Kohärenzlänge
g	optische Weglänge Profilexponent Verstärkung
$\Delta\lambda$	spektrale Breite
$\boldsymbol{E}^+$	hermetisch konjugierter Vektor zu $\boldsymbol{E}$
ρ	Neigungswinkel
a, b	große bzw. kleine Halbachse der Ellipse
L	Länge
V	Verdet-Konstante Strukturparameter
N	Anzahl der Windungen Anzahl der geführten Moden
$\boldsymbol{I}$	Strom
r	Reflexionskoeffizient für Amplituden
R	Reflexionskoeffizienten für Leistungen
α_B	Brewster-Winkel
α_G	Grenzwinkel der Totalreflexion
A_N	numerische Apertur
Δ	relative Brechzahldifferenz
r	Radialkoordinate
$n(r)$	Brechzahlprofil
a	Kernradius
r, Φ	Zylinderkoordinaten
J_0	Besselfunktion nullter Ordnung erster Art
K_0	Hankelfunktion nullter Ordnung
λ_c	Grenzwellenlänge
w_0	Gauß'sche Strahlweite
Λ	Schwebungswellenlänge
n', n''	Real- bzw. Imaginärteil der Brechzahl n

α	Dämpfungskoeffizient Resonatorverluste Absorptionskoeffizient Linienverbreiterungsfaktor
τ	Zeitspanne
$\Delta\tau$	Impulsverbreiterung
Δt_{mod}	Laufzeitdifferenz
n	Phasenbrechzahl
n_{g}	Gruppenbrechzahl
v_{p}	Phasengeschwindigkeit
v_{g}	Gruppengeschwindigkeit
t_{g}	Gruppenlaufzeit
M_{mod}	Dispersionskoeffizient der Modendispersion
M_{mat}	Dispersionskoeffizient der Materialdispersion
M_{well}	Dispersionskoeffizient der Wellenleiterdispersion
M_{chr}	Dispersionskoeffizient der chromatischen Dispersion
B	Bandbreite
D_{EK}	Einkoppeldämpfung
β'	Abbildungsmaßstab
L	Objektgröße
L'	Bildgröße
f'	Brennweite
x	Objektweite
x'	Bildweite
δ	Abstrahlwinkel
p	pitch
$\tau(\lambda)$	Transmissionsfunktion
F	Finesse
FSR	freier Spektralbereich
ΔE	Energiedifferenz
h	Planck'sches Wirkungsquantum
$\boldsymbol{p}$	Impuls
k	Boltzmann-Konstante
T	Temperatur

f_g	Grenzfrequenz
η_d	differenzieller Quantenwirkungsgrad
η	Quantenwirkungsgrad
I_S	Schwellenstrom
T_0	charakteristische Temperatur
t_d	Zeitverzögerung
f_R	Relaxationsfrequenz
$n(t)$	Ladungsträgerdichte
$S(t)$	Photonendichte
hf	Photonenenergie
l	Eindringtiefe bzw. Absorptionslänge
N_L	Anzahl der erzeugten Ladungsträgerpaare
N_{Ph}	Anzahl der einfallenden Photonen
S^*	Empfindlichkeit
M	Multiplikationsfaktor
$M(0)\,f_g$	Verstärkungs-Bandbreite-Produkt
P_{min}	Empfängerempfindlichkeit
R_L	Lastwiderstand
R_E	Eingangswiderstand
I_P	Fotostrom
C_D	Sperrschichtkapazität
R_S	Serienwiderstand (Bahnwiderstand)
σ_D	Querleitwert
R_F	Rückkopplungswiderstand
v	Leerlaufverstärkung
C_E	Eingangskapazität
C_F	Streukapazität des Rückkopplungswiderstands
$\overline{I_{Rth}^2}$	mittleres thermisches Rauschstromquadrat
$\overline{I_{RS}^2}$	mittleres Schrotrauschstromquadrat
I_{DV}	Raumladungsdunkelstrom
I_{DO}	Oberflächenleckstrom
F	Zusatzrauschfaktor
S/N	Signal-Rausch-Verhältnis (signal to noise ratio)

F_t	Rauschzahl
I^*	spektrale Stromrauschleistungsdichte
BER	Bitfehlerrate (bit error rate)
BR	Bitrate
$w(q)$	Poisson-Verteilung
$\overline{I_V^2}$	mittleres Rauschstromquadrat des Verstärkers
$\Delta\Phi_S$	Sagnac-Phasendifferenz
Ω	Drehrate
S	Skalenfaktor
$\Delta\Phi_M$	Phasendifferenz zwischen interferierenden Wellen

Literatur

[1.1] Einstein, A.: Zur Quantentheorie der Strahlung. Phys. Zeitschr. 18 (1917) H. 6, S. 121

[1.2] Maiman, T. H.: Optical and Microwave-Optical Experiments in Ruby. Phys. Rev. Lett. 4 (1960) H. 11, S. 564

[1.3] Quist, T. M. et al.: Semiconductor Maser of GaAs. Appl. Phys. Lett. 1 (1962) H. 4, S. 91

[1.4] Hayashi, I. et al.: Junction Lasers which Operate Continuously at Room Temperature. Appl. Phys. Lett. 17 (1970) H. 3, S. 109

[1.5] Kao, C. K.; Hockham, G. A.: Dielectric-Fiber Surface Waveguides for Optical Frequencies. Proc. IEE 113 (1966) H. 7, S. 1151

[1.6] Börner, M.: Deutsches Patent 1254513: Mehrstufiges Übertragungssystem für in Pulscodemodulation dargestellte Nachrichten

[1.7] Kapron, F. P. et al.: Radiation Losses in Glass Optical Waveguides. Appl. Phys. Lett. 17 (1970) H. 10, S. 423

[1.8] Adams, W. G.; Day, R. E.: The Action of Light on Selenium. Proc. R. Soc. 25 (1876) S. 113

[1.9] Melchior, H. et al.: Photodetectors for Optical Communication Systems. Proc. IEEE 58 (1970) H. 10, S. 1466

[1.10] Miller, S.: Integrated Optics: An Introduction. Bell Syst. Techn. J. 48 (1969) H. 7, S. 2059

[1.11] Gruß, R.: Übertragung von Laserstrahlen durch die Atmosphäre. ntz Nachrichtentech. Z. 22 (1969) H. 3, S. 184

[1.12] Herter, E.; Graf, M.: Optische Nachrichtentechnik. München/Wien: Carl Hanser, 1994

[1.13] Marstaller, A.: private Mitteilung

[2.1] Bergmann-Schäfer: Lehrbuch der Experimentalphysik, Band III. Berlin/New York: Walter de Gruyter, 1978, S. 918

[2.2] Kersten, R. Th.: Einführung in die Optische Nachrichtentechnik. Berlin/Heidelberg/New York: Springer-Verlag, 1983, S.28 ff.

[2.3] siehe [2.1] S. 297

[2.4] Pohl, R. W.: Optik und Atomphysik. Berlin/Heidelberg/New York: Springer-Verlag, 1976

[2.5] Bauer, H.: Lasertechnik, Grundlagen und Anwendungen. Würzburg: Vogel, 1991

[2.6] Reisinger, A. R. et al.: Coherence of a Room-Temperature CW GaAs/GaAlAs Injection Laser. IEEE J. Quant. Electr. QE-15 (1979) H. 12, S. 1382

[2.7] Auch, W.; Mohr, F.; Strobel, O.: Entwicklung und Erprobung eines miniaturisierten Faserkreisels. BMFT-Schlussbericht (1985). Förderungskennz. 514-8891-LFL 8185, S. 118

[2.8] Azzam, R. M. A.; Bashra, N. M.: Ellipsometry and Polarized Light. Amsterdam: North Holland Publ. Comp., 1977

[2.9] siehe [2.2] S. 47

[2.10] Hering, E.; Martin, R.; Stohrer, M.: Physik für Ingenieure. Düsseldorf: VDI-Verlag, S. 469

[2.11] siehe [2.1] S. 518

[2.12] siehe [2.1] S. 571

[2.13] siehe [2.1] S. 30

[2.14] siehe [2.1] S. 452 ff.

[3.1] siehe [2.2] S. 52

[3.2] Cohen, L. G. et al.: Low Loss Quadruple-Clad Single Mode Lightguides with Dispersion below 2 ps/km·nm over the 1.28 µm – 1.65 µm Wavelength Range. Electron. Lett. 18 (1982) H. 24, S. 1023

[3.3] Francois, P. L.: Dispersion-Free Single Mode Doubly-Clad Fibers with Small Pure Bend Losses. Electron. Lett. 18 (1982) H. 19, S. 818

[3.4] Miya, T. et al.: Fabrication of Low Dispersion Single-Mode Fibers over a Wide Spectral Range. IEEE J. Quant. Electron. 19 (1983) S. 885

[3.5] siehe [2.2] S. 124

[3.6] Unger, H. G.: Optische Nachrichtentechnik, Teil I. Heidelberg: Hüthig Verlag, 1990, S. 92

[3.7] Geckeler, S.: Lichtwellenleiter für die optische Nachrichtenübertragung. Berlin/Heidelberg/New York/London/Paris/Tokyo: Springer-Verlag, 1987, S. 151

[3.8] Wilson, J.; Hawkes, J. F. B.: Optoelectronics – An Introduction. Prentice Hall International, Bild 8 – 10

[3.9] siehe [2.2] S. 139

[3.10] siehe [3.6] S. 164

[3.11] siehe [3.7] S. 158

[3.12] Lutzke, D.: Lichtwellenleitertechnik. München: Pflaum Verlag, 1986

[3.13] Miller, S. E. et al.: Research Toward Optical-Fiber Transmission Systems. Proc. IEEE 61 (1973) H. 12, S. 1703

[3.14] Gloge, D. et al.: Multimode Theory of Graded Core Fibers. Bell Syst. Techn. J. 52 (1973) S. 1563

[3.15] Grau, G.: Quantenelektronik. Braunschweig: F. Vieweg Verlag, 1978

[3.16] Abramowitz, M.; Stegun, I. A.: Handbook of Mathematical Functions. Dover Publications, 1970

[3.17] Roßberg, R., SEL-Alcatel Stuttgart, private Mitteilung

[3.18] Mohr, F., private Mitteilung

[3.19] Jeunhomme, L.; Moniere, M.: Polarisation-Maintaining Single-Mode Fiber Cable Design. Electr. Lett. 16 (1980) H. 24, S. 921

[3.20] Mohr, F.; Scholz, U.: Active Polarization Stabilization Systems for Use with Coherent Transmission Systems or Fiber Optic Sensors. Proc. 9th ECOC Geneva, S. 313

[3.21] Noé, R.: Endless Polarisation Control in Coherent Optical Communications. Electr. Lett. 22 (1986) H. 15, S. 772

[3.22] Hadjifotiou, A.: The Prospects for High Power Optical Transmission Systems. Standard Telecom. Lab. Report, R 600/TES/84/30

[3.23] Cotter, D.: Optical Non-Linearity in Fibers: A New Factor in Systems. BRTL Techn. J. 1 (1983) H. 2, S. 17

[3.24] Stolen, R. H.: Nonlinearity in Fiber Transmission, Proc. IEEE 68 (1980) H. 10, S. 1232

[3.25] Cotter, D.: Optical Non-Linearity in Fibers may Affect Advanced Transmission Systems. Laser Focus June (1984) S. 77

[3.26] Bludau, W.; Gündner, H. M.; Kaiser, M.: Systemgrundlagen und Messtechnik in der optischen Übertragungstechnik. Stuttgart: Teubner, 1985, S. 70 ff.

[3.27] Bondiek, R.; Freyhardt, W. E.: Rückstreu-Dispersionsmessgerät für die Glasfaserproduktion. ntz Nachrichtentech. Z. 36 (1983) H. 7, S. 438

[3.28] siehe [3.26] S. 82 ff.

[3.29] Fischbach, J.-U.; Kaiser, M. et al.: Optoelektronik-Bauelemente der Halbleiteroptoelektronik. Grafenau: expert verlag, 1982, S. 218

[3.30] siehe [3.26] S. 125 ff.

[3.31] siehe [3.6] S. 171

[3.32] Marcuse, D.: Calculation of Bandwidth from Index Profiles of Optical Fibers. 1: Theory. Appl. Opt. 18 (1979) H. 12, S. 2073

[3.33] siehe [3.6] S. 194/195

[3.34] siehe [3.26] S. 30

[3.35] Geckeler, S.: Length-Dependence of Bandwidth of Graded Index Optical Waveguides. Siemens Forsch.- u. Entw.-Ber. 12 (1983) H. 5, S. 313

[3.36] Rosenberger, D.; Geckeler, S.: Optische Informationsübertragung mit Lichtwellenleitern. Grafenau: expert-verlag; Berlin u. Offenbach: VDE VERLAG GMBH, 1982, S. 29

[3.37] Li, T.: Structures, Parameters, and Transmission Properties of Optical Fibers. Proc. IEEE 68 (1980) H. 10, S. 1175

[3.38] siehe [3.26] S. 99

[3.39] Marcuse, D.: Principles of Optical Fiber Measurements. New York: Academic Press, 1981

[3.40] Cohen, L. G. et al.: Dispersion and Bandwidth Spectra in Single-Mode Fibers. IEEE J. Quant. Electr. QE-18 (1982) H. 1, S. 49

[3.41] siehe [3.26] S. 102

[3.42] siehe [3.26] S. 106

[3.43] Cancellierei, G. et al.: Scanning Technique for Investigating Optical Fiber Dispersion, Opt. Quant. Electr. 11 (1979) S. 305

[3.44] Gliemroth, G. et al.: Gläserne Telefondrähte. Schott Information 2 (1976) S. 1

[3.45] siehe [3.26] S. 90 ff.

[3.46] Bludau, W.: Lichtwellenleiter in Sensorik und optischer Nachrichtentechnik. Berlin/Heidelberg/New York: Springer-Verlag, 1998, S. 133 ff.

[3.47] Nagasawa, Y. et al.: High Performance Dispersion Compensating Fiber Module. Fujikura Technical Review, 2001

[4.1] Kawachi, M. et al.: Deposition Properties of SiO_2-GeO_2 Particles in the Flame Hydrolsis Reaction for Optical Fiber Fabrication. Japan. J. Appl. Phys. 19 (1980) H. 2, S. L69

[4.2] Mac Chesney, J. B.: Materials and Processes of Preform Fabrication-Modified Chemical Vapor Deposition and Plasma Chemical Vapor Deposition. Proc. IEEE 68 (1980) H. 10, S. 1181

[4.3] Geittner, P. et al.: Low-Loss Optical Fibers Prepared by Plasma Activated Chemical Vapor Deposition (CVD). Appl. Phys. Lett. 28 (1976) H. 11, S. 645

[4.4] Schultz, P. C.: Fabrication of Optical Waveguides by the Outside Vapor Deposition Process. Proc. IEEE 68 (1980) H. 10, S. 1187

[4.5] Izawa, T.; Inagaki, N.: Materials and Processes for Fiber Preform Fabrication – Vapor-Phase Axial Deposition. Proc. IEEE 68 (1980) H. 10, S. 1184

[4.6] Schneider, H.; Zeidler, G.: Herstellverfahren und Ausführungsformen von Lichtwellenleitern. telcom report 6 (1983) Beiheft „Nachrichtenübertragung mit Licht", S. 29

[4.7] Kiesewetter, W.; Schlauch, E.: Herstellung von Glasfasern für die optische Nachrichtenübertragung in drei Prozessschritten. Maschinenmarkt 95 (1989) H. 27, S. 68

[4.8] Kiesewetter, W.: Herstellung von Lichtwellenleitern für Nachrichtensysteme. Elektrisches Nachrichtenwesen 63 (1989) H. 2, S. 176

[4.9] Günther, R.; Kiesewetter, W.: Durchmesser bleibt konstant. Maschinenmarkt 97 (1991) H. 39, S. 54

[4.10] Kiesewetter, W.; Schlauch, E.: Gründlich entsorgen. Maschinenmarkt 96 (1990) H. 22, S. 64

[4.11] Blyler, L. L.; Di Marcello, F. V.: Fiber Drawing, Coating, and Jacketing. Proc. IEEE 68 (1980) H. 10, S. 1194

[4.12] Freidinger, R.: Lichtwellenleiter und -leiterkabel. Jahrbuch Optoelektronik 1988. Weinheim: VCH Verlagsgesellschaft mbH, 1988, S. 33

[4.13] Haag, H. G. et al.: Lichtwellenleiter und Lichtwellenleiterkabel. ntz Nachrichtentech. Z. 39 (1986) H. 7, S. 454

[4.14] siehe [3.6] S. 268

[4.15] Vacha, L. et. al.: Manufacture of Optical Fibers by the Double-Crucible Method. J. Non-Chryst. Solids 38/39 (1980) H. 2, S. 797

[4.16] Beales, K. J. et al.: Multicomponent GlassFibers for Optical Communications. Proc. IEEE 68 (1980) H. 10, S. 1191

[4.17] Tanaka, S. et al.: Silicone Clad Fused-Silica-Core Fiber. Electr. Lett. 1 (1975) H. 7, S. 153

[4.18] Bletzer, H., Fachhochschule für Technik Esslingen, private Mitteilung

[4.19] Oestreich, U.: Aufbau der Lichtwellenleiterkabel. telcom report 4 (1981) H. 3, S. 204

[4.20] Mayr, E. et al.: Lichtwellenleiter-Bündelkabel im Ortsnetzbereich. telcom report 6 (1983) Beiheft „Nachrichtenübertragung mit Licht", S. 40

[4.21] Schwartz, M. I. et al.: Fiber Cable Design and Characterization. Proc. IEEE 68 (1980) H. 10, S. 1214

[5.1] Bludau, W.; Roßberg, R.: Characterization of Laser-to-Fiber Coupling Techniques by their Optical Feedback. Appl. Opt. 21 (1982) H. 11, S. 1933

[5.2] Bludau, W.; Roßberg, R.: Low-Loss Laser-to-Fiber Coupling with Neglible Optical Feedback. J. Lightw. Techn. LT-3 (1985) H. 2, S. 294

[5.3] Wenke, G.; Zhu, Y.: Comparison of Efficiency and Feedback Characteristics of Techniques for Coupling Semiconductor Lasers to Single-Mode Fiber. Appl. Opt. 22 (1983) H. 23, S. 3837

[5.4] Schröder, G.: Technische Optik. Würzburg: Vogel-Verlag, 1987, S. 17 ff.

[5.5] Hentschel, C.: Fiber Optics Handbook. Hewlett-Packard GmbH, Böblingen, 1988, S. 51

[5.6] Saruwatari, M.; Nawata, K.: Semiconductor Laser to Single-Mode Fiber Coupler. Appl. Opt. 18 (1979) H. 11, S. 1847

[5.7] Kuwahara, H. et al.: Reflected Light in the Coupling of Semiconductor Lasers with Tapered Hemispherical End Fibers. Appl. Opt. 22 (1983) H. 17, S. 2732

[5.8] Khoe, G. D. et al.: Efficient Coupling of Laser Diode to Tapered Monomode Fibers with High-Index End. Electr. Lett. 19 (1983) H. 6, S. 205

[5.9] Roßberg, R.: Kopplungselemente für LWL-Systeme Seminarunterlagen zum Seminar Nachrichtenübertragung mit Lichtwellenleitern an der Technischen Akademie Esslingen, 1981

[5.10] Köster, W.: Efficient Laser-to-Fiber Coupling. Laser Focus 18 (1982) S. 103

[5.11] Roßberg, R.: Kompendium 8 der „telekom praxis“: Kabeltechnik (I), Lichtwellenleiter-Verbindungstechniken: Stecker und Spleiße. Berlin: Schiele und Schön, 1991

[5.12] Di Vita, P.; Rossi, U.: Theory of Power Coupling between Multimode Optical Fibers. Opt. Quant. Electr. 10 (1978) S. 107

[5.13] Geckeler, S.: Das Phasenraumdiagramm, ein vielseitiges Hilfsmittel zur Beschreibung der Lichtausbreitung in Lichtwellenleitern. Siemens Forsch.- u. Entwickl.-Ber. 10 (1981) H. 3, S. 162

[5.14] Marcuse, D.: Loss Analysis of Single Mode-Fiber Splices. Bell Syst. Techn. J. 56 (1977) H. 5, S. 703

[5.15] Naumann, H.; Schröder, G.: Bauelemente der Optik. München/Wien: Carl Hanser, 1987, S. 71 ff.

[5.16] Young, W. C. et. al.: A Transfer Moulded Connector with Insertion Losses below 0.3 dB without Index Match. Proc. 6th ECOC, York, 1980, S. 310

[5.17] Tomlinson, W. J.: Wavelength Multiplexing in Multimode Optical Fibers. Appl. Opt. 16 (1977) H. 8, S. 2180

[5.18] Kawasaki, B. et al.: Biconical-Taper Single-Mode Fiber Coupler. Opt. Lett. 6 (1981) H. 7, S. 327

[5.19] Sharma, A. et al.: Traycing Rays through Graded-Index Media: A New Method. Appl. Opt. 21 (1982) H. 6, S. 984

[5.20] Parriaux, O. et al.: Distributed Coupling on Polished Single-Mode Optical Fibers. Appl. Opt. 20 (1981) H. 14, S. 2420

[5.21] Nayar, B. M.; Smith, D. R.: Monomode-Polarization-Maintaining Fiber Directional Couplers. Opt. Lett. 8 (1983) H. 10, S. 543

[5.22] Bricheno, T.; Fielding, A.: Stable Low-Loss Single-Mode Couplers. Electr. Lett. 20 (1984) H. 6, S. 230

[5.23] Roßberg, R.: LWL-Verschmelzkoppler. Verbindungstechnik '91 für elektronische und elektrooptische Geräte und Systeme, VDI-Ber. 876 (1991) S. 231

[5.24] Köster, W.: Wellenlängenmultiplex mit Monomodefasern durch Energietransfer zwischen den Mantelfeldern. Frequenz 38 (1984) H. 11, S. 273

[5.25] Yataki, M. S. et al.: All Fiber Polarising Beamsplitter. Electr. Lett. 21 (1985) H. 6, S. 249

[5.26] Bülow, H.; Roßberg, R.: Performances of Twisted Fused Fiber EDFA Pump and WDM-Couplers. Proc. ECOC 1991, Paris, S. 73

[5.27] Mortimore, D. B.: Low-Loss 8 × 8 Single-Mode Star Coupler. Electr. Lett. 21 (1985) H. 11, S. 502

[5.28] Köster, W.: Optische Schalter. Elektronik 15 (1980) H. 15, S. 53

[5.29] Roßberg, R.: Optische Anordnung für Systeme der optischen Nachrichtentechnik. Deutsche Patentanmeldung P 3910711.6 vom 3. 4. 1989

[6.1] Hundsperger, R. G.: Integrated Optics: Theory and Technology Berlin/Heidelberg/New York: Springer, 1982

[6.2] Alferness, R.C.: Recent Advances in Integrated Optics. Proc. ECOC/IOOC '91, Paris, 1991, Vol. 2, S. 101

[6.3] Leonberger, F. J. et al.: $LiNbO_3$ and $LiTaO_3$ Integrated Optic Components for Fiber Optic Sensors. Proc. Optical Fiber Sensors (1989). Berlin/Heidelberg: Springer (Proc. in Physics, Vol. 44, Ed.: Arditty, H. J. et al.)

[6.4] Fuest, R. et al.: Integriert-optisches Michelson-Interferometer mit Quadraturdemodulation in Glas zur Längenmessung. Proc. Sensor '91, Vol. I, S. 107, Nürnberg, 1991

[6.5] Kersten, R. Th.: Integrated Optical Circuit Engineering III (Innsbruck). Proc. SPIE 651 (1986) Bellingham, WA

[6.6] Nolting, H. P.; Ulrich, R.: Integrated Optics. Berlin: Springer, 1985

[6.7] Sohler, W.: Bauelemente der integrierten Optik: eine Einführung. Laser u. Optoelektr. 4 (1986) S. 323

[6.8] Voges, E.; Neyer, A.: Integrated-Optic Devices on $LiNbO_3$ for Optical Communication. J. Lightw. Techn. LT-5 (1987) H. 9, S. 1229

[6.9] Wulf-Mathies, C.: Integrierte Optik für faseroptische Sensoren. Laser und Optoelektr. 21 (1989) H. 1, S. 57

[6.10] Schmuck, H.; Strobel, O.: Stabilization of a Fiber-Optic Mach-Zehnder-Interferometer Used as an Intensity Modulator. J. Opt. Commun. 7 (1986) H. 3, S. 86

[6.11] Izutsu, M. et al.: 0 to 18 GHz Travelling-Wave Optical Waveguide Intensity Modulator. Trans. IECE Jap. E63 (1980) H. 11, S. 817

[6.12] Fukuda, M.; Noda, J.: Optical Properties of Titanium-Diffused $LiNbO_3$ Strip Waveguides and their Coupling-to-a-Fiber Characteristics. Appl. Opt. 19 (1980) H. 4, S. 591

[6.13] Auracher, F.; Keil, R.: Design Considerations and Performance of Mach-Zehnder Waveguide Modulators. Wave Electronics 4 (1980) S. 129

[6.14] siehe [2.1] S. 792 ff.

[6.15] von Helmholt, C. H. et al.: Bragg-Switch/SSB-Modulator with Integrated-Optic Single-Mode Waveguides. Proc. 2nd Europ. Conf. on Integrated Optics, IEE Conf. Publ. 227, Florence, 1983, S. 132

[6.16] Suematsu, Y. et al.: Fundamental Transverse Electric Field (TE_0)-Mode Selection for Thin Film Asymetric Light Guides. Appl. Phys. Lett. 21 (1972) H. 6, S. 291

[6.17] Eberhard, D.; Bülow, H.: Single-Mode Channel Waveguide Polarizer on $LiNbO_3$. Siehe [6.6] S. 202

[6.18] Strobel, O.: Simultaneous Wavelength and Power Stabilization of a GaAl-As Semiconductor Laser. Proc. ECOC '84, Stuttgart, 1984. Berlin u. Offenbach: VDE VERLAG GMBH, 1984, S. 146

[6.19] Regener, R. A.; Sohler, W.: Efficient Second-Harmonic Generation in Ti:$LiNbO_3$ Channel Waveguide Resonators J. Opt. Soc. Am. B 5 (1988) H. 2, S. 267

[7.1] Winstel, G.; Weyrich, C.: Optoelektronik I. Berlin/Heidelberg/New York: Springer, 1981

[7.2] Bleicher, M.: Halbleiter-Optoelektronik. Heidelberg: Hüthig, 1986

[7.3] Conradt, R.: Auger-Rekombinationen in Halbleitern. Festkörperprobleme XII. Braunschweig: Vieweg, 1972

[7.4] siehe [2.2] S. 225

[7.5] Harth, W.; Grothe, H.: Sende- und Empfangsdioden für die Optische Nachrichtentechnik. Stuttgart: Teubner, 1984, S. 26

[7.6] Takeshita, T.: High-Power Operation in 0.98 μm Strained Layer in In-GaAs-GaAs Single Quantum-Well Ridge Waveguide Lasers. IEEE Photonics Techn. Lett. 2 (1980) H. 12, S. 849

[7.7] siehe [2.10] S. 669

[7.8] Davies, I. G. A. et al.: Optical Fiber Technology Semiconductor Light Sources. Electr. Commun. 56 (1981) H. 44, S. 338

[7.9] Sugiyama, K.; Saito, H.: GaAsSb-AlGaAsSb Double Heterojunction Lasers. Japan. J. Appl. Phys.11 (1972) S. 1057

[7.10] Burrus, C. A.; Miller, B. I.: Small Area Double Heterostructure AlGaAs Electroluminescent Diode Sources for Optical-Fiber Transmission Lines. Opt. Commun. 4 (1971) H. 4, S. 307

[7.11] Kressel, H.; Ettenberg, M.: A New Edge Emitting (AlGa)As Heterojunction LED for Fiber-Optic Communications. Proc. IEEE 63 (1975) H. 9, S. 1360

[7.12] Ettenberg, M. et al.: Very High Radiance Edge-Emitting LED. IEEE J. Quant. Electr. QE-12 (1976) H. 6, S. 360

[7.13] Lee, T. P.; Dentai, A. G.: Power and Modulation Bandwidth of GaAs-AlGaAs High-Radiance LED's for Optical Communication Systems. IEEE J. Quant. Electr. QE-14 (1978) H. 3, S. 150

[7.14] Panish, M. B.: Heterostructure Injection Lasers. Proc. IEEE 64 (1976) H. 10, S. 1512

[7.15] Agrawal, G. P.; Dutta, N. K.: Long-Wavelength Semiconductor Lasers. New York: Van Nostrand Reinhold, 1986, S. 128

[7.16] Asada, M. et al.: The Temperature Dependence of the Threshold Current of GaInAsP/InP DH Lasers. IEEE J. Quant. Electr. QE-17 (1981) H. 5, S. 611

[7.17] Kobayashi, T. et al.: Thermal Diagnosis of Dark Lines in Degraded GaAs-GaAlAs Double Heterostructure Lasers. Japan. J. Appl. Phys. 14 (1975) H. 4, S. 508

[7.18] Chinone, N. et al.: Long Term Degradation of GaAs-$Ga_{1-x}Al_xAs$ DH Lasers due to Facet Erosion. J. Appl. Phys. 48 (1977) H. 3, S. 1160

[7.19] Tietze, U.; Schenk, C.: Halbleiter-Schaltungstechnik. Berlin/Heidelberg/New York: Springer, 1980

[7.20] Guide to Thermoelectric Heatpumps. Marlow Industries, INC

[7.21] Petermann, K.; Arnold, G.: Noise and Distortion Characteristics of Semiconductor Lasers in Optical Fiber Communication Systems. IEEE J. Quant. Electr. QE-18 (1982) H. 4, S. 543

[7.22] Großkopf, G.; Küller, L.: Measurement of Nonlinear Distortions in Index- and Gain-Guiding GaAlAs Lasers. J. Opt. Commun. 1 (1980) H. 1, S. 15

[7.23] Boers, P. M. et al.: Dynamic Behaviour of Semiconductor Lasers. Electr. Lett. 11 (1975) H. 10, S. 206

[7.24] siehe [7.5] S. 98

[7.25] siehe [2.2] S. 261 ff.

[7.26] Unger, H. G.: Optische Nachrichtentechnik, Teil II. Heidelberg: Hüthig-Verlag, 1985, S. 339 ff.

[7.27] Kressel, H. (Ed.): Semiconductor Devices for Optical Communications. Top. in Appl. Phys. 39. Berlin/Heidelberg: Springer, 1980, S. 224

[7.28] Botez, D.: Single Mode AlGaAs Diode Lasers. J. Opt. Commun. 1 (1980) H. 2, S. 42

[7.29] Wölk, C. et al.: Criteria for Designing V-Groove Lasers. IEEE J. Quant. Electr. QE-17 (1981) H. 5, S. 756

[7.30] Chinone, N. et al.: Highly Efficient (GaAl)As Buried-Hetero Structure Lasers with Buried Optical Guide. Appl. Phys. Lett. 35 (1979) H. 7, S. 513

[7.31] Peled, S.: Near- and Far-Field Characterization of Diode Lasers. Appl. Opt. 19 (1980) H. 2, S. 324

[7.32] Ikegami, T.: Reflectivity of Mode at Facet and Oscillation Mode in Double-Heterostructure Injection Lasers. IEEE J. Quant. Electr. QE-8 (1972) H. 6, S. 470

[7.33] Streifer, W. et al.: Longitudinal Mode Spectra of Diode Lasers. Appl. Phys. Lett. 40 (1982) H. 4, S. 305

[7.34] Strobel, O.: Wellenlängen-und Leistungsstabilisierung. Dissertation TU Berlin, 1986, D83

[7.35] Epworth, R. E.: Modal Noise – Causes and Cures. Laser Focus Sept. 1981, S. 109

[7.36] Köster, W.; Strobel, O.: The Influence of Modal Noise on a Digital 1.3 μm Optical Transmission System. J. Opt. Commun. 5 (1984) H. 1, S. 27

[7.37] Miles, R. O. et al.: Low-Frequency Noise Characteristics of Channel Sub-strate Planar GaAlAs Laser Diodes. Appl. Phys. Lett. 38 (1981) H. 11, S. 848

[7.38] Domann, G.: Fiber-Gyro with Integrated-Optic Phase Modulator and Spectrally Broad Light Sources. Proc. Opt. Fiber Sensors, Stuttgart, 1984. Berlin u. Offenbach: VDE VERLAG GMBH, 1984, S. 259

[7.39] Strobel, O.; Schmuck, H.: Optischer Überlagerungsempfang – eine Übersicht. Frequenz 41 (1987) H. 8, S. 201

[7.40] Auch, W. et al.: Fiber-Optic Gyro with Polarization Preserving Fiber. Symp. Gyro Techn. 1983, Deutsche Gesellschaft f. Ortung u. Navigation (DGON) Conf. Proc., Stuttgart, 1983

[7.41] Okoshi, T.; Kikuchi, K.: Heterodyne-Type Optical Communication. J. Opt. Commun. 2 (1981) H. 3, S. 82

[7.42] Ito, T.: Intensity Fluctuation in Each Longitudinal Mode of a Multimode AlGaAs Laser. IEEE J. Quant. Electron. QE-13 (1977) H. 8, S. 574

[7.43] Schawlow, A. L.; Townes, C. H.: Infrared and Optical Masers. Phys. Rev. 112 (1958) H. 6, S. 1940

[7.44] Henry, C. H.: Theory of the Linewidth of Semiconductor Lasers. IEEE J. Quant. Electr. QE-18 (1982) H. 2, S. 259

[7.45] Tucker, R. S.: High-Speed Modulation of Semiconductor Lasers. J. Lightw. Techn. LT-3 (1985) H. 6, S. 1180

[7.46] Strobel, O.: Automatic Side Mode Suppression of an InGaAsP BH Laser. Frequenz 43 (1989) H. 5, S. 133

[7.47] Lee, T. P. et al.: Measured Spectral Linewidth of Variable Gap-Cleaved-Coupled-Cavity Lasers. Electr. Lett. 21 (1985) H. 2, S. 53

[7.48] Lee, T. P.: Wavelength-Tunable and Single-Frequency Semiconductor Lasers for Photonic Communications Networks. IEEE Oct. (1989) S. 42

[7.49] Lee, T. P.: Recent Advances in Long-Wavelength Semiconductor Lasers for Optical Fiber Communication. IEEE Proc. 79 (1991) H. 3, S. 253

[7.50] Best, H., private Mitteilung

[7.51] Schimpe, R. et al.: FM Noise of Index-Guided GaAlAs Diode Lasers. Electr. Lett. 20 (1984) H. 5, S. 206

[7.52] siehe [2.2] S. 291

[7.53] Arnold, G.; Petermann, K.: Intrinsic Noise of Semiconductor Lasers in Optical Communication Systems. Opt. and Quant. Electr. 12 (1980) H. 3, S. 207

[7.54] Miles, R. O. et al.: Low Frequency Noise Characteristics of Channel Substrate Planar GaAlAs Laser Diodes. Appl. Phys. Lett. 38 (1981) H. 11, S. 848

[7.55] Petermann, K.: Laser Diode Modulation and Noise. Dodrecht/Boston/London: Kluver Academic Publishers, 1991

[7.56] Simon, J. C.: Semiconductor Laser Amplifier for Single Mode Optical Fiber Communications. J. Opt. Commun. 4 (1983) H. 2, S. 51

[7.57] Kobayashi, T.; Kimura, T.: Semiconductor Optical Amplifiers. IEEE Spectrum, May 1984, S. 26

[7.58] Melchior, H. et. al.: Photodetectors for Optical Communication Systems Proc. IEEE 58 (1970) H. 10, S. 1466

[7.59] Pearsall, T. P.: Photodetectors for Optical Communication. J. Opt. Commun. 2 (1981) H. 2, S. 42

[7.60] siehe [2.2] S. 304

[7.61] siehe [7.26] S. 456

[7.62] siehe [7.5] S. 160

[7.63] Petermann, K.: Vorlesung: Einführung in die Optische Nachrichtentechnik, TU Berlin, SS 1984

[7.64] Lee, T. P. et al.: InGaAs/InP p-i-n Photodiodes for Lightwave Communications at the 0.95 -1.65 μm Wavelength. IEEE J. Quant. Electr. QE-17 (1981) H. 2, S. 232

[7.65] Trommer, R.: Photodetectors for Optical Communication in the 1 to 1.6 μm Wavelength Range. Nuclear Instruments and Methods in Physics Research A 253 (1987) S. 400

[7.66] Trommer, R. et al.: Planar Small Area InGaAs/InP Photodiodes for Wavelengths of 1.3 μm and 1.55 μm. Siemens Research and Development Report 14 (1985) H. 6, S. 280

[7.67] Ando, H. et. al.: Characteristics of Germanium Avalanche Photodiodes in Wavelength Region of 1 – 1.6 μm. IEEE J. Quant. Electr. QE-14 (1978) H. 11, S. 804

[7.68] Trommer, R.: InGaAs/InP Avalanche Photodiodes with Very Low Dark Current and High Multiplication. Proc. ECOC '83, H. Melchior and A. Sollberger (Ed.), Elsevier Science Publishers (North Holland), 1983, S. 159

[7.69] Ebbinghaus, G. et al.: Small Area Ion Implanted p^+n Germanium Avalanche Photodiodes for a Wavelength of 1.3 μm. Siemens Research and Development Report 14 (1985) H. 6, S. 284

[7.70] Bludau, W.: Halbleiter-Optoelektronik. München/Wien: Hanser, 1995, S. 180 ff.

[8.1] Wedding, B.; Heidemann, R.: Dispersion Penalties in a 5 Gbit/s Optical Transmission System using Directly Modulated DFB Laser. Proc. EFOC/LAN '88, S. 65, Amsterdam, 1988

[8.2] Wedding, B. et al.: 2.24 Gbit/s 151-km Optical Transmission System Using High-Speed Integration Silicon Circuits, IEEE J. Lightw. Techn. 8 (1990) H. 2, S. 227

[8.3] Wedding, B.: Reduction of Bit Error Rate in High Speed Optical Systems Due to Optimized Electrical Pulse Shaping. Proc. ECOC '88 Vol. 1, S. 187, Brighton, 1988

[8.4] Personick, S. D.: Receiver Design for Digital Fiber Optic Communication Systems I + II. Bell Syst. Techn. J. 52 (1973) H. 6, S. 843

[8.5] Personick, S. D.: Receiver Design for Optical Fiber Systems. Proc. IEEE 65 (1977) H. 12, S. 1670

[8.6] Muoi, T. V.: Receiver Design for High-Speed Optical Fiber-Systems. IEEE J. Lightw. Techn. LT-2 (1984) H. 3, S. 243

[8.7] siehe [2.2] S. 309

[8.8] Esman, R. D.; Williams, K. J.: Measurement of Harmonic Distortion in Microwave Photodetectors. IEEE Photon. Techn. Lett. 2 (1990) H. 7, S. 502

[8.9] siehe [2.2] S. 310 ff.

[8.10] Fußgänger, K., SEL-Alcatel Stuttgart: A Review of Key Technologies for Fiber-Optic Broadband Distribution Systems, private Mitteilung

[8.11] Goell, J. E.: An Optical Repeater with High-Impedance Input Amplifier. Bell Syst. Techn. J. 53 (1974) H. 4, S. 629

[8.12] Shikada, M. et al.: Long Distance Gigabit Range Optical Fiber Transmission Experiments Employing DFB-LDs and InGaAs-APDs. IEEE J. Lightw. Techn. LT-5 (1987) H. 10, S. 1488

[8.13] Hullet, J. L.; Moustakas, S.: Optimum Transimpedance Broadband Optical Preamplifier Design. Opt. Quant. Electr. 13 (1981) H. 1, S. 65

[8.14] Grau, G.: Optische Nachrichtentechnik. Berlin/Heidelberg/New York: Springer, 1981

[8.15] siehe [2.2] S. 315 ff. und 350 ff.

[8.16] Krumpholz, O.: Signal/Rausch-Verhältnis bei Avalanche-Photodioden. Wiss. Ber. AEG-Telefunken 44 (1971) H. 2, S. 80

[9.1] siehe [2.2] S. 352 ff.

[9.2] siehe [3.26] S. 151 ff.

[9.3] Krimmel, H., SEL-Alcatel Stuttgart, private Mitteilung

[9.4] Bünning, H.: Güte einer analogen optischen Breitbandübertragungsstrecke. Frequenz 37 (1983) H. 9, S. 241

[9.5] Childs, R. B. et al.: Predistortion Linearization of Directly Modulated DFB Lasers and External Modulators for AM Video Transmission. Proc. OFC ’90, paper WH6, 1990, San Francisco, S. 79

[9.6] Darcie, T. E.; Bodeep, G. E.: Lightwave Subcarrier CATV Transmission Systems. IEEE Transact. on Microw. Theory a. Techn. 38 (1990) H. 5, S. 524

[9.7] Hölzler, E.; Holzwarth, H.: Pulstechnik. Berlin: Springer, 1982

[9.8] siehe [2.2] S. 354 u. S. 387

[9.9] Ogawa, K.: Considerations for Single-Mode Fiber Systems. Bell Syst. Techn. J. 61 (1982) H. 8, S. 1919

[9.10] siehe [2.2] S. 351

[9.11] siehe [7.26] S. 588

[9.12] Veith, G.: Physical Limitations and Advanced Technologies of High-Speed Fiber Optic Transmission Systems. Laser u. Optoelektr. 22 (1990) H. 6, S. 63

[9.13] SEL-Datenblatt 152-81-0387 für Leitungsausrüstung LA140GF2

[9.14] Kaiser, N., SEL-Alcatel Stuttgart, private Mitteilung

[9.15] Drullmann, R.; Kammerer, W.: Leitungscodierung und betriebliche Überwachung bei regenerativen Lichtleitkabelübertragungssystemen. Frequenz 34 (1980) H. 2, S. 45

[9.16] Köster, W.; Mohr, F.: Optische Zweiwegübertragung. Elektr. Nachrichtenwesen 55 (1980) H. 4, S. 342

[9.17] Köster, W.: Einfluss des Rückstreulichts auf die Nebensprechdämpfung in bidirektionalen Übertragungssystemen. Frequenz 37 (1983) H. 4, S. 87

[9.18] Fußgänger, K.; Roßberg, R.: Uni and bidirectional 4 $\lambda \times 560$ Mbit/s Transmission Systems Using WDM Devices on Wavelength-Selective Fused Single-Mode Fiber Couplers. IEEE J. Select. Areas in Commun. 8 (1990) H. 6, S. 1032

[9.19] Sano, K. et al.: A 4-Wavelength Optical Multi/ Demultiplexer for WDM Subscriber Loop Systems Using Analog Baseband Video Transmission. J. Lightw. Techn. LT-4 (1986) S. 631

[9.20] Stern, M. et al.: Three-Channel High-Speed Transmission over 8 km installed 1300 nm Optimized Single-Mode Fiber Using 800 nm CD Laser and 1300/1500 nm LED Transmitters. Electr. Lett. 24 (1988) H. 3, S. 176

[9.21] Baack, C. et al: Zukünftige Lichtfrequenztechnik in Glasfasernetzen. Nachrichtentech. Z. 35 (1982) H. 11, S. 686

[9.22] Yamamoto, Y.; Kimura, T.: Coherent Optical Fiber Transmission Systems. IEEE J. Quant. Electr. QE-17 (1981) H. 6, S. 919

[9.23] Okoshi, T.; Kikuchi, K.: Heterodyne-Type Optical Communication. J. Opt. Commun. 2 (1981) H. 3, S. 82

[9.24] Okoshi, T. et al: Computation of Bit-Error Rate of Various Heterodyne and Coherent-Type Optical Communication Schemes. J. Opt. Commun. 2 (1981) H. 3, S. 89

[9.25] Stein, S.; Jones, I.: Modern Communication Principles with Application to Digital Signalling. New York: McGraw-Hill, 1967

[9.26] Fritzsche, C., private Mitteilung

[9.27] Linke, R.: Coherent Lightwave Transmission Experiment using Amplitude and Phase Modulation at 400 Mbit/s and 1 Gbit/s data Rates. Proc. OFC/OFS'85, S. 87, San Diego

[9.28] Hodgkinson, T.: Preliminary Results for 1.5 μm Coherent Optical Fiber Transmission Experiments. IEE Conf. Coherence in Optical Systems '82, London

[9.29] Schmuck, H. et al.: Widely Tunable Narrow Linewidth Erbium Doped Fiber Ring Laser. Electr. Lett. 27 (1991) H. 23, S. 2117

[9.30] Okoshi, T.: Heterodyne and Coherent Optical Fiber Communications: Recent Progress. IEEE Trans. Microw. Theory and Techn. MTT-30 (1982) H. 8, S. 1138

[9.31] Saito, S. et al: S/N and Error Rate Evaluation for an Optical FSK Heterodyne Detection System Using Semiconductor Lasers. IEEE J. Quant. Electr. QE-19 (1983) H. 2, S. 180

[9.32] Wölfelscheider, H.; Kist, R.: Intensity-Independent Frequency Stabilization of Semiconductor Laser Using a Fiber Optic Fabry-Perot-Resonator. J. Opt. Commun. 5 (1984) H. 2, S. 53

[9.33] Matthews, M. R. et al: Packaged Frequency-Stable Tunable 20 kHz Linewidth 1.5 μm InGaAsP External Cavity Laser. Electr. Lett. 21 (1985) H. 3, S. 113

[9.34] Kasper, B. L.; Burrus; C. A.: Balanced Dual Detector Receiver for Optical Heterodyne Communication at Gbit/s Rates. Electr. Lett. 22 (1986) H. 8, S. 413

[9.35] Goldberg, L. et al: Spectral Characteristics of Semiconductor Lasers with Optical Feedback. IEEE J. Quant. Electr. 18 (1982) H. 4, S. 555

[9.36] Jopson, R. M. et al: Bulk Optical Isolator Tunable from 1.2 μm to 1.7 μm. Electr. Lett. 21 (1985) H. 18, S. 783

[9.37] Okoshi, T. et al: Polarisation-Diversity receiver for Heterodyne/Coherent Optical Fiber Communications. Proc. IOOC '83, Tokio

[9.38] Mohr, F. A.; Scholz, U.: Polarisation Control for an Optical Fiber Gyroscope. Proc. FORS '82, Cambridge Mass., S. 163

[9.39] Kimura, T.; Yamamoto, Y.: Progress of Coherent Optical Fiber Communication Systems. Opt. Quant. Electr. 15 (1983) S. 1

[9.40] Alferness, R.: Guided-Wave Devices for Optical Communication. IEEE J. Quant. Electr., QE-17 (1981) H. 6, S. 946

[9.41] Shikada, M. et al: 100 Mbit/s ASK Heterodyne Detection Experiment Using 1.3 μm DFB Laser Diodes. Electr. Lett. 20 (1984) H. 4, S. 164

[9.42] Sueta, T.; Izutsu, M.: High Speed Guided-Wave Optical Modulators. J. Opt. Commun. 3 (1982) H. 2, S. 52

[9.43] Kikuchi, K. et al: Bit-Error Rate of PSK Heterodyne Optical Communication System and its Degradation due to Spectral Spread of Transmitter and Local Oscillator. Electr. Lett. 19 (1983) H. 11, S. 417

[9.44] Wyatt, R. et al: 1.52 μm PSK Heterodyne Experiment Featuring an External Cavity Diode Laser Local Oscillator. Electr. Lett. 19 (1983) H. 14, S. 550

[9.45] Hodgkinson, T. et al: Demodulation of Optical DPSK Using In-Phase and Quadrature Detection. Electr. Lett. 21 (1985) H. 19, S. 867

[9.46] Shibutani, M. et al.: Ten Channel Coherent Optical FDM Broadcasting System. OFC 1989 Housten, TX, paper THC2

[9.47] Wagner, R. E. et al.: 16-Channel Coherent Broadcast Network at 155 Mbit/s. OFC 1989 Housten, TX, paper PD12

[9.48] Payne , D. N. et al.: Fiber Optical Amplifiers, Proc. OFC '90, Tutorial paper ThF1, S. 335, San Francisco, 1990

[9.49] Kimura Y. et al.: 46.5 dB Gain in Er^{3+}-Doped Fiber Amplifier Pumped by 1.48 μm GaInAs Laser Diodes. Electr. Lett. 25 (1989) H. 24, S. 1656

[9.50] Gnauck, A. H. et al: 1 Tbit/s km Transmission Experiment at 16 Gbit/s Using Conventional Fiber. Electr. Lett. 25 (1989) H. 25, S. 1695

[9.51] Suzaki, T. et al: 10 Gbit/s Optical Transmitter Module with MQW DFB-LD and DMT Driver IC. Electr. Lett. 26 (1990) H. 2, S. 151

[9.52] Fujita, S. et al: 10 Gbit/s 100 km Optical Fiber Transmission Experiment Using High-Speed MQW DFB-LD and Back-Illuminated GaInAs APD. Electr. Lett. 25 (1989) H. 11, S. 702

[9.53] Vodhanel, R. S. et al: 10 Gbit/s 48.5 km DPSK Transmission Experiment with Direct Modulation of a 1530 nm DFB Laser and 1310 nm optimized Fiber. Proc. ECOC '90, Amsterdam, 1990, S. 41

[9.54] Heidemann, R. et al: 5 Gbit/s Transmission System Experiment over 111 km of Optical Fiber. Electr. Lett. 23 (1987) H. 19, S. 1030

[9.55] Wedding, B.; Pfeiffer, Th.: 20 Gbit/s Optical Pattern Generation, Amplification and 115 km Fiber Propagation Using Optical Time Division Multiplexing. Proc. ECOC '90, Amsterdam, 1990, S. 453

[9.56] Izadpanah, H. et al.: Optical Amplification of High Speed Signals up to 100 Gbit/s with Erbium-Doped Fiber Amplifiers. Proc. ECOC '90, Amsterdam, 1990, S. 1033

[9.57] Edagawa, N. et al.: 10 Gbit/s, 1500 km Transmission Experiment Using 22 Er-Doped Fiber Amplifier Repeaters. Proc. ECOC/IOOC '91, Paris 1991, Vol. 3, S. 76

[9.58] Kahn, J. M. et al: 4 Gbit/s PSK Homodyne Transmission System Using Phase-Locked Semiconductor Lasers. Proc. OFC '90, San Francisco, 1990, PD10.

[9.59] Saito, S. et al: An over 2200 km Coherent Transmission Experiment at 2.5 Gb/s Using Erbium-Doped-Fiber In-Line Amplifiers. J. Lightw. Techn. 9 (1991) H. 2, S. 161

[9.60] Saito, S. et al: 2.5 Gbit/s 400 km Coherent Transmission Experiment Using two In-Line Erbium-Doped-Fiber Amplifiers. Proc. OFC '90, San Francisco, 1990, WC3

[9.61] Park, Y. K. et al: 1.7 Gb/s-419 km Transmission Experiment Using a Shelf-Mounted FSK Coherent System and Packaged Fiber Amplifier Modules. IEEE Photon. Techn. Lett. 2 (1990) H. 12, S. 917

[9.62] Takachio, N. et al.: Chromatic Dispersion Equalization in an 8 Gbit/s 202 km Optical CPFSK Transmission Experiment. Proc. IOOC '89, Kobe, Japan, 20PDA-13

[9.63] Wedding, B. et al.: 10 Gbit/s to 260 000 Subscribers Using Optical Amplifier Distribution Network. Proc. ICC Supercom '92, Session 340.6, Chicago, June 1992

[9.64] Mollenhauer, L. F.; Stolen, R. H.: Solitons in Optical Fibers. Fiberoptic Technol. April (1982) S. 193

[9.65] Malyon, D. J. et. al.: Demonstration of Optical Pulse Propagation over 10 000 km of Fiber Using Recirculating Loop. Electr. Lett. 27 (1991) H. 2, S. 120

[9.66] Mollenhauer, L. F.; Smith, K.: Soliton Transmission over More than 6000 km in Fiber with Loss Periodically Compensated by Raman Gain. Invited Paper 18A1-3, IOOC '89, Kobe, Japan, 1989

[9.67] Mollenhauer, L. F. et. al.: Demonstration of Soliton Transmission at 2.4 Gbit/s over 12 000 km. Electr. Lett. 27 (1991) H. 2, S. 178

[9.68] Andrekson, P. A. et al.: Soliton Data Transmission at 32 Gbit/s over 90 km. Proc. Opt. Ampl. and their Appl., Snowmass, Colorado, 1991, PdP2

[9.69] Marshal, I.W. et al.: 20 Gbit/s 100 km Non-Linear Transmission with Semiconductor Source. Proc. OFC '90, San Francisco, 1990, PD6

[9.70] Bergano, N. S. et al.: Bit-Error-Rate Measurements of a Multi-Thousand-Kilometer Fiber-Amplifier Transmission System Using a Circulating Loop. Proc. Opt. Ampl. and their Appl., Snowmass, Colorado, 1991, ThA5

[9.71] Nakazawa, M. et al.: 10 Gbit/s Soliton Data Transmission over One Million Kilometers. El. Lett. 27 (1991) H. 14, S. 1270

[9.72] Yamada, E. et al.: 10 Gbit/s Single-Paath Soliton Transmission over 1000 km. El. Lett. 27 (1991) H. 14, S. 1289

[9.73] Nakazawa, M.: Optical Soliton Communication Using Erbium-Doped Fiber Amplifiers. Proc. ECOC/IOOC '91, Paris, 1991, Vol. 2, S. 150

[9.74] Flannery, D.: Raman amplifiers: powering up for ultra-long-haul. Fiber Systems 5 (2001) H. 7, S. 48

[9.75] McCarthy, D. C.: Growing by Design. Photonics Spectra, July 2001, S. 88

[9.76] Mahlke, G.; Gössing, P.: Lichtwellenleiterkabel, Berlin · München: Publicis-MCD-Verlag, S. 83 ff.

[9.77] Chbat, M. W.: Managing Polarization Mode Dispersion. Photonics Spectra, June 2000, S.100

[9.78] Georges, T. J.: Soliton Transport Gives Backbones More Speed. Fiber Systems 4 (2000) H. 5, S. 51

[9.79] Kenward, M.: Plastic Fiber Homes in/on Low-Cost Networks. Fiber Systems 5 (2001) H. 1, S. 35

[9.80] Fiber Systems 4 (2000) H. 5, S. 14

[9.81] Hofstetter, R.; Schmuck, H.; Heidemann, R.: Dispersion Effects in Optical mm-Wave Systems using Self-Heterodyne Method for Transport and Generation. IEEE Transactions on Microwave Theory and Techniques, Part 2, 43 (1995) H. 9

[9.82] Schmuck, H.: Comparison of Optical mm-Wave System Concepts with Regard to the Chromatic Dispersion. Electr. Lett. 31 (1995) H. 21, S. 1848

[9.83] Rigby, P.: It's Optics, it's Wireless and it's Built for Speed. Fiber Systems 4 (2000) H. 7, S. 53

[9.84] Pohl, W.: Bluetooth: Technik und Einsatzgebiete. KES 1 (2001) S. 43

[9.85] siehe [9.76] S. 212 ff.

[9.86] Sykes, E.: Modelling Sheds Light on Next-Generation Networks. Fiber Systems 5 (2001) H. 3, S. 58

[9.87] Weiershausen, W. et al.: Realization of Next Generation Dynamic WDM Networks by Advanced OADM Design. Proceedings of the European Conference on Networks and Optical Communications 2000 (NOC 2000) S.199

[9.88] Pfeiffer, T. et al.: Optical Packet Transmission System for Metropolitan and Access Networks with more than 400 Channels. J. Lightw. Techn. 18 (2001) H. 12, S. 1928

[10.1] Allan, W. B.: Fiber Optics: Theory and Practice. London: Plenum Press, 1973

[10.2] Culshaw, B.: Optical Fiber Sensors and Signal Processing. Stevenage, Peter Peregrinus, 1984

[10.3] Kapany, N. S.: Fiber Optics: Principles and Applications. New York: Academic Press, 1967

[10.4] Giallorenzi, Th. G. et al.: Optical Fiber Sensor Technology. IEEE J. Quant. Electr. QE-18 (1982) H. 4, S. 626

[10.5] Dakin, J. P.; Liddicoat, T. J.: A Wavelength Multiplexed Optical Shaft Encoder. Measurement and Control 15 (1982) H. 5, S. 176

[10.6] Cook, R. O.; Hamm, C. W.: Fiber Optic Lever Displacement Transducer. Appl. Opt. 18 (1979) H. 19, S. 3230

[10.7] Parmigiani, F.: A High Sensitivity Laser Vibration Meter Using a Fiber-Optic Probe. Opt. and Quantum Electr. 10 (1978) S. 533

[10.8] Kyuma, K. et al: Laser Doppler Velocimeter with a Novel Optical Fiber Probe. Appl. Opt. 20 (1981) H. 14, S. 2424

[10.9] Rines, G. A.: Fiber-Optics Accelerometer with Hydrophone Applications. Appl. Opt. 20 (1981) H. 19, S. 3453

[10.10] Lagakos, N. et al: Multimode Optical Fiber Displacement Sensor. Appl. Optics 20 (1981) H. 2, S. 167

[10.11] Ezekiel, S.; Arditty, H. J.: Fiber-Optic Rotation Sensors. New York: Springer, 1982

[10.12] Bergh, R. A. et al: All-Single-Mode Fiber-Optic Gyroscope with Long-Term Stability. Opt. Lett. 6 (1981) H. 10, S. 502

[10.13] Papp, A.; Harms, H.: Magnetooptical Current Transformer, Part 1: Principles. Applied Optics 19 (1980) H. 22, S. 3729

[10.14] Rashleigh, S. C.; Ulrich, R.: Magneto-Optic Current Sensing with Birefringent Fibers. Appl. Phys. Lett. 34 (1979) H. 11, S. 768

[10.15] Rogers, A. J.: Polarization-Optical Time Domain Reflectometry: A Technique for the Measurement of Field Distributions. Appl. Opt. 20 (1981) H. 6, S. 1060

[10.16] Hamasaki, Y. et al: OPSEF: An Optical Sensor for Measurement of High Electric Field Intensity. Electr. Lett. 16 (1980) H. 11, S. 406

[10.17] Looney, L. D. et al.; Radiation-Induced Transient Absorption in Optical Fibers. Conf. Fiber Optics in Adverse Environments, San Diego, 1981, S. 17

[10.18] Gottlieb, M.; Brandt, G. B.: Fiber-Optic Temperature Sensor Based on Internally Generated Thermal Radiation. Appl. Opt. 20 (1981) H. 19, S. 3408

[10.19] Rogers, A. J.: Optical Temperature Sensor for High Voltage Applications. Appl. Opt. 21 (1982) H. 5, S. 882

[10.20] Gottlieb, M.; Brandt, G. B.: Temperature Sensing in Optical Fibers Using Cladding and Jacket Loss Effects. Appl. Opt. 20 (1981) H. 22, S. 3867

[10.21] Fox, R. J.: Measurement of Peak Temperature Along an Optical Fiber. Appl. Opt. 22 (1983) H. 7, S. 967

[10.22] Hartog, A. H.: A Distributed Temperature Sensor Based on Liquid-Core Optical Fibers. J. Lightw. Techn. LT-1 (1983) H. 3, S. 498

[10.23] Hocker, G. B.: Fiber-Optic Sensing of Pressure and Temperature. Appl. Opt. 18 (1979) H. 9, S. 1445

[10.24] Budiansky, B. et al: Pressure Sensitivity of a Clad Optical Fiber. Appl. Opt. 18 (1979) H. 24, S. 4085

[10.25] Hughes, R.; Jarzynski, J.: Static Pressure Sensitivity Amplification in Interferometric Fiber-Optic Hydrophones. Appl. Opt. 19 (1980) H. 1, S. 98

[10.26] Hocker, G. B.: Fiber-Optic Acoustic Sensors with Composite Structure: An Analysis. Appl. Opt. 18 (1979) H. 21, S. 3679

[10.27] McMahon, G. W.; Cielo, P. G.: Fiber Optic Hydrophone Sensitivity for Different Sensor Configurations. Appl. Opt. 18 (1979) H. 22, S. 3720

[10.28] Lagakos, N. et al: Ultrasonic Sensitivity of Coated Fiber. J. Lightwave Tech. LT-1 (1983) H. 3, S. 495

[10.29] Bucaro, J. A. et al: Optical Fiber Acoustic Sensor. Appl. Opt. 16 (1977) H. 7, S. 1761

[10.30] Spenner, K. et al.: Faseroptische Multimode-Sensoren: eine Übersicht. Laser u. Optoelektronik 3 (1983) S. 226

[10.31] Gloge, D.: Bending Loss in Multimode Fibers with Graded and Ungraded Core Index. Appl. Opt. 11 (1972) H. 11, S. 2506

[10.32] Frasch, S.: Faseroptische Ausleseeinheit für Winkelcodierscheiben. Diplomarb. Fachhochschule für Technik Esslingen, 1991

[10.33] Kist, R.; Kersten, R. Th.: Faser- und integriert-optische Monomode-Sensoren: eine Übersicht. Laser u. Optoelektronik 1 (1984) S. 17

[10.34] Michelson, A. A.: The Effect of Earth's Rotation on the Velocity of Light. Astrophys. J. 61 (1925) H. 3, S. 137

[10.35] Post, E. J.: Sagnac Effect. Rev. Mod. Phys. 39 (1967) H. 2, S. 475

[10.36] Macek, W. M.; Davis, D. T. M: Rotation Rate Sensing with Travelling-Wave Ring Lasers. Appl. Phys. Lett. 2 (1963) H. 3, S. 67

[10.37] Bergh, R. A. et al.: An Overview of Fiber-Optic Gyroscopes. J. Lightw. Techn. LT-2 (1984) H. 2, S. 91

[10.38] Schröter, S. et al.: Untersuchungen zu faseroptischen Gyroskopen und ihren Komponenten. Proc. Sensor '91, Vol. III, S. 57, Nürnberg, 1991

[10.39] Neukirch, M.; Kiesel, E.: Der Faserkreisel für Anwendungen in der Automatisierung. Proc. Sensor '91, Vol. III, S. 71, Nürnberg, 1991

[10.40] Petermann, K.: Problems of Laser Coherence in Optical Fiber Systems, Proc. Integr. Optics and Opt. Fiber Commun. Tokio, 1983

[10.41] Willison, J. R.: Lock-In Amplifiers and Measurement Techniques. Lasers an Applications (March 1985) S. 73

[10.42] Kim, B. Y.; Shaw, B. J.: Gated Phase-Modulation Feedback Approach to Fiber-Optic Gyroscopes. Opt. Lett. 9 (1984) H. 6, S. 263

[10.43] Eberhard, D.; Voges, E.: Fiber Gyroscope with Phase-Modulated Single Sideband Detection. Opt. Lett. 9 (1984) H. 1, S. 22

[10.44] Cahill, R. F.; Udd, E.: Phase Nulling Fiber-Optic Laser Gyro. Opt. Lett. 4 (1979) H. 3, S. 93

[10.45] Kay. C. J.: Serrodyne Modulator in a Fiber-Optic Gyroscope. IEE Proc. 132 (1985) H. 5, S. 259

[10.46] Lévèvre, H. C. et al.: Double Close Loop Hybrid Fiber Gyroscope Using Digital Phase Ramp Proc. Opt Fiber Sensors, 1985, Post deadline paper PSP 7

[10.47] Domann, G., SEL-Alcatel Stuttgart, private Mitteilung

[10.48] Lévèvre, H. C.: Evolution of the Fiber Optic Gyroscope. Conf. Optical Fiber Sensors 1989, Proc. in Phys. 44, Heidelberg: Springer, 1989, S. 124

[10.49] Roth, P.; Parriaux, O.: Integrated Optic Interferometer with Phase Diversity. IOOC '89 Kobe, Japan, 1989

[10.50] Grübel, H.; Nitsch, G.: Interferometrisches Echtzeitwegmeßsystem mit vollständig dielektrischem, integriert optischem Sensorkopf. Proc. Sensor '91, Vol. I, S. 123, Nürnberg, 1991

[10.51] Jones, R. E. et al.: Detection Techniques for Measurement of DC Magnetic Fields Using Optical Fiber Sensors. Conf. Optical Fiber Sensors. IEE (1983) S. 33

[10.52] Perot, A.; Fabry, Ch.: Sur un voltmètre électrostatique interférentiel pour étalonnage. J. de Phys. 7 (1898) S. 650

[10.53] Mitchell, G. L.: A Rewiev of Fabry-Perot Interferometeric Sensors Conf. Optical Fiber Sensors 1989, Proc. in Phys. 44, Heidelberg: Springer, 1989, S .450

[10.54] Schmuck, H.; Veith, G.: Low Loss, SM Fiber Pigtailed Grin-Lens Fabry-Perot Type Filter for Widely Variable Free-Spectral-Range. ECOC '90, S. 585

[10.55] Matsumoto, M. et al.: Fiber-Optic Acustic Sensor Based on Fabry-Perot-Interferometer. Conf. Fiber Optic Sensors 1986, Tokio

[10.56] Lee, C. E. et al.: Performance of a Fiber-Optic Temperature Sensor from –200 to 1050 °C, Opt. Lett. 13 (1988) H. 11, S. 1038

[10.57] Kist, R.; Sohler, W.: Fiber-Optic Spectrum Analyzer. J. Lightw. Techn. LT-1 (1983) H. 1, S. 105

[10.58] Varnham, M. P. et al.: Helical Core Circularly-Birefringent Fibers. Proc. ECOC/IOOC '85, Venedig, 1985, S. 135

[10.59] Day, G. W.: Recent Advances in Faraday Effect Sensors. Conf. Optical Fiber Sensors 1989, Proc. in Phys. 44, Heidelberg: Springer, 1989, S. 250

[10.60] Bargmann, W.-D.; Winterhoff, H.: Messverfahren zur Strommessung in Hochspannungsanlagen (Faraday-Effekt in Lichtwellenleitern). Wiss. Ber. AEG-Telefunken 55 (1982) H. 1 –2, S. 123

[10.61] Hoffmann, K.: Strommessung mittels Faraday-Effekt in Monomode-Lichtwellenleitern, Daimler-Benz-Forschungsinst. Frankfurt a. M., Seminarunterlagen zum Seminar Faseroptische Sensoren an der Technischen Akademie Wuppertal, 1992

[10.62] siehe [2.1] S. 456 ff.

[10.63] Owen, T.: Grundlagen der modernen UV-Vis-Spektroskopie – Ein Leitfaden. Hewlett Packard Company, 1996

[10.64] Bauer, H.: Lasertechnik – Grundlagen und Anwendungen. Würzburg: Vogel, 1991

Stichwortverzeichnis

E

F

P

Q

R

W

Z

VDE-Schriftenreihe – Norr

Von Praktikern für Praktiker kommenti

Halbritter, H.-P. / Sattler, J.

VDE-Schriftenreihe Band 12

Leuchten

Erläuterungen zu
DIN VDE 0711 / EN 60598 und VDE 0710

4., vollst. überarb. Auflage 2001
423 S., DIN A5, kart.
ISBN 3-8007-2539-8
21,50 € (D) / 22,– € (A) / 37,80 sFr*

In diesem Buch zur EN 60598-1:2000 + A11:2000 und den bisher erschienenen Teilen 2 zu dieser Norm wird versucht, die Anforderungen in einer Form zu beschreiben, die vor allem Anwendern dieser Norm hilft, denen die Möglichkeit fehlt, an Arbeiten der zuständigen Komitees teilzunehmen, und die demzufolge ein gewisses Informationsdefizit haben.

Darüber hinaus helfen die Erläuterungen erfahrenen Konstrukteuren bei der Interpretation der Anforderungen, die in vielen Fällen durch Vereinbarungen zwischen den europäischen Prüfstellen im OSM (Operational Staff Meeting), durch Entscheidungen des L.I.P. (Lumex Interpretation Panel) oder auch durch Beratungen im zuständigen Komitee der Deutschen Elektrotechnischen Kommission im DIN und VDE (DKE) präzisiert wurden.

Wichtige Vereinbarungen und Entscheidungen dieser verschiedenen Gremien sind in dieser Ausgabe abgedruckt. Auf die angefügten Entscheidungen wird durch eine Markierung hingewiesen. Diese Entscheidungen sind in englischer Sprache belassen worden, um Übersetzungsfehler auszuschließen.

Bestellungen über den Buchhandel bzw. direkt beim Verlag.

Preisänderungen und Irrtümer vorbehalten.

* = Persönliche VDE-Mitglieder erhalten bei Bestellung unter Angabe der Mitgliedsnummer 10 % Rabatt.